VDE-Schriftenreihe **44**

Zu den Autoren

Prof. Dr.-Ing. **Alexander Kern**, Jahrgang 1962, ist seit 1996 Professor für Hochspannungstechnik und Grundlagen der Elektrotechnik an der Fachhochschule Aachen, Campus Jülich. Prof. Kern ist im Rahmen von technisch-wissenschaftlichen Vereinen und Institutionen an der internationalen und nationalen Normungsarbeit und an der Weiterentwicklung und Weitergabe des Wissensstands zum Blitz- und Überspannungsschutz engagiert. Er ist Mitglied im Ausschuss für Blitzschutz und Blitzforschung (ABB) des VDE sowie seines Technischen Ausschusses (TA). Bei IEC TC 81 und CENELEC TC 81X „Lightning Protection" fungiert er jeweils als deutscher Sprecher und ist dort Mitglied in mehreren Working Groups bzw. Maintenance Teams. Im Rahmen der nationalen Normungsaktivitäten ist er stellvertretender Obmann des DKE-Komitees K 251 „Blitzschutzanlagen und Blitzschutzbauteile". Eine Vielzahl von Fachpublikationen im In- und Ausland unterstreichen sein fachliches Wirken.

Dipl.-Ing. **Jürgen Wettingfeld**, Jahrgang 1954, ist seit 1979 in der Firma Wettingfeld (Blitzschutz und Elektrotechnik), ansässig in Krefeld, tätig – seit 1991 als Geschäftsführer. Im selben Jahr wurde er als Sachverständiger für das Elektrotechnikerhandwerk durch die Handwerkskammer Düsseldorf öffentlich bestellt und vereidigt. Im Jahr 2006 wurde das Planungsbüro Vektor Plan GmbH gegründet, das national und international im Bereich Blitzschutz, Erdung, Potentialausgleich und Überspannungsschutz tätig ist. Berufliche Arbeitsschwerpunkte sind Anlagen der chemischen und fertigungstechnischen Industrie, Kraftwerksanlagen, Bahnerdungen, Mobilfunkeinrichtungen und Rechenzentren. In nationalen und internationalen Normungsgremien arbeitet Jürgen Wettingfeld seit 1991. Im Jahr 1993 wurde er Mitglied im DKE-Komitee K 251 und leitet dort seit 2002 den Arbeitskreis AK 251.07, der sich schwerpunktmäßig mit der DIN EN 62305-3 (**VDE 0185-305-3**) und den entsprechenden nationalen Beiblättern befasst. Darüber hinaus leitet er den Arbeitskreis AK 251.02 (Blitzschutz für explosionsgefährdete Bereiche) und den gemeinsamen Arbeitskreis GAK 251/373 (Blitzschutz für PV-Stromversorgungssysteme). International ist er auf IEC-Ebene im TC 81 MT 8 tätig. Er ist Mitglied im VDE-Ausschuss für Blitzschutz und Blitzforschung (ABB) und wurde dort in den Technischen Ausschuss berufen. In den letzten Jahren wurden von ihm regelmäßig Beiträge zur VDE/ABB-Blitzschutzkonferenz und Aufsätze in Fachzeitschriften veröffentlicht. Weiterhin hält er Vorträge und leitet Seminare im Rahmen der Weiterbildungsmaßnahmen des VDB (Verband Deutscher Blitzschutzfirmen e. V.).

VDE-Schriftenreihe Normen verständlich **44**

Blitzschutzsysteme 1

Allgemeine Grundsätze, Risikomanagement, Schutz von baulichen Anlagen und Personen

Erläuterungen zu den Normen
DIN EN 62305-1 (VDE 0185-305-1):2011-10,
DIN EN 62305-2 (VDE 0185-305-2):2013-02,
DIN EN 62305-3 (VDE 0185-305-3):2011-10

Prof. Dr.-Ing. Alexander Kern
Dipl.-Ing. Jürgen Wettingfeld

VDE VERLAG GMBH

Bibliografische Information der Deutschen Nationalbibliothek
Die Deutsche Nationalbibliothek verzeichnet diese Publikation in der Deutschen Nationalbibliografie; detaillierte bibliografische Daten sind im Internet über http://dnb.dnb.de abrufbar.

ISBN 978-3-8007-3511-2
ISSN 0506-6719

Druck: druckhaus köthen GmbH & Co. KG, Köthen (Anhalt)
Printed in Germany 2014-07

Vorwort

Blitzschutznormungsaktivitäten finden heutzutage überwiegend bei der International Electrotechnical Commission (IEC) im Technical Committee (TC) 81 „Lightning Protection“ statt. Die europäische Normungsorganisation CENELEC begleitet diese internationalen Projekte durch ihr Komitee TC 81X. Im Rahmen von Parallel-Voting-Verfahren werden die IEC-Standards in der Regel auch als europäische Normen übernommen. Dabei werden nötigenfalls noch Common Modifications (gemeinsame Änderungen) eingearbeitet. In Deutschland werden alle diese Aktivitäten bei der DKE Deutsche Kommission Elektrotechnik Elektronik Informationstechnik im DIN und VDE vom DKE-Komitee K 251 „Blitzschutzanlagen und Blitzschutzbauteile“ als Spiegelgremium begleitet.

Die Blitzschutzstandards IEC 62305, und damit auch die Normenreihe DIN EN 62305 (**VDE 0185-305**), wurden im Jahr 2006 erstmals veröffentlicht. Beginnend mit dem Jahr 2011 wurde dann die zweite Edition dieser Reihe dem Fachpublikum zur Verfügung gestellt. Die Normenreihe besteht aus vier Teilen:

- DIN EN 62305-1 (**VDE 0185-305-1**) Blitzschutz – Teil 1: Allgemeine Grundsätze,
- DIN EN 62305-2 (**VDE 0185-305-2**) Blitzschutz – Teil 2: Risiko-Management,
- DIN EN 62305-3 (**VDE 0185-305-3**) Blitzschutz – Teil 3: Schutz von baulichen Anlagen und Personen,
- DIN EN 62305-4 (**VDE 0185-305-4**) Blitzschutz – Teil 4: Elektrische und elektronische Systeme in baulichen Anlagen.

Die Normenreihe stellt ein Gesamtkonzept zum Blitzschutz dar und berücksichtigt umfassend:

- die Gefährdung (direkte und indirekte Blitzeinschläge, Strom und Magnetfeld des Blitzes),
- die Schadensursachen (Schritt- und Berührungsspannungen, gefährliche Funkenbildung, Feuer, Explosion, mechanische und chemische Wirkungen, Überspannungen),
- die zu schützenden Objekte (Gebäude, Personen, elektrische und elektronische Anlagen) und
- die Schutzmaßnahmen (Fangeinrichtungen, Ableitungen, Erdungsanlagen, Potentialausgleichsmaßnahmen, Überspannungsschutzgeräte, räumliche Schirmung, Leitungsführung und -schirmung).

In der VDE-Schriftenreihe stehen mehrere Bände zur Verfügung, die sich mit der Thematik Blitz- und Überspannungsschutz beschäftigen. Ein Band hat dabei herausragende Bedeutung:

Band 44: Blitzschutzanlagen – Erläuterungen zu DIN 57185/VDE 0185 von *Hermann Neuhaus*.

Diese Publikation aus dem Jahr 1983 hat seinerzeit die beiden Blitzschutznormen DIN 57185/VDE 0185 Teil 1 und 2 im Detail erläutert und dem Interessierten weitere einschlägige Informationen zur Thematik an die Hand gegeben. Über viele Jahre hinweg war dieser Band eine solide Basis für Planer, Errichter und Prüfer von Blitzschutzanlagen. Natürlich hat aber die technische Entwicklung auch vor dem Blitzschutz nicht haltgemacht; dieses zeigen ja gerade die intensiven Normungsaktivitäten. Darüber hinaus hat der Überspannungsschutz, also der Schutz elektrischer und elektronischer Anlagen vor durch Blitzeinwirkungen verursachten Überspannungen, enorm an Bedeutung gewonnen.

Mithin erscheint es an der Zeit, eine Neuauflage des Bands 44 zu versuchen. Es ist Ziel der Autoren, der Fachwelt eine Aktualisierung eines solchen Standardwerks zur Verfügung zu stellen.

Dieses Buch soll daher mit den Grundlagen modernen Blitzschutzes einschließlich Überspannungsschutz vertraut machen. Es richtet sich an Ingenieure, Techniker und Meister, die sich mit Planung, Konstruktion, Ausführung und Prüfung von Blitzschutzsystemen und Überspannungsschutzmaßnahmen befassen. Dazu gehören auch Fachkräfte in Behörden und Verwaltungen, die über die Notwendigkeit und die Anforderungen eines Blitzschutzes zu entscheiden haben. Daneben kann das Buch auch nützliche Informationen für den interessierten Laien bereitstellen.

Der Umfang des Stoffs macht es erforderlich, zwei VDE-Schriftenreihen dem Thema zu widmen:

- VDE-Schriftenreihe 44: Allgemeine Grundsätze, Risikomanagement, Schutz von baulichen Anlagen und Personen,
- VDE-Schriftenreihe 160 (erscheint voraussichtlich Ende 2014): Weitere Informationen zum Schutz von baulichen Anlagen und Personen, Schutz von elektrischen und elektronischen Systemen in baulichen Anlagen.

In dieser VDE-Schriftenreihe 44 werden, basierend auf einer kurzen Beschreibung von Physik und Schadenswirkungen der Blitzentladung, Aufbau, Inhalte und Anforderungen der DIN EN 62305 (**VDE 0185-305**) ausführlich dargestellt. Die wesentlichen Neuerungen der zweiten Edition der Normenreihe im Vergleich zur ersten Ausgabe werden skizziert.

Die DIN EN 62305-1 (**VDE 0185-305-1**) enthält allgemeine Grundsätze, die zum Blitzschutz von baulichen Anlagen, ihrer Installationen und Inhalte, ihrer elektrischen und elektronischen Systeme und von Personen zu beachten sind. Sie gibt ferner Informationen über die Gefährdung durch den Blitz (Schadensquellen, Schadensursachen und Schadensarten), die Notwendigkeit von Blitzschutz und die möglichen Schutzmaßnahmen.

Die DIN EN 62305-2 (**VDE 0185-305-2**) „Risiko-Management" beschreibt Berechnungsverfahren zur Abschätzung des Schadensrisikos bei Blitzeinwirkungen und

Verfahren zur Auswahl von Schutzmaßnahmen. Dieser Normenteil verwendet eine Risikoanalyse, um zuerst die Notwendigkeit des Blitzschutzes für bauliche Anlagen zu ermitteln und dann die technisch und wirtschaftlich optimalen Schutzmaßnahmen auszuwählen, die in den eigentlichen Schutznormen ausführlich beschrieben sind. Abschließend wird das verbleibende Risiko bestimmt.

Den Hauptteil dieses Buchs nimmt die DIN EN 62305-3 (**VDE 0185-305-3**) in Anspruch. Behandelt wird der Schutz von baulichen Anlagen und Personen gegen materielle Schäden und Lebensgefahr infolge von direkten Blitzeinschlägen durch ein Blitzschutzsystem (LPS – Lightning Protection System). Dieses besteht aus dem äußeren Blitzschutz (Fangeinrichtung, Ableitungen, Erdungsanlage) und aus dem inneren Blitzschutz (Blitzschutzpotentialausgleich, Trennungsabstand). In vielen Beispielen werden die Inhalte des Normenteils erläutert und Lösungsmöglichkeiten dargestellt. Gleichzeitig werden die „Best-Practice"-Beispiele aus dem Beiblatt 1 zur DIN EN 62305-3 (**VDE 0185-305-3**) in die Darstellung mit einbezogen.

Eingeflossen in dieses Buch sind die Erfahrungen in Blitzschutz, Überspannungsschutz und elektromagnetischer Verträglichkeit sehr unterschiedlicher Anlagen und Projekte, die die Autoren in über 30 Jahren beruflicher Tätigkeit auf diesen Gebieten gesammelt haben.

Die Autoren

Inhalt

1 Physikalische Grundlagen des Blitzes und des Blitzschutzes

1.1 Historie

Gewitter, verbunden mit Blitz und Donner, gehören zu den wohl eindrucksvollsten Erscheinungen, die unsere Natur zu bieten hat. Alte Kulturen haben mit dieser, für sie noch unerklärbaren Erscheinung, viele Gottheiten verbunden; man denke beispielsweise an den griechischen Göttervater *Zeus* (**Bild 1.1**), den germanischen Donnergott *Thor*, den hethitischen Wettergott *Teschup*, die sumerische Blitzgöttin *Zarpanit* oder auch den chinesischen Donnergraf *Lei-Kung* [1.1, 1.2]. Die zerstörenden Wirkungen des Blitzes wurden durch einen vom Himmel geschleuderten Feuerstrahl und einen zerschmetternden Donnerkeil zu erklären versucht.

Bild 1.1 Sturz des Phaeton, Fresko aus dem 18. Jahrhundert von *Mauro Picenardi* (1735 – 1809) (Quelle: akg-images/Mondadori Portfolio/*Adolfo Bezzi*)

Die Überlegungen des amerikanischen Schriftstellers, Naturforschers und Staatsmanns *Benjamin Franklin* (1706 – 1790, **Bild 1.2**) um die Mitte des 18. Jahrhunderts haben dann den Nachweis erbracht, dass das Gewitter ein elektrisches Phänomen ist und der Blitz eine gewaltige elektrische Entladung. Seit diesem Zeitpunkt wurde mittels sehr umfangreicher und aufwendiger Forschungen versucht, Gewitter und Blitzentladungen besser zu verstehen. Dieser Zeitpunkt kann auch als Geburtsstunde des Blitzschutzes verstanden werden, hat doch *Franklin* selbst schon erste Schutzprinzipien und -maßnahmen angegeben. Im Jahre 1760 wurde das wohl erste

Bild 1.2 *Benjamin Franklin*, Schriftsteller, Naturforscher und Staatsmann (1706–1790) [1.1, 1.2], Portrait von *Mason Chamberlin* aus dem Jahre 1762, Philadelphia Museum of Art

Blitzschutzsystem, eine Fangstange (daher der Name Franklin'sche Fangstange), auf dem Haus des Kaufmanns *West* in Philadelphia/USA errichtet [1.2, 1.3].

1.2 Gewitterentstehung

Damit ein Gewitter entstehen kann, müssen zwei wesentliche Voraussetzungen erfüllt sein: Es müssen starke Luftbewegungen stattfinden (insbesondere Aufwinde), und die Luft muss eine ausreichend hohe Feuchtigkeit aufweisen [1.4, 1.5]:

- Bei den Wärmegewittern, die in unseren Breiten, insbesondere in den Sommermonaten, auftreten, wird der Boden durch intensive Sonneneinstrahlung stark aufgeheizt. Die bodennahe Luft streift darüber, erwärmt sich, wird dadurch leichter und steigt schließlich in große Höhen auf.
- Bei Frontgewittern schiebt sich kalte, einströmende Luft unter die warme und drückt diese nach oben.
- Bei orografischen Gewittern schließlich streift warme Luft über ansteigendes Gelände und wird dadurch weiter angehoben.

Der Aufstieg der warmen und feuchten Luftmassen wird durch den zweimaligen Wechsel des Aggregatzustands weiter unterstützt. Aus dem Wasserdampf bilden sich zunächst Wassertröpfchen und damit Wolken; die Kondensationswärme wird frei. An der Null-Grad-Grenze beginnt das Gefrieren der Wassertröpfchen zu Eiskristallen; die Gefrierwärme wird frei. In beiden Fällen wird die Luft weiter erwärmt, sie wird noch leichter und steigt damit weiter auf.

Die Folge der Luftbewegungen sind Aufwindschläuche, in denen massive Luftmengen transportiert werden. Innerhalb der Aufwindschläuche werden Vertikalgeschwindigkeiten bis 100 km/h erreicht. Es entstehen die für Gewitter typischen, ambossförmigen Quellwolken (Kumulus-Wolken), die bis in eine Höhe von über 10 km reichen und einen Durchmesser von 5 km bis 10 km aufweisen können.

Diverse elektrostatische Ladungstrennungsprozesse laden die Wassertröpfchen und Eiskristalle in der Wolke auf. Die Ladungstrennungsprozesse sind denen vergleichbar, die man vom Trennen zweier Stoffe kennt, wobei mindestens einer ein Isolierstoff sein muss: Der Effekt beim Reiben der Schuhe über einem Teppich oder beim Verlassen des Autos ist nahezu jedem hinlänglich bekannt. Hier erfolgt eine Ladungstrennung durch Reibung, gefolgt von einer elektrostatischen Entladung beim Berühren geerdeter Strukturen zum Ladungsausgleich. Im Falle der Gewitterwolke ist dies vergleichbar; die Wassertröpfchen und Eiskristalle reiben aneinander. Die positiv geladenen Teilchen sind in der Regel leichter als die negativ geladenen (sie weisen eine geringere Dichte bei größerer Angriffsfläche für die Aufwinde auf); sie werden deshalb üblicherweise in größere Höhen transportiert (**Bild 1.3**).

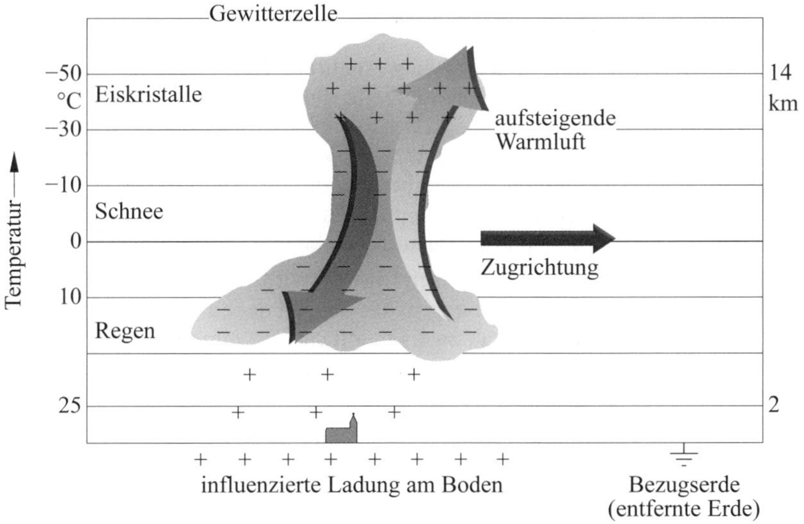

Bild 1.3 Typischer Aufbau einer Gewitterzelle eines Wärmegewitters

Die vertikalen Aufwinde führen damit zu einer großflächigen Ladungstrennung: Im einfachsten Fall (der hier dargestellt wird) sind im oberen Teil einer Gewitterwolke Partikel mit positiver Ladung, im unteren Teil dagegen solche mit negativer Ladung angehäuft. Am Fuß der Gewitterwolke findet man häufig nochmals positive Ladungen als Folge von Koronaladungen. Diese werden durch die hohe elektrische Feldstärke am Boden unter der Gewitterwolke an vorhandenen Spitzen, Ecken und Kanten (Häuser, Bäume, Sträucher usw.) abgesprüht und in Richtung Gewitterwolke bewegt. Die hier skizzierte Ladungsverteilung ist insbesondere für Wärmegewitter gültig; bei Front- und orografischen Gewittern kann sich die Ladungsverteilung dagegen stark davon unterscheiden.

Man kann damit festhalten: Das Gewitter kann als elektrostatischer Bandgenerator betrachtet werden. Ladungsträger sind Wassertröpfchen bzw. Eispartikel, Ladungsträger-Transportmittel sind die vertikalen Aufwinde (vergleichbar dem Band im Generator) und Energielieferant ist die Sonne, die sowohl die erdnahen Luftschichten aufheizt als auch die Feuchtigkeit durch das Verdunsten von Wasser bereitstellt.

Lange Zeit wurde in meteorologischer Tradition die Häufigkeit von Gewittern und damit auch der Blitzentladungen durch die Anzahl der jährlichen Gewittertage, den sogenannten isokeraunischen Pegel, beschrieben, wobei an einem Gewittertag mindestens dreimal Donner gehört werden musste. Moderne Blitzortungssysteme [1.6, 1.7] ermöglichen wesentlich bessere Aussagen zur jährlichen Blitzdichte, d. h. zur Anzahl von Blitzeinschlägen in einer Fläche von 1 km^2 (vgl. dazu auch Kapitel 3).

1.3 Gewitterzelle

Innerhalb eines Gewitters sind üblicherweise mehrere Gewitterzellen zeitgleich oder nacheinander aktiv [1.8]. Jede Gewitterzelle durchläuft dabei drei Stadien – Jugend, Reife und Alter – und hat eine Lebensdauer von insgesamt etwa 30 min. Die Gewitterzelle liefert im Mittel ein bis fünf Blitze pro Minute. Der Prozess der elektrostatischen Ladungstrennung läuft dabei ständig ab. Sind ausreichend hohe Ladungskonzentrationen erreicht, erfolgt eine Blitzentladung, die einen Ladungsausgleich darstellt. Danach beginnt die erneute „Aufladung des Bandgenerators".

Der typische Aufbau einer Gewitterzelle nach Bild 1.3 wird zur einfacheren physikalischen und mathematischen Beschreibung in das Modell nach **Bild 1.4** transferiert. Der stark schematisierte Aufbau enthält zwei kugelförmige Raumladungen mit einer angenommenen, homogenen Raumladungsdichte von 1,5 nC/m^3. Örtlich können wesentlich höhere Ladungsdichten vorliegen.

In Bild 1.4 ist die vertikale Komponente der elektrischen Feldstärke am Boden angegeben, wie sie sich aufgrund der beiden kugelförmigen Raumladungen ergeben würde, sofern die positiven Koronaladungen darunter zunächst nicht berücksichtigt werden. Der Maximalwert direkt unter dem Fußpunkt der Raumladungen würde sich zu über 50 kV/m ergeben. Erreicht die elektrische Bodenfeldstärke allerdings

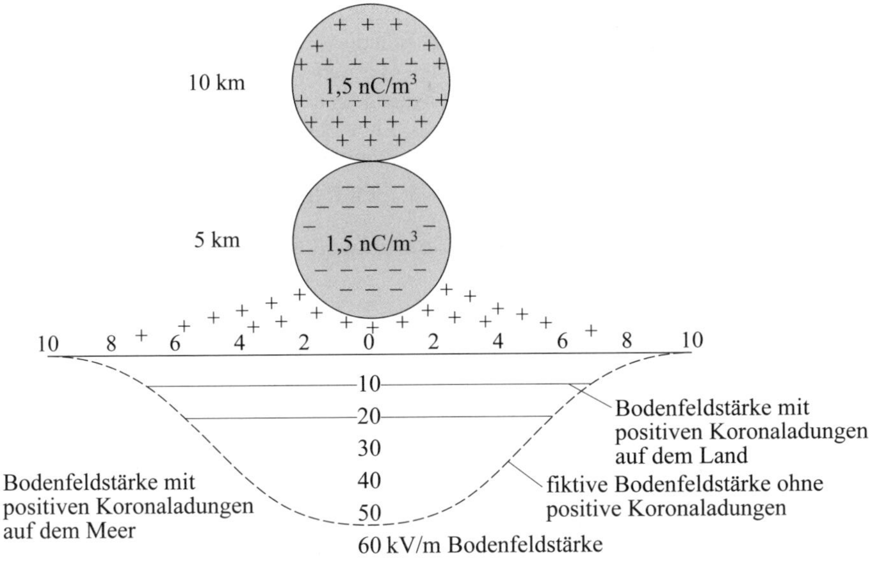

Bild 1.4 Prinzipieller vereinfachter Aufbau einer aufgeladenen Gewitterzelle mit örtlichem Verlauf der elektrischen Feldstärke an der Erdoberfläche

Werte von einigen Kilovolt pro Meter, werden von den am Boden vorhandenen ausgeprägten Spitzen, Ecken und Kanten (Häuser, Bäume, Sträucher, Gräser usw.) positive Koronaladungen abgesprüht und in Richtung Wolkenunterkante bewegt. Dadurch wird die maximale elektrische Bodenfeldstärke auf dem Land auf Werte um etwa 10 kV/m begrenzt, über dem (wesentlich ebeneren) Wasser können dagegen deutlich höhere Werte erreicht werden.

1.4 Typen von Blitzentladungen

Die in der Gewitterzelle angehäuften positiven und negativen Ladungen erzeugen großräumig hohe elektrische Feldstärken:

- in der Wolke bis zu einigen 100 kV/m,
- zwischen der Wolke und Erde, auf der Erdoberfläche und auch zwischen zwei Wolken bis zu einigen 10 kV/m.

Durch lokale, mehr oder weniger im Rahmen des Prozesses der Ladungsträgertrennung zufällig entstandene Ladungsträgerkonzentrationen können innerhalb der Wolke aber auch noch höhere elektrische Feldstärken auftreten. Wird diese in einem kleinen Bereich so hoch (über 1 MV/m), dass eine sogenannte „Leader"-Entladung entsteht, wird damit die Blitzentladung eingeleitet. Infolge des großräumig vorhandenen elektrischen Felds „verselbstständigt" sich die „Leader"-Entladung und wächst kilometerlang in oft skurrilen, willkürlichen Bahnen voran. Diese Entladung wird Leitblitz genannt, sie kommt am häufigsten aus dem negativen Ladungszentrum der Gewitterzelle. In seltenen Fällen, meist gegen Ende des Gewitters, d. h. im Altersstadium, kann der Leitblitz auch aus dem oberen positiven Ladungszentrum vorwachsen.

Bei den Blitzentladungen kann man grundsätzlich folgende Typen unterscheiden:

- Wolke-Wolke-Blitze zwischen zwei Gewitterwolken, die zeitlich parallel existieren,
- Wolkenblitze innerhalb einer Gewitterzelle,
- Erdblitze zwischen Wolke und Erde,
- Blitze von der Gewitterwolke in Richtung Ionosphäre.

Wolke-Wolke-Blitze und Wolkenblitze führen einen Ladungsausgleich zwischen zwei Wolkenladungszentren herbei, Erdblitze zwischen einem Wolkenladungszentrum und den auf der Erdoberfläche influenzierten Ladungen. Die Blitze von der Gewitterwolke in Richtung Ionosphäre, deren Entladungskanäle eine Länge von etlichen 10 km aufweisen können, werden durch das relativ konstante Potential der Ionosphäre von etwa 300 kV verursacht [1.9]. Nachdem in diesem Buch ausschließlich der Schutz baulicher Anlagen auf der Erdoberfläche betrachtet werden soll, werden im Folgenden nur Erdblitze behandelt. Wolke-Wolke-Blitze und Wolkenblitze sind nur im Falle von fliegenden Objekten, z. B. Flugzeugen, eine zusätzliche Bedrohung.

Nimmt bei einem Erdblitz die Entladung ihren Anfang innerhalb der Wolke, so spricht man von einem Wolke-Erde-Blitz oder Abwärtsblitz. Dieser ist an den zur Erde gerichteten Verästelungen des Leitblitzes erkennbar. Der häufigste Blitztyp ist der negative Wolke-Erde-Blitz, der aus einem negativen Wolkenladungszentrum in Richtung Erde vorwächst (**Bild 1.5**). Der seltenere positive Wolke-Erde-Blitz erwächst aus einem positiven Wolkenladungszentrum entweder am unteren oder oberen Rand der Gewitterzelle (vgl. Bild 1.4). Der Wolke-Erde-Blitz ist die typische Blitzentladung in flachem Gelände und bei niedrigen baulichen Anlagen [1.10].

Von sehr exponierten Objekten – hohen Türmen, Kaminen, Bergspitzen usw. – können auch Erde-Wolke-Blitze ausgehen, auch als Aufwärtsblitze bezeichnet (Bild 1.5). Die in einem sehr weiten räumlichen Umfeld stark feldverzerrende Wirkung eines exponierten Objekts führt zu einer Ladungsträgerkonzentration an der Objektspitze, wodurch hier die elektrische Feldstärke sehr stark anwächst. Ist die elektrische Festigkeit der Luft überschritten, beginnt der Leitblitz von der Objektspitze in Richtung Wolke vorzuwachsen. Erkenntlich ist dies an den aufwärtsgerichteten Verästelungen des Leitblitzes. Der Erde-Wolke-Blitz besteht üblicherweise nur aus einem relativ stromschwachen, über längere Zeit kontinuierlich fließenden Ausgleichsstrom von einigen 100 A, dem Stromimpulse von einigen Kiloampere überlagert sind [1.10]. Allerdings können sich an den Erde-Wolke-Blitz klassische Wolke-Erde-Blitze anschließen.

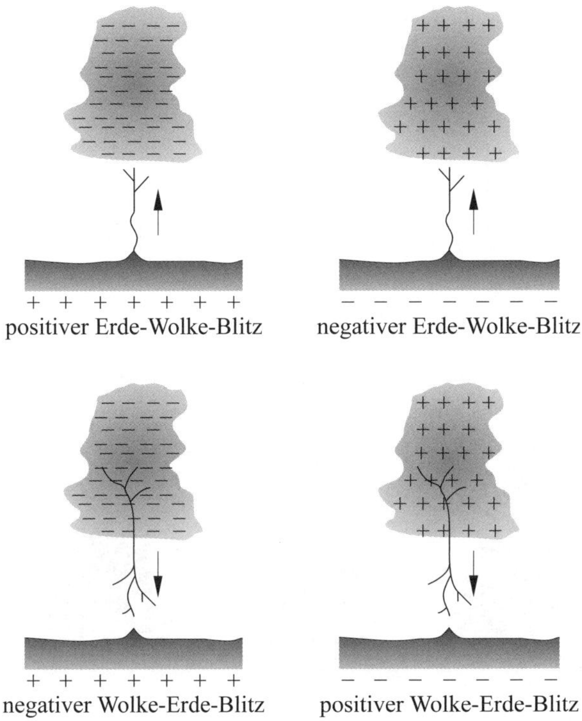

Bild 1.5 Typen von Blitzentladungen zwischen Wolke und Erde

Für die getroffenen Objekte auf dem Erdboden stellt der Wolke-Erde-Blitz die Hauptbedrohung dar; die hier auftretenden Blitzstrom-Parameter sind in aller Regel deutlich höher als bei Erde-Wolke-Blitzen.

1.5 Aufbau der Blitzentladung

Der Aufbau der Blitzentladung soll weitgehend am Beispiel des häufigsten Blitztyps, des negativen Wolke-Erde-Blitzes, skizziert werden. Der aus einem negativen Wolkenladungszentrum herauswachsende Leitblitz besteht aus einem Plasmakern und einer Ladungshülle (**Bild 1.6**). Als Plasmakern wird der mehrere 1 000 °C heiße, hoch ionisierte Funkenkanal in der Mitte des Leitblitzes bezeichnet. Er hat einen Durchmesser von nur etwa 1 cm. Um diesen Plasmakern herum befindet sich eine, mit negativer Wolkenladung gefüllte zylindrische Hülle mit einem Durchmesser von einigen 10 m.

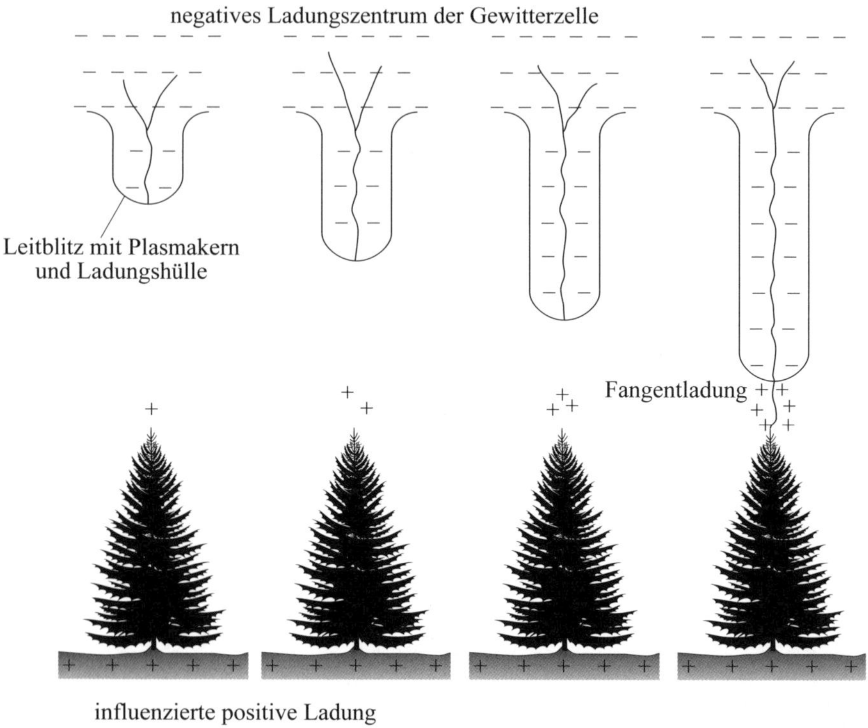

Bild 1.6 Zeitliche Abfolge des Aufbaus eines Leitblitzes und einer Fangentladung für einen negativen Wolke-Erde-Blitz

Der Leitblitz wächst nun der Erde entgegen. Je länger er wird, desto mehr Ladung enthält er. Gleichzeitig wird die Entfernung bis zur Erdoberfläche, d. h. zu potenziellen Blitzeinschlagstellen, geringer. Beides führt zu einer Steigerung der elektrischen Feldstärke an diesen exponierten Stellen auf der Erde und damit zu einem Zufluss von elektrischen Ladungen der gegensätzlichen Polarität, im Falle eines negativ geladenen Leitblitzes also von positiven Ladungen. Man spricht hier von influenzierten Ladungen.

Der Leitblitz wächst nicht kontinuierlich, sondern ruckweise voran (**Bild 1.7**). Die einzelnen Ruckstufen haben eine Länge von einigen 10 m (typisch etwa 50 m) und folgen einander in zeitlichen Abständen von einigen 10 µs. Die mittlere Vorwachsgeschwindigkeit liegt damit in der Größenordnung von einem Tausendstel der Lichtgeschwindigkeit. Das gesamte Vorwachsen des Leitblitzes aus der Wolke bis in die Nähe des Erdbodens dauert damit einige Millisekunden.

Wenn sich der Leitblitz der Erde bis auf einige 10 m bis wenige 100 m genähert hat, erhöht sich dort an exponierten Stellen – beispielsweise dem Giebel eines Gebäudes oder der Spitze eines Baums – die elektrische Feldstärke so stark, dass von dort dem Leitblitz ähnliche Entladungen entgegenwachsen, die Fangentladungen (**Bild 1.8**).

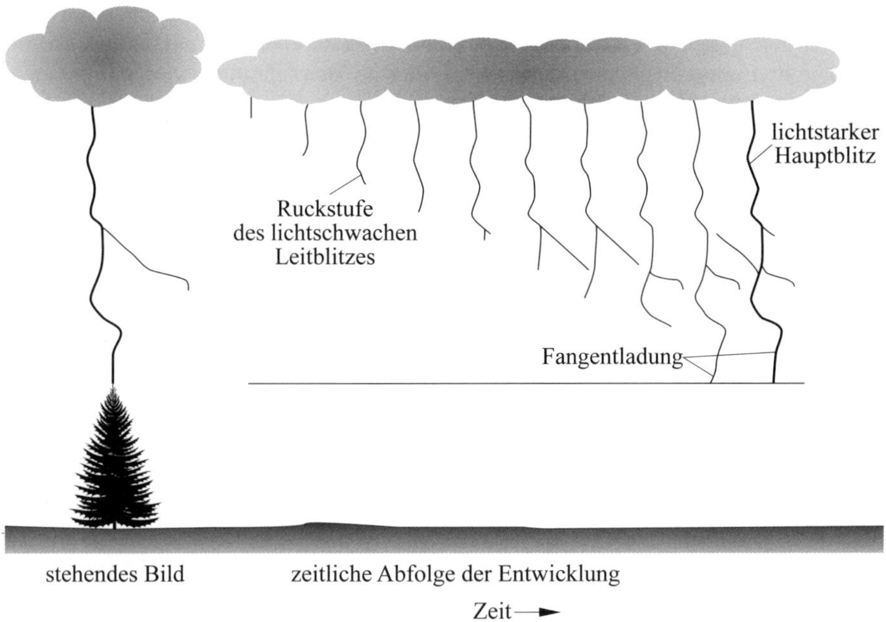

Bild 1.7 Vorwachsen des Leitblitzes in Ruckstufen

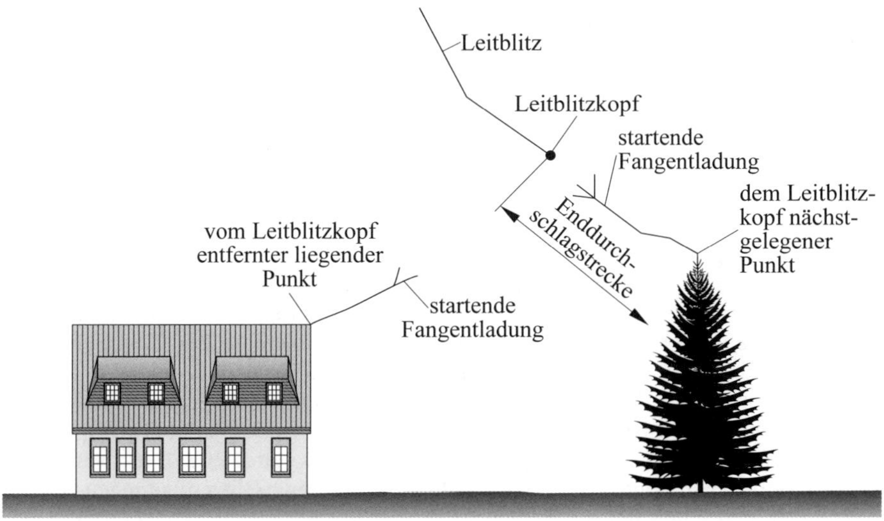

Bild 1.8 Entstehende Fangentladungen an geerdeten Objekten mit Darstellung der Enddurchschlagstrecke

Eine der Fangentladungen trifft als erste auf den Leitblitzkopf, „erdet“ diesen; damit ist die Einschlagstelle des Blitzes festgelegt. Die Länge der Fangentladung ist die sogenannte Enddurchschlagstrecke, eine später für Betrachtungen von Schutzraumwirkungen sehr wichtige Größe (vgl. Kapitel 3.3).

Nun folgt unmittelbar die eigentliche, grell aufleuchtende Blitzentladung, der Hauptblitz. Die in der zylindrischen Hülle des Leitblitzes gespeicherte Ladung wird über das getroffene Objekt zur Erde abgeführt. Hierbei heizt sich der Funkenkanal des Leitblitzes auf einige 10 000 °C auf, wobei sein Druck auf das über 100-fache des normalen Luftdrucks ansteigt. Dieser schlagartige Überdruck ist als Donner hörbar. Der Hauptblitz liefert einen sehr hohen, kurzzeitigen Stoßstrom von einigen 10 000 A bei einer Dauer von nur einigen 100 µs. Ein typisches Beispiel zeigt **Bild 1.9**; wir verdanken es den langjährigen Blitzmessungen von Prof. *Berger* am Monte San Salvatore (Tessin, Schweiz) [1.11, 1.12].

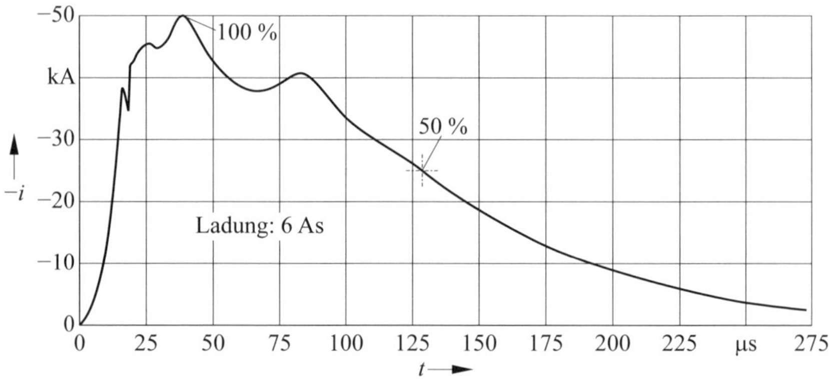

Bild 1.9 Zeitlicher Verlauf eines überdurchschnittlichen Stoßstroms eines negativen Wolke-Erde-Blitzes (nach Prof. *Berger*) [1.11, 1.12]

Viele negative Wolke-Erde-Blitze weisen Mehrfachentladungen auf (**Bild 1.10**). Diese entstehen dadurch, dass sich nach einer Pause von einigen 10 ms bis 100 ms in der noch ionisierten Bahn der ersten Entladung ein neuer Leitblitz von der Gewitterwolke in Richtung Erde vorschiebt. Grund für diesen erneuten Leitblitz sind durch die erste Entladung hervorgerufene Ladungsumverteilungen innerhalb der Gewitterwolke. Da der zweite Leitblitz bereits eine vorgezeichnete Bahn vorfindet, wächst er ohne Ruckstufen mit einer wesentlich höheren Geschwindigkeit von einigen Prozent der Lichtgeschwindigkeit voran [1.4, 1.5]. Der sich anschließende Hauptblitz (Folgeblitz) hat einen erneuten Stoßstrom (Folgestoßstrom) über das getroffene Objekt zur Folge. Dieser Vorgang kann sich wiederholen (**Bild 1.11**). Multiple Blitzentladungen können bis zu weit über zehn solcher aufeinanderfolgenden Teilblitze und eine Gesamtdauer von mehr als 1 s aufweisen.

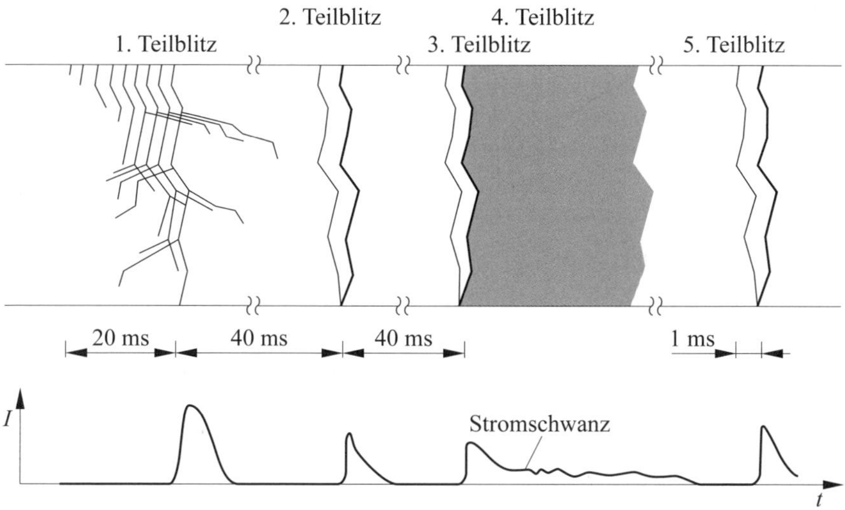

Bild 1.10 Wolke-Erde-Blitz mit Mehrfachentladungen

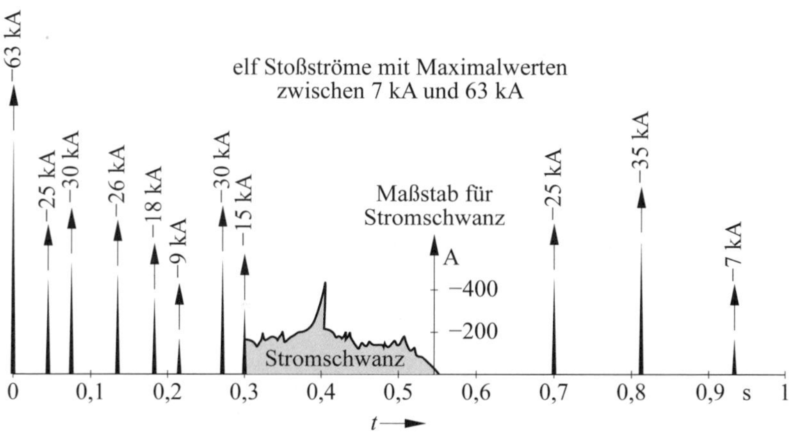

Bild 1.11 Zeitlicher Verlauf der Stromkomponenten einer negativen Mehrfachentladung (nach Prof. *Berger*) [1.11, 1.12]

Einige Blitzentladungen können einen sogenannten Stromschwanz beinhalten, der sich üblicherweise an einen Stoßstrom anschließt. Dieser Strom von einigen 100 A fließt für eine Zeit von einigen 10 ms bis 100 ms; er ist insbesondere für die Zündung von Bränden verantwortlich.

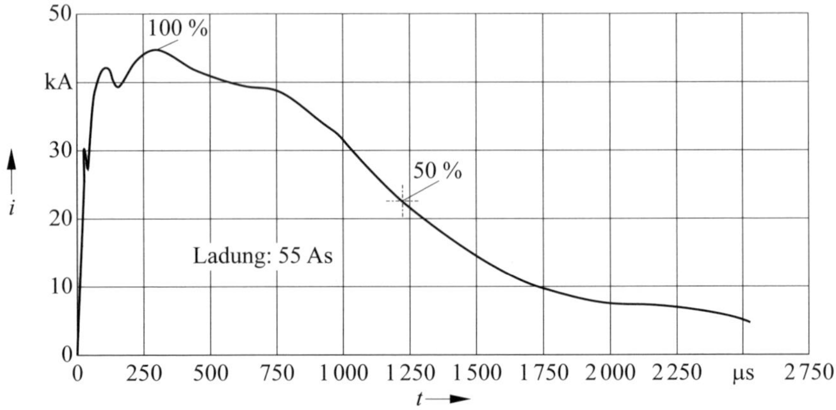

Bild 1.12 Zeitlicher Verlauf eines Stoßstroms eines positiven Wolke-Erde-Blitzes (nach Prof. *Berger*) [1.11, 1.12]

Positive Wolke-Erde-Blitze aus dem oberen positiven Ladungszentrum weisen häufig sehr hohe Blitzstromparameter auf, die deutlich über denen von negativen Wolke-Erde-Blitzen liegen [1.10]. **Bild 1.12** zeigt wieder ein Beispiel aus den Blitzmessungen von Prof. *Berger*. Positive Wolke-Erde-Blitze können ebenso Stromschwänze und multiple Entladungen enthalten [1.13].

1.6 Literatur

[1.1] *Prinz, H.*: Feuer, Blitz und Funke. München: Bruckmann, 1965

[1.2] *Hasse, P.*: Der Weg zum modernen Blitzschutz. Reihe Geschichte der Elektrotechnik Band 20. Berlin · Offenbach: VDE VERLAG, 2004. – ISBN 3-8007-2844-3

[1.3] *Boeck, W.*: Benjamin Franklin als Staatsmann, Schriftsteller und Physiker. Abhandlungen und Berichte 48 (1980) H. 2. München: Oldenbourg, 1980. – ISBN 3-486-24671-2

[1.4] *Uman, M.*: The Lightning Discharge. International Geophysics Series, Vol. 39. Orlando, Florida/USA (u. a.): Academic Press, 1987. – ISBN 0-12-708350-2, ISSN 0074-6142

[1.5] *Hasse, P.*; *Wiesinger, J.*; *Zischank, W.*: Handbuch für Blitzschutz und Erdung. München (u. a.): Pflaum, 2006. – ISBN 3-7905-0931-0

[1.6] European Cooperation for Lightning Detection: www.euclid.org

[1.7] BLIDS Blitz Informationsdienst von Siemens. Siemens AG, Karlsruhe: www.siemens.de/blids

[1.8] *Golde, R. H.*: Lightning, Vol. 1: Physics of lightning. London/UK: Academic Press, 1977. – ISBN 0-12-287801-9

[1.9] *Williams, E. R.*: Das Gewitter als elektrischer Generator. Spektrum der Wissenschaft 12 (1989) H. 1, S. 80–89. – ISSN 0170-2971

[1.10] DIN EN 62305-1 (**VDE 0185-305-1**):2011-10 Blitzschutz – Teil 1: Allgemeine Grundsätze. Berlin · Offenbach: VDE VERLAG

[1.11] *Berger, K.*; *Vogelsanger, E.*: Photographische Blitzuntersuchungen der Jahre 1955 … 1965 auf dem Monte San Salvatore. Bull. SEV/VSE 57 (1966) H. 13, S. 599–620

[1.12] *Berger, K.*: Novel observations on lightning discharges; Results of research on Mount San Salvatore. Journal Franklin Institute 283 (1967) H. 6, S. 478–525

[1.13] *Heidler, F.*; *Drumm, F.*; *Hopf, Ch.*: Electric fields of positive earth flashes in near thunderstorms. S. 42–47. 24th International Conference on Lightning Protection (ICLP), 14.9.–18.9.1998, Birmingham/UK. Stafford/UK: Staffordshire University, 1998

2 Stand der Normung

2.1 Grundlegendes

Blitzschutz-Normungsaktivitäten finden überwiegend bei der International Electrotechnical Commission (IEC) im Technical Committee (TC) 81 „Lightning Protection" statt. Die europäische Normenorganisation CENELEC begleitet diese internationalen Projekte durch ihr Komitee TC 81X. Im Rahmen von Parallel-Voting-Verfahren werden die IEC-Standards in der Regel auch als europäische Normen übernommen. Dabei werden nötigenfalls noch Common Modifications (gemeinsame Änderungen) eingearbeitet. In Deutschland werden alle diese Aktivitäten bei der DKE Deutsche Kommission Elektrotechnik, Elektronik und Informationstechnik im DIN und VDE vom Komitee K 251 „Blitzschutzanlagen und Blitzschutzbauteile" als Spiegelgremium begleitet. Die aktuelle Struktur der existierenden Arbeitsgruppen auf internationaler, europäischer und deutscher Ebene mit dem jeweiligen Aufgabengebiet und der Zuordnung der einzelnen Normenteile zeigt **Bild 2.1**.

Die Reihe IEC 62305 wurde im Januar 2006 erstmals veröffentlicht; im Oktober 2006 standen sie dann bekanntermaßen als Reihe DIN EN 62305 (**VDE 0185-305**) zur Verfügung. Nahezu exakt fünf Jahre später steht nun die zweite Edition dieser Reihe

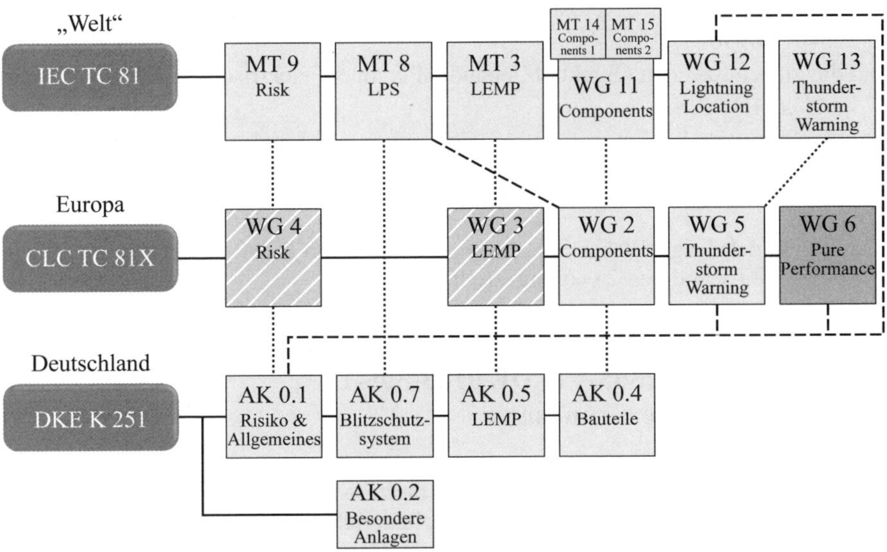

Bild 2.1 Blitzschutz-Normung bei IEC TC 81, CENELEC TC 81X und DKE K 251

zur Verfügung. Im Dezember 2010 wurden die vier Standards IEC 62305-1 … -4 neu herausgegeben, nahezu zeitgleich wurden die IEC-Standards auch wieder als europäische Normen publiziert, der Teil 2 wegen einiger Nacharbeiten nur etwas später. Damit stehen nun die zweiten Ausgaben der EN 62305-1 … -4 zur Verfügung, die in die zweiten Ausgaben der DIN EN 62305-1 … -4 (**VDE 0185-305-1 … -4**) umgesetzt wurden.

Die Normenreihe DIN EN 62305 (**VDE 0185-305**) besteht aus folgenden vier Teilen:

- DIN EN 62305-1 (**VDE 0185-305-1**) Blitzschutz – Teil 1: Allgemeine Grundsätze [2.1],
- DIN EN 62305-2 (**VDE 0185-305-2**) Blitzschutz – Teil 2: Risiko-Management [2.2],
- DIN EN 62305-3 (**VDE 0185-305-3**) Blitzschutz – Teil 3: Schutz von baulichen Anlagen und Personen [2.3],
- DIN EN 62305-4 (**VDE 0185-305-4**) Blitzschutz – Teil 4: Elektrische und elektronische Systeme in baulichen Anlagen [2.4].

Die Normenreihe stellt ein Gesamtkonzept zum Blitzschutz dar und berücksichtigt umfassend:

- die Gefährdung (direkte und indirekte Blitzeinschläge, Strom und Magnetfeld des Blitzes),
- die Schadensursachen (Schritt- und Berührungsspannungen, gefährliche Funkenbildung, Feuer, Explosion, mechanische und chemische Wirkungen, Überspannungen),
- die zu schützenden Objekte (Gebäude, Personen, elektrische und elektronische Anlagen) und
- die Schutzmaßnahmen (Fangeinrichtungen, Ableitungen, Erdungsanlagen, Potentialausgleichsmaßnahmen, Überspannungsschutzgeräte, räumliche Schirmung, Leitungsführung und -schirmung).

Deshalb sind den eigentlichen Schutznormen (Teil 3 und Teil 4) zwei allgemeingültige Normen (Teil 1 und Teil 2) vorangestellt.

2.2 DIN EN 62305-1 (VDE 0185-305-1): Allgemeine Grundsätze

Teil 1 [2.1] enthält allgemeine Grundsätze, die zum Blitzschutz von baulichen Anlagen, ihrer Installationen und Inhalte, ihrer elektrischen und elektronischen Systeme und von Personen zu beachten sind. Er gibt Informationen über die Gefährdung durch den Blitz (Schadensquellen, Schadensursachen und Schadensarten), die

Notwendigkeit von Blitzschutz und die möglichen Schutzmaßnahmen. Außerdem wird ein Überblick über die gesamte Normenreihe zum Blitzschutz gegeben, der die Vorgehensweise und die Schutzprinzipien erläutert, die den folgenden Teilen zugrunde liegen.

Abhängig vom Gefährdungspegel I bis IV (LPL: lightning protection level) werden die maximalen und minimalen Blitzstromkennwerte, ihre Wahrscheinlichkeit und die Blitzkugelradien festgelegt, nach denen alle Schutzmaßnahmen der Teile 3 bis 4 dimensioniert werden (Kapitel 3). Anhang A zeigt die zugrunde liegenden Messdaten der Blitzströme, Anhang B die Zeitfunktionen des Blitzstroms für Analysezwecke sowie Anhang C Generatorschaltungen zur Nachbildung des Blitzstroms für Prüfzwecke.

Anhang D enthält Prüfparameter für Blitzschutzkomponenten und schließlich der Anhang E Berechnungs- und Abschätzverfahren für Stoßströme an den Versorgungsleitungseingängen in die zu schützende bauliche Anlage. Berechnungen lässt Anhang E aber nur für den Fall direkter Blitzeinschläge in die bauliche Anlage zu (Schadensquelle S1). Für direkte und indirekte Einschläge in die Versorgungsleitungen (Schadensquellen S3 bzw. S4), Einschläge neben der baulichen Anlage (Schadensquelle S2) und für lediglich induzierte Stoßströme bei Direkteinschlägen in die bauliche Anlage sind vergleichbare, genormte Berechnungsverfahren nicht verfügbar. Hier gibt Anhang E erwartete Stoßströme an. Diese hängen ab vom Gefährdungspegel (LPL), von der Schadensquelle und vom Leitungstyp (Niederspannungs- oder Telekommunikationsleitung). Die genannten Werte können bei entsprechenden Auslegungsberechnungen insbesondere von Überspannungsschutzgeräten herangezogen werden.

Teil 1 betont, dass unter Blitzschutz die Gesamtheit aller Maßnahmen zum Schutz vor Blitz und Überspannungen verstanden wird. Damit wird noch deutlicher gemacht, dass ein moderner Blitzschutz sich nicht in der Installation eines „klassischen“ äußeren und inneren Blitzschutzes erschöpft. Dabei werden die Maßnahmen nach DIN EN 62305-4 (**VDE 0185-305-4**) [2.4] unter dem Begriff SPM (Surge Protection Measures – Überspannungsschutzmaßnahmen) zusammengefasst (**Bild 2.2**). Nur ein vollständiger Blitzschutz (LP) aus einem Blitzschutzsystem (LPS) und Überspannungsschutzmaßnahmen (SPM) bietet wirksamen Schutz durch ein abgestimmtes Schutzsystem.

Nur die in der Reihe DIN EN 62305 (**VDE 0185-305**) aufgeführten Blitzschutzmaßnahmen haben ihre Wirksamkeit erwiesen. „Nicht konventionelle Blitzschutzmaßnahmen“, also solche, die in der Reihe DIN EN 62305 (**VDE 0185-305**) nicht aufgeführt sind (z. B. Fangeinrichtungen auf der Basis von Early Streamer Emissions – ESE), können diese Wirksamkeit nicht für sich in Anspruch nehmen. Dazu gehört auch die Festlegung im Teil 3 der Normenreihe, dass für alle Typen von Fangeinrichtungen nur die wirklichen physikalischen Abmessungen zur Bestimmung des Schutzraums heranzuziehen sind. Damit werden ESE-Fangeinrichtungen zwar nicht verboten, sie müssen aber nach den gleichen Regeln platziert werden, wie klassische Fangstangen, ergeben also keinen größeren Schutzraum.

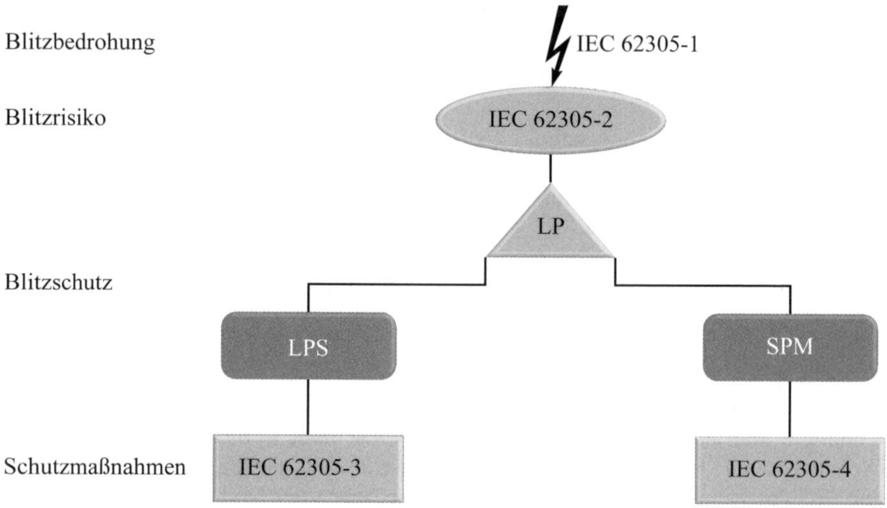

Bild 2.2 Zusammenhang zwischen den Teilen der Normenreihe IEC 62305 (und damit DIN EN 62305 (**VDE 0185-305**)) [2.1]

Weitere Änderungen in der zweiten Ausgabe der DIN EN 62305-1 (**VDE 0185-305-1**): 2011-10 gegenüber der ersten Ausgabe von 2006 umfassen:

- Der Schutz von Versorgungsleitungen wird nicht mehr behandelt. Dies gilt für die gesamte Normenreihe. Grund dafür ist, dass die Betreiber der Versorgungsleitungen (Energieversorger, Telekommunikationsfirmen, Gas- und Wasserversorger usw.) an einer solchen Norm kein Interesse (mehr) haben. Alle Betreiberfirmen haben eigene oder international mit anderen Betreibern abgestimmte Schutzvorschriften oder Verordnungen, sodass für eine normative Festlegung keine Notwendigkeit mehr besteht.
- Der Abschnitt zur Notwendigkeit und zum wirtschaftlichen Nutzen von Blitzschutz wurde überarbeitet.
- Der erste negative Stoßstrom einer Blitzentladung wurde als neue Komponente des Blitzstroms mit einer Wellenform von 1/200 µs eingeführt, weil er für manche Induktionswirkungen die höchste Bedrohung ergibt. Er wird aktuell nur für Berechnungen, nicht aber für Prüfungen verwendet.
- Die Anhänge A, B, und C wurden unter Berücksichtigung des ersten negativen Stoßstroms überarbeitet.
- Der Anhang E wurde überarbeitet. Er enthält Angaben zu den durch Blitz erzeugten Stoßwellen an verschiedenen Einbauorten. Die Werte wurden ergänzt und teilweise geändert.

2.3 DIN EN 62305-2 (VDE 0185-305-2): Risikomanagement

Der Teil 2: Risikomanagement [2.2] beschreibt keine Schutzmaßnahmen, sondern es werden Berechnungsverfahren zur Abschätzung des Schadensrisikos bei Blitzeinwirkungen und Verfahren zur Auswahl von Schutzmaßnahmen festgelegt. Dieser Normenteil verwendet eine Risikoanalyse, um zuerst die Notwendigkeit des Blitzschutzes für bauliche Anlagen zu ermitteln und dann die technisch und wirtschaftlich optimalen Schutzmaßnahmen auszuwählen, die in den eigentlichen Schutznormen ausführlich beschrieben sind. Abschließend wird das verbleibende Risiko bestimmt.

In den Anhängen zu Teil 2 findet man die Abschätzung der Häufigkeit der gefährlichen Ereignisse durch Blitzeinschläge N_X, die Schadenswahrscheinlichkeiten für bauliche Anlagen P_X und die Verluste L_X. Die Kosten-Nutzen-Rechnung für wirtschaftliche Verluste wird dargestellt. Fallstudien für bauliche Anlagen werden durchgeführt.

Das Risiko bzw. die einzelnen Risikokomponenten ergeben sich als Produkt aus der Häufigkeit N_X von gefährlichen Ereignissen durch Blitzeinschläge, der Schadenswahrscheinlichkeit P_X und dem Schadensfaktor bzw. Verlust L_X. Dabei ergeben sich:

- die Häufigkeit N_X der gefährlichen Ereignisse durch Blitzeinschläge aus der Erdblitzdichte, den äquivalenten Fangflächen und den Korrekturfaktoren (Anhang A in [2.2]),
- die Schadenswahrscheinlichkeit P_X, mit der ein Blitzeinschlag einen ganz bestimmten Schaden (Feuer, Überspannung usw.) verursacht (Anhang B in [2.2]),
- der Schadensfaktor bzw. Verlust L_X, der die Art, den Umfang und ggf. die Konsequenzen des Schadens beschreibt (Anhang C in [2.2]).

Große Bedeutung hat in dieser Norm auch die Abschätzung des wirtschaftlichen Nutzens von Schutzmaßnahmen gegen Blitzeinwirkungen (Schadensart 4: wirtschaftliche Verluste). Es wird verglichen, welche jährlichen Kosten ohne und mit Schutzmaßnahmen entstehen. Die wirtschaftlich günstigere Variante wird dann realisiert. Diese neue Methodik setzt voraus, dass man schon vor der eigentlichen Planung von Blitzschutzmaßnahmen eine (grobe) Abschätzung zu deren Kosten vornehmen kann.

Bei der Abschätzung der Wirtschaftlichkeit von Schutzmaßnahmen sind nun auch vereinfachte Verfahren erlaubt, die die Anwendung in solchen Fällen ermöglichen, bei denen mögliche Schadenssummen bei Blitzeinwirkung nur schwer ermittelt werden können. Hier wird nun allerdings zukünftig ein Unterschied zwischen IEC 62305-2:2010-12 [2.5] und EN 62305-2:2012-05 [2.6] gemacht werden müssen:

- Alternativ zum fachlich eigentlich korrekten Vorgehen nach Anhang D, also dem Vergleich der blitzeinschlagrelevanten Kosten ohne und mit Schutzmaßnahmen, kann nach dem IEC-Standard [2.5] auch ein akzeptierbares Risiko angesetzt werden. Dafür wurde der Wert $R_{T4} = 10^{-3}$ festgelegt. Genau dieser alternative Weg war aber für einige Nationen bei der Abstimmung als europäische Norm ein wesentliches Kriterium für ein „negative vote“.

- In der europäischen Norm [2.6] soll daher der alternative Weg nicht beschritten werden dürfen. Um dennoch eine Berücksichtigung der Schadensart 4: „wirtschaftliche Verluste“ in den Fällen, in denen die ökonomischen Daten nicht oder nur unvollkommen vorliegen, zu ermöglichen, können diese weiteren Angaben der EN 62305-2 selbst entnommen werden. Damit wird stets der fachlich korrekte Weg über den Anhang D beschritten, man gibt in Europa als mögliche Vereinfachung nur typische Werte für den Gesamtwert einer baulichen Anlage und dessen Aufteilung auf einzelne Kategorien vor.

Nachdem die DIN EN 62305-2 (**VDE 0185-305-2**) der europäischen Norm EN 62305-2 folgen muss, wird dieser Weg im Folgenden (Kapitel 4.10) auch im Detail skizziert. Es sei hier nur nochmals deutlich darauf hingewiesen, dass diese Vorgehensweise nur bei der Schadensart „wirtschaftliche Verluste“ gerechtfertigt ist, natürlich nicht bei den drei Schadensarten von sogenanntem öffentlichen Interesse: „Verlust von Menschenleben“, „Verlust von (technischen) Dienstleistungen für die Öffentlichkeit“ und „Verlust von unersetzlichem Kulturgut“. Weitere Informationen dazu siehe Kapitel 4.

Weitere Änderungen in der zweiten Ausgabe der DIN EN 62305-2 (**VDE 0185-305-2**): 2013-02 gegenüber der ersten Ausgabe von 2006 umfassen:

- Die Risikoabschätzung für Versorgungsleitungen (insbesondere Telekommunikationsleitungen) wurde komplett herausgenommen (siehe Teil 1). Die in eine bauliche Anlage eingeführten Versorgungsleitungen werden ausschließlich als Schadensquelle betrachtet.
- Die Einfangflächen für direkte Blitzeinschläge in bauliche Anlagen A_D, für nahe Blitzeinschläge A_M sowie für direkte und indirekte Blitzeinschläge in eingeführte Versorgungsleitungen, A_L und A_I, wurden überarbeitet und neue Erkenntnisse eingearbeitet.
- Die Schadenswahrscheinlichkeiten P_X wurden aktualisiert; einige der Berechnungsformeln für diese Schadenswahrscheinlichkeiten wurden abgeändert. Die Reduktionsfaktoren r_x wurden ebenfalls aktualisiert.
- Es wird detaillierter unterschieden in die Überspannungsschutzgeräte zum Zwecke des Blitzschutzpotentialausgleichs (Parameter P_{EB}) und den Einsatz von koordinierten Systemen von Überspannungsschutzgeräten (Parameter P_{SPD}). Damit ist auch eine bessere Berücksichtigung der unterschiedlichen Schutzwirkungen dieser Maßnahmen bei direkten und indirekten Blitzeinwirkungen möglich.
- Der Anhang C beschreibt die Abschätzung der jeweiligen Verluste für die einzelnen Schadensarten. Bei den Verlustfaktoren L_X entfällt die Festlegung der grundlegenden Berechnungsformeln; es werden also im Wesentlichen nur noch „typische Werte“ in Tabellenform aufgeführt.
- Im Falle der Risikoanalyse für explosionsgefährdete Anlagen ist nun auch die Berücksichtigung von Zonen 1 und 2 bzw. 21 und 22 möglich, nicht nur von Zonen 0 bzw. 20. Dieses geschieht über eine abgestufte Festlegung des Parameters für das Brand- bzw. Explosionsrisiko einer baulichen Anlage r_f.

- Die in der Norm beschriebenen Anwendungsbeispiele wurden überarbeitet und aktualisiert.
- Die vereinfachte Software für die Risikoabschätzung für bauliche Anlagen (Simplified IEC Risk Assessment Calculator – SIRAC) wurde ersatzlos gestrichen.

Zur besseren Anwendbarkeit des Normenteils 2 und für zusätzliche Informationen werden in Deutschland von DKE-Komitee K 251 drei Beiblätter herausgegeben:

- Beiblatt 1 „Blitzgefährdung in Deutschland“: Hier wird eine aktualisierte Karte der Blitzdichte für die KFZ-Kennzeichengebiete zur Verfügung gestellt (Mittelwert der 13 Jahre 1999 bis 2011).
- Beiblatt 2 „Berechnungshilfe zur Abschätzung des Schadensrisikos für bauliche Anlagen“: Die Berechnungshilfe wird wieder auf Basis einer Excel-Liste mit Druckfunktion zur Verfügung gestellt. Gegenüber dem Vorgänger wurde die Berechnungshilfe deutlich detaillierter gefasst; mit ihr können nun alle Inhalte und Verfahren der Risikoanalyse vollständig beschrieben werden.
- Beiblatt 3 „Zusätzliche Informationen zur Anwendung der DIN EN 62305-2 (**VDE 0185-305-2**)“: Dieses neue Beiblatt umfasst insbesondere Informationen, wie und unter welchen Voraussetzungen Überspannungsschutzgeräte mit erhöhter Wirksamkeit (also geringeren Schadenswahrscheinlichkeiten P_{EB} und P_{SPD} als für den Gefährdungspegel I beschrieben) berücksichtigt werden können, und wie das Risikomanagement für Anlagen mit Explosionsgefährdung angewendet werden kann. Daneben werden auch noch gegenüber der Norm DIN EN 62305-2 (**VDE 0185-305-2**):2013-02 geringfügig modifizierte und verfeinerte Werte der Verlustfaktoren L_{X} zur möglichen Anwendung vorgeschlagen.

2.4 DIN EN 62305-3 (VDE 0185-305-3): Schutz von baulichen Anlagen und Personen

Teil 3 behandelt den Schutz von baulichen Anlagen gegen materielle Schäden und Lebensgefahr infolge von direkten Blitzeinschlägen durch ein Blitzschutzsystem (LPS – Lightning Protection System). Es besteht aus dem äußeren Blitzschutz (Fangeinrichtung, Ableitungen, Erdungsanlage) und aus dem inneren Blitzschutz (Blitzschutzpotentialausgleich, Trennungsabstand). Die Kennwerte des LPS werden durch seine Blitzschutzklasse festgelegt, die auf dem entsprechenden Gefährdungspegel (LPL – Lightning Protection Level) basiert.

Die Anhänge zu Teil 3 behandeln die Anordnung von Fangeinrichtungen, den Mindestquerschnitt von Kabelschirmen zur Vermeidung von gefährlicher Funkenbildung und die Aufteilung des Blitzstroms auf die Ableitungen zur Abschätzung des Trennungsabstands. Es gibt ergänzende Informationen für den Blitzschutz von explosionsgefährdeten Anlagen und Hinweise zur Auslegung, Konstruktion, Wartung und Prüfung von Blitzschutzsystemen.

Die bedeutendste Änderung in Teil 3 gegenüber der Vorgängerversion aus 2006 betrifft die Berechnung des sogenannten Trennungsabstands. Dieser kann nun nach zwei im normativen Teil beschriebenen Verfahren durchgeführt werden. Das überschlägige Verfahren gemäß Gl. (2.1)

$$s = k_\mathrm{i} \cdot \frac{k_\mathrm{c}}{k_\mathrm{m}} l, \tag{2.1}$$

mit:

k_i abhängig von der gewählten Schutzklasse des Blitzschutzsystems,

k_c abhängig von dem Blitzstrom, der in den Ableitungen fließt,

k_m abhängig vom Werkstoff der elektrischen Isolation,

l vertikale Länge der Ableitung von dem Punkt, an dem der Trennungsabstand ermittelt werden soll, bis zum nächstliegenden Punkt des Potentialausgleichs,

kann bei einfachen, typischen Gebäuden angewendet werden, wobei der Blitzeinschlag in die Dachecken bzw. -kanten erfolgt. Dieser Einschlag stellt bei vielen Gebäuden auch den ungünstigsten Fall (Worst Case) dar, zumindest solange Länge und Breite des Gebäudes nicht größer sind als die vierfache Gebäudehöhe.

In anderen Fällen (z. B. komplexe Gebäudegeometrie) und für detaillierte Berechnungen kann besser das exakte Verfahren verwendet werden:

$$s = \frac{k_\mathrm{i}}{k_\mathrm{m}} \left(k_\mathrm{c1} \cdot l_1 + k_\mathrm{c2} \cdot l_2 + \ldots + k_{\mathrm{c}n} \cdot l_n \right). \tag{2.2}$$

Hier ergibt sich der erforderliche Trennungsabstand durch das Aufaddieren der einzelnen Anteile, die entlang der n blitzstromdurchflossenen Leiter (Fangleitungen und Ableitungen) entstehen. Wenn aufgrund der Stromaufteilung entlang der Leiterlänge verschiedene Stromanteile fließen, müssen in der Gleichung die unterschiedlichen Teilströme, die entlang jedes Leiterabschnitts fließen, berücksichtigt werden. Mit dem exakten Verfahren können grundsätzlich beliebig komplizierte Blitzschutzsysteme nachgebildet werden. Dies erfordert jedoch die Berechnung der jeweiligen $k_{\mathrm{c}v}$-Werte. Diese kann im Prinzip nach den bekannten Verfahren der Netzwerktheorie erfolgen, z. B. mittels des Knotenpotentialverfahrens. Eine einfache Abschätzung der $k_{\mathrm{c}v}$-Werte kann allerdings auch mit dem sogenannten empirischen Verfahren erfolgen (siehe auch Beiblatt 1 zur DIN EN 62305-3 (**VDE 0185-305-3**)). Die im genannten Beiblatt enthaltenen Festlegungen wurden zum Teil in die IEC 62305-3 übernommen.

Weitere Änderungen in der zweiten Ausgabe der DIN EN 62305-3 (**VDE 0185-305-3**): 2011-10 gegenüber der ersten Ausgabe von 2006 umfassen:

- Die Abschnitte zu Fangeinrichtungen, Ableitungen, Erdungsanlage und Blitzschutzpotentialausgleich wurden umfangreich ergänzt bzw. überarbeitet.

- Für Ringleitungen werden nicht mehr die gleichen Abstände gefordert wie für Ableitungen. Die typischen Abstände nach Tabelle 4 der Norm gelten nur noch für Ableitungen.
- Die Festlegungen für Berührungs- und Schrittspannungen wurden neu gefasst. Hier wird z. B. nun ausgeführt, dass die Lebensgefahr auf ein annehmbares Maß verringert wird, wenn ein System von mindestens zehn Ableitungen vorhanden ist.

  Anmerkung: Die Experten des DKE-Komitees K 251 können diese Aussage so nicht nachvollziehen und bestätigen. Es wird deshalb zunächst empfohlen, diese Maßnahme zur Vermeidung von Berührungs- und Schrittspannungen nicht anzuwenden.
- In Anhang D wurden umfangreiche Änderungen und neue Aussagen für explosionsgefährdete bauliche Anlagen aufgenommen.
- Der Anhang E wurde überarbeitet und ergänzt.

Zur besseren Anwendbarkeit des Normenteils 3 und für zusätzliche Informationen werden in Deutschland vom DKE-Komitee K 251 aktuell fünf Beiblätter herausgegeben, die zum Teil bereits wieder aktualisiert worden sind bzw. sich in der erforderlichen Aktualisierung befinden:

- Beiblatt 1 Zusätzliche Informationen zu DIN EN 62305-3 (**VDE 0185-305-3**),
- Beiblatt 2 Besondere bauliche Anlagen,
- Beiblatt 3 Ergänzende Hinweise für die Prüfung und Wartung von Blitzschutzsystemen,
- Beiblatt 4 Verwendung von Metalldächern in Blitzschutzsystemen,
- Beiblatt 5 Blitz- und Überspannungsschutz für PV-Stromversorgungssysteme.

2.5 DIN EN 62305-4 (VDE 0185-305-4): Elektrische und elektronische Systeme

Teil 4 behandelt den Schutz von baulichen Anlagen mit elektrischen und elektronischen Systemen gegen die Wirkungen des elektromagnetischen Blitzimpulses LEMP (Lightning Electromagnetic Impulse) durch entsprechende Schutzmaßnahmen (SPM – Surge Protective Measures). Diese beinhalten eine individuelle Kombination aus folgenden Schutzmaßnahmen: Erdung und Potentialausgleich, räumliche Schirmung, Leitungsführung und -schirmung, koordiniertes SPD-System (SPD – Surge Protective Device), isolierende Schnittstellen. Die Kennwerte der Schutzmaßnahmen müssen dem gewählten Gefährdungspegel LPL (Lightning Protection Level) entsprechen.

Die Basis für die SPM ist unverändert das Blitzschutzzonenkonzept. Aus den verschiedenen Schutzmaßnahmen (Erdung, Potentialausgleich, räumliche Schirmung, Leitungsführung und -schirmung, koordinierter SPD-Schutz, isolierende Schnittstellen) kann durch Auswahl und Kombination ein individuell angepasstes LEMP-Schutzsystem erstellt werden.

Die Anhänge zu diesem Teil 4 der Norm zeigen die Grundlagen zur Bestimmung der elektromagnetischen Umgebung in einer Blitzschutzzone, ergänzende Hinweise für den SPM-Schutz in bestehenden baulichen Anlagen, Regeln zur Auswahl und Installation eines koordinierten SPD-Systems und Kennwerte, die bei der Auswahl von SPDs zu beachten sind.

Die Änderungen in diesem Normenteil im Vergleich zur Vorgängernorm aus dem Jahr 2006 fallen vergleichsweise gering aus. Er erlaubt nun eine verbesserte Auswahl und Installation eines koordinierten Systems von Überspannungsschutzgeräten. Spezielle Festlegungen zur Koordination von Überspannungsschutzgeräten sind zukünftig in den Normenreihen verankert, die die Überspannungsschutzgeräte und deren Prüfung beschreiben (z. B. IEC 61643). Vorgesehen war in Teil 4 eigentlich auch die detaillierte Darstellung von Modellen und von Simulationsergebnissen zur Abschätzung der Blitzstromverteilung in Gebäuden und in angeschlossenen Versorgungsleitungen. Der insbesondere auf deutschen Vorarbeiten basierende neue Anhang D wird nun aber sehr knapp gehalten.

Als Schutzmaßnahme, die nun deutlich größere Bedeutung erhält, werden „isolierende Schnittstellen“ beschrieben. Sie können verwendet werden, um die Wirkungen von leitungsgeführten Störgrößen zu verringern. Sie erfordern üblicherweise eine Stoßspannungsfestigkeit von 5 kV bei einer Wellenform von 1,2/50 µs. Der Schutz solcher Schnittstellen gegen höhere Überspannungen kann – soweit nötig – durch den Einsatz von Überspannungsschutzgeräten erreicht werden.

Weitere Änderungen in der zweiten Ausgabe der DIN EN 62305-4 (**VDE 0185-305-4**): 2011-10 gegenüber der ersten Ausgabe von 2006 umfassen:

- Die Anhänge A und B wurden redaktionell überarbeitet.
- Der frühere Anhang C, der die physikalischen Grundlagen zur Koordination der unterschiedlichen Überspannungsschutzgeräte verschiedener Bauart enthielt, ist ganz entfallen.
- Der neue Anhang C enthält ausführliche Regeln zur Auswahl und zur Installation eines koordinierten Systems von Überspannungsschutzgeräten. Ähnliche Regeln aus dem alten Anhang D wurden stark überarbeitet und dann integriert.
- Der neue Anhang D behandelt die bei der Auswahl von Überspannungsschutzgeräten zu berücksichtigenden Faktoren, wie Einbauort, Art der Einkopplung, Stromaufteilung, Wellenform und benachbarte Anlagen. Außerdem wird eine Bewertung des statistischen Bedrohungspegels für Überspannungsschutzgeräte angegeben.

Für den Teil 4 wird nun ebenfalls zur besseren Anwendbarkeit und für zusätzliche Informationen ein nationales Beiblatt herausgegeben. Dieses Beiblatt 1 enthält die Inhalte, die eigentlich im Anhang D der IEC 62305-4 vorgesehen waren, dort aber nicht die erforderliche Abstimmungsmehrheit erhalten haben. Es handelt sich um eine detaillierte Darstellung von Modellen und von Simulationsergebnissen zur Abschätzung der Blitzstromverteilung in Gebäuden und in angeschlossenen Versorgungsleitungen.

2.6 Weitere blitzschutzrelevante Normen

In der Normenreihe IEC 62561 wird aktuell auch die Normung von Blitzschutzkomponenten durchgeführt. Die dort schon veröffentlichten oder noch geplanten Teile sind weitestgehend mit den schon bei CENELEC entstandenen europäischen Normen der Reihe EN 50164 identisch. Definiert werden in den Normenteilen der Reihe IEC 62561 die Anforderungen an:

1. Verbindungselemente,
2. Leitungen und Erder,
3. Trennfunkenstrecken,
4. Leitungshalter,
5. Revisionskästen und Erderdurchführungen,
6. Blitzzähler,
7. Maßnahmen zur Verbesserung des Erdungswiderstands,
8. Komponenten für isolierte Blitzschutzsysteme.

Die Teile 1 bis 7 sind bereits verfügbar, nur der Teil 8 wird aufgrund seiner Komplexität und der noch durchzuführenden Untersuchungen weitere Bearbeitungszeit in Anspruch nehmen. Es ist aktuell geplant, dass er nur als Technical Specification (TS) erscheint. Nach dem Erscheinen als IEC-Standards wurden die einzelnen Teile im Rahmen des Parallel-Voting-Verfahrens auch als europäische Normen EN 62561-1 … -7 veröffentlicht. Danach erfolgte wieder die Übernahme als DIN EN 62561-1 … -7, die unter der Klassifizierung VDE 0185-561-*x* eingeordnet wurden. Nachdem sich diese Normen hauptsächlich an die Hersteller von Komponenten richten, werden sie in diesem Buch aber nicht weiter behandelt.

DIN EN 62305-4 (**VDE 0185-305-4**) behandelt den Einsatz eines koordinierten Systems von Überspannungsschutzgeräten. Die Festlegungen zur Koordination von Überspannungsschutzgeräten sind in den Normenreihen verankert, die die Überspannungsschutzgeräte beschreiben. Die vielen unterschiedlichen Einsatzbereiche zum Einsatz von Überspannungsschutzeinrichtungen in Wechselstromnetzen, Gleichstromkreisen, Photovoltaikanlagen und Windenergieanlagen machen nicht nur die Auslegung der Schutzkomponenten und deren Koordination, sondern auch deren Prüfung recht eigenständig. Die folgende Aufstellung soll die wichtigsten, aktuellen Normen und Normenprojekte für Überspannungsschutzgeräte kurz transparent machen [2.7].

DIN EN 61643-11 (VDE 0675-6-11):2013-04 Überspannungsschutzgeräte für Niederspannung – Teil 11: Überspannungsschutzgeräte für den Einsatz in Niederspannungsanlagen – Anforderungen und Prüfungen

Die aktuelle nationale Norm DIN EN 61643-11 ist aus dem Jahr 2013. Sie ist die Umsetzung der IEC 61643-11 vom März 2011. Sie löste die Vorgänger-IEC 61643-1, 2. Edition aus dem Jahr 2005 ab. Diese Normen werden auf Schutzgeräte gegen Überspannungen angewendet, die bei indirekter oder direkter Blitzeinwirkung oder anderen transienten Vorgängen den Überspannungsschutz realisieren sollen. Die Überspannungsschutzgeräte (SPD) werden – wie bei der Vorgängernorm – in 50/60-Hz-Wechselstromversorgungsnetzen und bis 1 000 V (Effektivwert) Nennspannung installiert. Ausführungsmerkmale und Standardmethoden für die Prüfungen sind dokumentiert. Die SPDs bestehen mindestens aus einer nicht linearen Komponente und sollen Blitzstoßspannungen begrenzen und Blitzströme ableiten. Die wesentlichen Unterschiede zur Vorgängernorm (IEC 61643-1) sind:

- die vollständige Umstrukturierung und Änderung der Prüfabläufe,
- die Anforderungen an die Luft- und Kriechstrecken und die Vorgehensweise zu deren Bestimmung,
- die Einführung der Referenzprüfspannung (Anhang A) als Zuordnungsspannung zwischen dem elektrischen System und der Prüfspannung,
- die Einführung der Stromkenngröße i_{max} als optionaler Wert,
- die Festlegung von Prüfungen und ihre Anforderungen für kurzschließende SPDs,
- die Forderung der Prüfungen und ihrer Angaben zu Umweltbedingungen,
- die Berücksichtigung der Prüfungen und Prüfgrößen zum Verhalten bei temporären Überspannungen (TOV) im Fehlerfall der Unterbrechung des Neutralleiters.

DIN CLS/TS 61643-12 (VDE V 0675-6-12):2010-09 Überspannungsschutzgeräte für Niederspannung – Teil 12: Überspannungsschutzgeräte für den Einsatz in Niederspannungsanlagen – Auswahl und Anwendungsgrundsätze

Diese technische Spezifikation hat den Text der IEC 61643-12:2008 zum Inhalt, zusammen mit den gemeinsamen Änderungen, die vom Technischen Komitee CENELEC/TC 37A ausgearbeitet wurden. Sie ersetzt die technische Spezifikation CLC/TS 61643-12 aus dem Jahr 2006. Sie ist zusammen mit der DIN EN 61643-11 (**VDE 0675-6-11**):2013-04 anzuwenden und enthält Informationen zu Kennwerten, die für die Auswahl von SPDs hilfreich sind. Ferner enthält sie Informationen zur Abschätzung der Einsatznotwendigkeit von SPDs in Niederspannungsverteilungsnetzen entsprechend der in DIN EN 62305-1 bis -4 (**VDE 0185-305-1 bis -4**) beschriebenen Verfahren.

Ein weiterer Inhalt der Spezifikation ist u. a. die Information zur Auswahl und Koordination von SPDs unter Berücksichtigung der gesamten Betriebsumgebung. Auch sind die Informationen der technischen Spezifikation als Leitfaden zur Durchführung einer Risikoanalyse anzusehen. Der koordinierte Überspannungsschutz mit SPDs ist prinzipiell nur eine der zu treffenden Schutzmaßnahmen und kann durch zusätzliche Maßnahmen weiter verbessert werden, wie die Auslegung von Kabelkanälen mit geeigneter Schirmcharakteristik, ein Potentialausgleichsnetzwerk, isolierende Schnittstellen und eine geeignete und EMV-gerechte Leitungsführung zur Reduzierung von Leiterschleifen. Ferner ist die Auslegung von Kabeln mit Schirmen zu erwähnen, die an den Enden beidseitig mit dem Potentialausgleich verbunden sind.

Die Auswahl und Installation eines koordinierten SPD-Systems wurde auch schon in der DIN EN 62305-4 (**VDE 0185-305-4**), Ed. 1 in einem informativen Anhang behandelt. In der DIN EN 62305-4 (**VDE 0185-305-4**), Ed. 2 ist dieser Anhang wesentlich erweitert, und er behandelt nicht nur die Auswahl der SPDs hinsichtlich des Spannungspegels, sondern auch die zu berücksichtigen Faktoren, die für unterschiedliche Vorzugswerte des Prüfstromwerts I_{imp} von SPDs gelten. Die zu berücksichtigenden Faktoren sind abhängig von der Stoßwellenbelastung eines SPDs und von vielen komplexen und untereinander abhängigen Kennwerten. Hierzu gehören der Einbauort des SPDs in der baulichen Anlage, die Einkopplung des Blitzes in die bauliche Anlage (Direkteinschlag in das äußere LPS oder durch Induktionswirkung in die Verkabelung der Anlage bei einem nahen Blitzeinschlag oder über die eingeführten Leitungen), die Blitzstromaufteilung in der baulichen Anlage, die Impedanz der eingeführten Versorgungsleitung, die Wellenform des Stroms und zusätzliche bauliche Anlagen, die über das Stromnetz an die erste bauliche Anlage angeschlossen sind und die Stromaufteilung beeinflussen können.

DIN EN 61643-21 (VDE 0845-3-1):2013-07 Überspannungsschutzgeräte für Niederspannung – Teil 21: Überspannungsschutzgeräte für den Einsatz in Telekommunikations- und signalverarbeitenden Netzwerken – Leistungsanforderungen und Prüfverfahren

Diese Norm dient dem Nachweis der Anforderungen an Überspannungsschutzgeräte, die zum Schutz in Telekommunikations- und signalverarbeitenden Netzwerken eingesetzt werden, da sie Blitzeinschlägen oder Fehlzuständen in Stromversorgungsnetzen ausgesetzt und durch direkte oder indirekte Einkopplungen beeinflusst werden können. Die DIN EN 61643-21 (**VDE 0845-3-1**) beschreibt zusätzlich Anforderungen an die einzusetzenden Überspannungsschutzgeräte und Prüfungen zur Bestimmung ihrer Leistungsfähigkeit. Die Überspannungsschutzgeräte, die in dieser Norm behandelt werden, sind nur SPDs mit spannungsbegrenzenden Komponenten oder Kombinationen aus spannungsbegrenzenden und Strom begrenzenden Komponenten. Schutzbausteine, die ausschließlich über Strom begrenzende Komponenten verfügen, gehören nicht zu dem Anwendungsbereich dieser Norm und werden nur in ihrem informativen Anhang A erwähnt.

Die Art der Überspannungsschutzgeräte, die von dieser Norm erfasst werden, können SPDs sein mit

a) ausschließlich spannungsbegrenzenden Eigenschaften,

b) spannungsbegrenzenden und Strom begrenzenden Eigenschaften,

c) spannungsbegrenzenden Eigenschaften und linearen Komponenten zwischen den Anschlussklemmen,
d) spannungsbegrenzenden und Strom begrenzenden Eigenschaften sowie verbesserten Signalübertragungseigenschaften,
e) ausschließlich spannungsbegrenzenden Eigenschaften, die zum Einsatz in ungeregelten Umgebungen (Außenbereich) vorgesehen sind,
f) spannungsbegrenzenden und Strom begrenzenden Eigenschaften, die zum Einsatz in ungeregelten Umgebungen (Außenbereich) vorgesehen sind.

Für sämtliche Überspannungsschutzgerätearten werden die Prüfanforderungen hinsichtlich der Identifizierung und Dokumentation, der Signalübertragungseigenschaften und der mechanischen Prüfungen, Umweltprüfungen und Prüfungen zur Spannungsbegrenzung und Strombegrenzung angeführt. Die umfangreiche Tabelle 1 der Norm beschreibt die anzuwendenden und optionalen Anforderungen an die Prüfanordnung. Bezüglich der Spannungsbegrenzung werden ergänzend zu den Anforderungen an die höchste Dauerspannung und den Isolationswiderstand auch Anforderungen an die Spannungsbegrenzung bei Impulseinwirkung, die Stoßstromfestigkeit und den Überlastungsfehlerzustand sowie die Koordination bei mehrstufigen Schaltungen gestellt. Bei der Strombegrenzung sind u. a. Anforderungen an den Nennstrom und die Reaktionszeit sowie die maximale Ausschaltspannung und die Stoßstromfestigkeit zu berücksichtigen. Zum Nachweis, dass das Überspannungsschutzgerät die elektrischen, mechanischen und Umweltanforderungen erfüllt, sind Prüfverfahren angegeben.

DIN VDE 0845 Beiblatt 1:2010-11 Überspannungsschutz von Einrichtungen der Informationstechnik

Das Beiblatt 1 zur DIN VDE 0845 gilt für Maßnahmen gegen Überspannungen, die z. B. aufgrund von Blitzeinwirkungen auf Einrichtungen der Informationstechnik auf Komponenten wie Telekommunikationsleitungen (Signal- und Antennenleitungen), auf Einrichtungen der Informationstechnik am Anschluss und im Verlauf der Leitungen, auf Gebäude mit IT-Anlagen, Stromversorgungs- und Fernspeiseeinrichtungen, auf Stromversorgungsleitungen und Erdungsanlagen einwirken. Nach einer Darstellung von atmosphärischen Entladungen werden die Anforderungen an den Schutz von IT-Anlagen, die Schutzmaßnahmen von Telekommunikationsleitungen außerhalb und in Gebäuden, Antennenanlagen und auch von Geräten diskutiert. Die Schutzwirkungen und Anforderungen an SPDs werden ebenso vorgestellt wie die Besonderheiten der Schutzmaßnahmen von IT-Anlagen, Antennenanlagen und Stromversorgungs- und Fernspeiseeinrichtungen. Einen großen Teil dieses Beiblatts nehmen die Ausführungen von Schutzmaßnahmen einschließlich der Erdung und dem Potentialausgleich ein. Ausführlich werden in einem weiteren Abschnitt die einzelnen Schutzkomponenten (Funkenstrecken, Gasentladungsstrecken, Varistoren, Z-Dioden und Thyristoren, einschließlich der Bauteile zur Strombegrenzung und Varianten von Stufenschutzschaltungen) vorgestellt.

DIN EN 50539-11 (VDE 0675-39-11):2013-12 Überspannungsschutzgeräte für Niederspannung – Überspannungsschutzgeräte für besondere Anwendungen einschließlich Gleichspannung – Teil 11: Anforderungen und Prüfungen für Überspannungsschutzgeräte für den Einsatz in Photovoltaik-Installationen

Diese Norm behandelt die Anforderungen und Prüfungen für Überspannungsschutzgeräte, die auf der DC-Seite von PV-Anlagen eingesetzt werden, um sie vor direkten oder indirekten Blitzeinwirkungen zu schützen. Sie gilt für Geräte, die an die DC-Energiekreise von PV-Generatoren mit Spannungen bis 1,5 kV angeschlossen werden. Der Standard berücksichtigt, dass sich PV-Generatoren wie Stromgeneratoren verhalten und die Nennstromhöhe von der Intensität des eingestrahlten Lichts abhängig ist. Diese Tatsache bewirkt auch die spezifischen Prüfanforderungen an die Überspannungsschutzgeräte (SPDs). Ebenso werden bei den Prüfanforderungen auch die Besonderheiten berücksichtigt, dass der Nennstrom und der Kurzschlussstrom in der PV-Anlage etwa gleich groß sind und dass ergänzend hierzu auch die elektrischen Parameter, wie der Strom, die Spannung und die Leistungswerte von der elektrischen Schaltung (Reihenschaltung und Parallelschaltung bzw. Kombinationen von ihnen) stark variieren können (Watt- bis Megawatt-Bereich).

Die elektrischen Parameter von PV-Installationen auf der DC-Seite (z. B. wegen des von der Lichtintensität abhängigen Nennstroms) erfordern auch sehr spezifische Prüfanforderungen, die durch die Prüfbedingungen für Wechselstromkreise nach DIN EN 61643-11 (**VDE 0675-6-11**) nicht abgedeckt sind. In der Klassifizierung der SPDs werden zwar die Begriffe aus der DIN EN 61643 (**VDE 0675-6-11**) für Typ-1- und Typ-2-Ableiter und den Prüfungen nach Klasse I und II sowie die zugehörigen Stromangaben I_{imp} und I_n übernommen, jedoch sind die elektrischen, mechanischen und Umgebungsanforderungen an die Ableiter nicht identisch.

Die SPDs für den Einsatz in PV-Installationen entsprechend dieser Norm werden in folgende drei Typen unterteilt:

- Typ 1: spannungsschaltender SPD-Typ,
- Typ 2: spannungsbegrenzender SPD-Typ und
- Typ 3: kombinierter SPD-Typ.

Die Prüfklasse der spannungsschaltenden Ableitertypen (Prüfklasse I) zeichnet sich durch die Anwendung des Blitzstoßstroms I_{imp} aus, der durch seinen Scheitelwert, seine Ladung Q und spezifische Energie W/R festgelegt ist, wogegen die Prüfklasse der spannungsbegrenzenden Ableitertypen (Prüfklasse II) durch den Nennableitstoßstrom I_n gekennzeichnet ist. Für die Schutzpegelbestimmung ist bei spannungsschaltenden Komponenten eine Ansprechstoßspannungsprüfung (mit 1,2/50-µs-Impulsen) notwendig und bei beiden Typen – also der spannungsschaltenden und spannungsbegrenzenden Type – jeweils die Bestimmung der Begrenzungsspannung heranzuziehen. Zusätzlich zu den ausführlich dargestellten Typenprüfungen werden auch Routine- und Vereinbarungsprüfungen dargestellt. Die Routineprüfungen werden in der Produktionsphase angewendet, um sicherzustellen, dass der SPD auch über sein zugesichertes Leistungsvermögen verfügt. Hierbei gibt der Hersteller die Tests vor. Die Vereinbarungstests werden in Absprache zwischen dem Hersteller und dem Abnehmer vorgenommen. Es handelt sich hierbei um Prüfungen zur Produktidentifizierung, Kennzeichnung und zur Einhaltung von elektrischen Parametern, z. B. der Begrenzungsspannung, und mechanischen Parametern.

DIN CLS/TS 50539-12 (VDE V 0675-39-12):2011-01
Überspannungsschutzgeräte für Niederspannung – Überspannungsschutzgeräte für besondere Anwendungen einschließlich Gleichspannung – Auswahl und Anwendungsgrundsätze – Überspannungsschutzgeräte für den Einsatz in PV-Installationen

Die vorliegende technische Spezifikation DIN CLS/TS 50539-12 (**VDE V 0675-39-12**) behandelt ebenfalls den Schutz von Photovoltaikanlagen gegen Überspannungen, die durch direkte und indirekte Blitzeinschläge hervorgerufen sein können, also unter Gleichstrom-Randbedingungen. Wird eine solche Photovoltaikanlage an das Wechselstromnetz angeschlossen, so ist diese Norm als Ergänzung zur DIN CLS/TS 61643-12 (**VDE V 0675-6-12**):2010-09 anzusehen. Den Schwerpunkt der Spezifikation stellen Hinweise zur Installation und zum Einbauort von SPDs in Photovoltaikanlagen dar. So werden für eine mögliche Installation von SPDs folgende Gebäudevarianten berücksichtigt:

1. Gebäude ohne äußeres Blitzschutzsystem,
2. Gebäude mit äußerem Blitzschutzsystem und Einhaltung des Trennungsabstands,
3. Gebäude mit äußerem Blitzschutzsystem ohne Einhaltung des Trennungsabstands,
4. Gebäude mit äußerem Blitzschutzsystem und Einhaltung des Trennungsabstands und Vorhandensein einer Anlage mit Datenerfassung und Steuerungssystem.

Grundsätzlich weist die technische Spezifikation darauf hin, dass bei einer PV-Anlage, sofern kein gegenteiliges Ergebnis durch eine Risikoabschätzung nach DIN EN 62305-2 (**VDE 0185-305-2**) geliefert wird, auf der DC- und AC-Seite der PV-Anlage SPDs installiert werden müssen. Die Auswahl der SPDs richtet sich nach den Bestimmungen der DIN CLS/TS 61643-12 (**VDE V 0675-6-12**):2010-09. Auf der AC- und auch DC-Seite einer PV-Anlage sollte entsprechend der Spezifikation ein Nennableitstoßstrom I_n für jeden Schutzpfad von mindestens 5 kA (8/20) µs für Typ-2-Ableiter angesetzt werden. Je nach Gefährdungspegel und Netzsystem bzw. dem Anschlussschema können aus dem informativen Anhang A der technischen Spezifikation die Werte für I_{imp} auf der AC-Seite und auch auf der DC-Seite von PV-Generatoren vereinfacht bestimmt werden.

DIN CLS/TS 50539-22 (VDE V 0675-39-22):2010-10
Überspannungsschutzgeräte für Niederspannung –
Überspannungsschutzgeräte für besondere Anwendungen einschließlich Gleichspannung – Auswahl und Anwendungsgrundsätze –
Überspannungsschutzgeräte für den Einsatz in Windenergieanlagen

Die technische Spezifikation DIN CLS/TS 50539-22 (**VDE V 0675-39-22**) gehört ebenso wie die DIN CLS/TS 50539-12 (**VDE V 0675-39-12**) zu den Überspannungsschutzgeräten im Niederspannungsbereich für besondere Anwendungen einschließlich Gleichspannungen, befasst sich jedoch mit der Auswahl und den Anwendungsgrundsätzen für SPDs und ihrem Einsatz in Windenergieanlagen. Die wichtigsten zu schützenden Einrichtungen sind in einer Windenergieanlage der Generator, der Frequenzumrichter, die Antriebsteuerung und die Steuerungseinrichtungen sowie die Nieder- und Hochspannungsseite der Transformatoren, einschließlich der jeweiligen Schaltanlage und die Zusatzstromkreise, z. B. für Warnleuchten.

Die Überspannungsschutzmaßnahmen richten sich bei einer Windenergieanlage nach den beiden grundsätzlichen Konzepten hinsichtlich des elektrischen Aufbaus einer Anlage mit direkt getriebener Turbine und einer doppeltgespeisten Turbine. Maßnahmen zur Schirmung und zum Potentialausgleich werden in DIN EN 62305-3 (**VDE 0185-305-3**) beschrieben. Die technische Spezifikation DIN CLS/TS 50539-22 (**VDE V 0675-39-22**) gibt Hinweise zu dem geforderten Ableitstromvermögen von SPDs vom Typ 1 und Typ 2 an, abhängig vom Einbauort und dem jeweiligen Leistungsstromkreis (z. B. Generator-Erregerkreis, Netzseite des Generators und Stromversorgungsleitungen der Steuerung). Beim Generator-Erregerkreis und der Netzseite des Generators wird auf den Einsatz von Typ-1-Ableitern und auf die jeweiligen Parameter hingewiesen. Beim Schutz der Stromversorgungsleitung der Steuerung sind nach der technischen Spezifikation Typ-2-Ableiter einzusetzen, wofür die jeweiligen technischen Kennwerte unter Berücksichtigung der maximalen Betriebsspannung an einem Beispiel angegeben werden.

Der Blitzschutz einer Windenergieanlage wird als separates Thema in der DIN EN 61400-24 (**VDE 0127-24**):2011-04 behandelt [2.8].

2.7 Literatur

[2.1] DIN EN 62305-1 (**VDE 0185-305-1**):2011-10 Blitzschutz – Teil 1: Allgemeine Grundsätze. Berlin · Offenbach: VDE VERLAG

[2.2] DIN EN 62305-2 (**VDE 0185-305-2**):2013-02 Blitzschutz – Teil 2: Risiko-Management. Berlin · Offenbach: VDE VERLAG

[2.3] DIN EN 62305-3 (**VDE 0185-305-3**):2011-10 Blitzschutz – Teil 3: Schutz von baulichen Anlagen und Personen. Berlin · Offenbach: VDE VERLAG

[2.4] DIN EN 62305-4 (**VDE 0185-305-4**):2011-10 Blitzschutz – Teil 4: Elektrische und elektronische Systeme in baulichen Anlagen. Berlin · Offenbach: VDE VERLAG

[2.5] IEC 62305-2:2010-12 Protection against lightning – Part 2: Risk management. Genf/Schweiz: Bureau Central de la Commission Electrotechnique Internationale. – ISBN 978-2-88912-794-8

[2.6] EN 62305-2:2012-05 Protection against Lightning – Part 2: Risk management. Brüssel/Belgien: CENELEC European Committee for Electrotechnical Standardization

[2.7] *Scheibe, K.*; *Kern, A.*: Aktueller Stand der Normung zum Überspannungsschutz. S. 13–17 in VDE-Fachbericht 68: Vorträge der 9. VDE/ABB-Fachtagung vom 27.10.–28.10.2011 in Neu-Ulm. Berlin · Offenbach: VDE VERLAG, 2011. – ISBN 978-3-8007-3380-4

[2.8] DIN EN 61400-24 (**VDE 0127-24**):2011-04 Windenergieanlagen – Teil 24: Blitzschutz. Berlin · Offenbach: VDE VERLAG

3 Erläuterungen zur DIN EN 62305-1 (VDE 0185-305-1): Allgemeine Grundlagen

DIN EN 62305-1 (**VDE 0185-305-1**) [3.1] stellt eine Einführung in die gesamte Normenreihe dar. Einige Inhalte werden in den nachfolgenden Teilen wieder aufgenommen und noch mehr im Detail dargestellt; diese Inhalte werden daher an dieser Stelle nicht weiter kommentiert. Dabei handelt es sich um:

- die Darstellung der Schäden, der Schadensarten, der Notwendigkeit und des wirtschaftlichen Nutzens von Maßnahmen des Blitz- und Überspannungsschutzes. Dieses Themenfeld wird in DIN EN 62305-2 (**VDE 0185-305-2**) [3.2] umfassend erläutert (Kapitel 4);
- die Darstellung der Schutzmaßnahmen zur Verringerung der Verletzung von Lebewesen gegen elektrischen Schlag, zur Verringerung von physikalischen Schäden und zur Verringerung von Ausfällen elektrischer und elektronischer Systeme. Diese Themenfelder sind umfassend in den Schutznormen DIN EN 62305-3 (**VDE 0185-305-3**) [3.3] (Kapitel 5) und DIN EN 62305-4 (**VDE 0185-305-4**) [3.4] erläutert.

Die Erläuterungen zu Teil 1 der Normenreihe in diesem Kapitel beschränken sich daher auf:

- die Definition von Blitzschutzzonen,
- die Darstellung des Blitzstroms, seiner Komponenten und Wirkungsparameter als Quelle von Schäden, basierend auf Statistiken natürlicher Blitzentladungen,
- daraus abgeleitet die Definition von Gefährdungspegeln,
- die Kopplungsarten zwischen Blitzstrom und zu schützenden Einrichtungen, einschließlich der Darstellung der relevanten Prüfparameter für die Komponenten von Blitzschutzsystemen,
- die Aufteilung des Blitzstroms an verschiedenen Orten einer baulichen Anlage.

3.1 Blitzschutzzonen

Zur Festlegung der am besten geeigneten Schutzmaßnahmen für eine Anlage wird diese in Blitzschutzzonen (en: LPZ – Lightning Protection Zone) eingeteilt. Schutzmaßnahmen, wie das Blitzschutzsystem (en: LPS – Lightning Protection System), Schirmleiter, magnetische Schirme und Überspannungsschutzgeräte (en: SPD – Surge Protective Device) bestimmen die Blitzschutzzonen. Den Schutzmaßnahmen nachgelagerte LPZ sind gegenüber den vorgelagerten LPZ durch eine wesentliche

Verringerung der elektromagnetischen Störparameter (Ströme, Spannungen, elektromagnetische Felder) charakterisiert.

Hinsichtlich der Blitzgefährdung sind die folgenden LPZ definiert (siehe Bild 3.1 und Bild 3.2):

LPZ 0_A Zone, die durch direkte Blitzeinschläge und durch das volle elektromagnetische Feld des Blitzes gefährdet ist. Die inneren Systeme können vollen oder anteiligen Blitzstoßströmen ausgesetzt sein.

LPZ 0_B Zone, die gegen direkte Blitzeinschläge geschützt, aber durch das volle elektromagnetische Feld des Blitzes gefährdet ist. Die inneren Systeme können anteiligen Blitzstoßströmen ausgesetzt sein.

LPZ 1 Zone, in der die Stoßströme durch Stromaufteilung und durch isolierende Schnittstellen und/oder SPDs an der Zonengrenze begrenzt werden. Durch räumliche Schirmung kann das elektromagnetische Feld des Blitzes abgeschwächt sein.

LPZ 2, … *n* Zone, in der die Stoßströme durch Stromaufteilung und durch isolierende Schnittstellen und/oder zusätzliche SPDs an der Zonengrenze weiter begrenzt werden. Zusätzliche räumliche Schirmung kann verwendet werden, um das elektromagnetische Feld des Blitzes weiter abzuschwächen.

Anmerkung 1: Im Allgemeinen gilt, je höher die Ziffer für die einzelne Zone, desto kleiner sind die Parameter der elektromagnetischen Umgebung.

Als eine allgemeine Regel für den **Schutz einer baulichen Anlage** nach DIN EN 62305-3 (**VDE 0185-305-3**) [3.3] gilt, dass sie sich innerhalb einer LPZ 0_B oder höher befinden muss. Dies wird mit einem Blitzschutzsystem (LPS) erreicht. Ein LPS besteht aus äußerem und innerem Blitzschutz (**Bild 3.1**).

Die Funktionen des äußeren LPS sind das Auffangen eines Blitzeinschlags in die bauliche Anlage (mit einer Fangeinrichtung), das sichere Ableiten des Blitzstroms zur Erde (mit einer Ableitungseinrichtung) und das Verteilen des Blitzstroms in der Erde (mit einer Erdungsanlage).

Die Funktion des inneren LPS besteht im Verhindern gefährlicher Funkenbildung innerhalb der baulichen Anlage, wobei entweder ein Potentialausgleich oder ein Trennungsabstand s (und damit die elektrische Trennung) zwischen den Komponenten des LPS und anderen elektrisch leitenden Elementen innerhalb der baulichen Anlage angewendet wird.

Die Darstellung der Schutzmaßnahmen eines LPS erfolgt im Detail in Kapitel 5.

Zum Schutz innerer elektrischer und elektronischer Systeme müssen zusätzlich Maßnahmen gegen den elektromagnetischen Blitzimpuls (en: LEMP – Lightning Electromagnetic Pulse) nach DIN EN 62305-4 (**VDE 0185-305-4**) [3.4] getroffen werden. Diese werden im Folgenden als Schutzmaßnahmen gegen LEMP oder Überspannungsschutzmaßnahmen (en: SPM – Surge Protection Measures) bezeichnet. Sie begrenzen:

- Stoßwellen durch Blitzeinschläge in die bauliche Anlage, die sich aus ohmscher und induktiver Kopplung ergeben,
- Stoßwellen durch Blitzeinschläge neben der baulichen Anlage, die sich aus induktiver Kopplung ergeben,
- von eingeführten Leitungen übertragene Stoßwellen aufgrund von Blitzeinschlägen in die oder neben den Leitungen,
- direkte Kopplung des magnetischen Felds mit inneren Systemen.

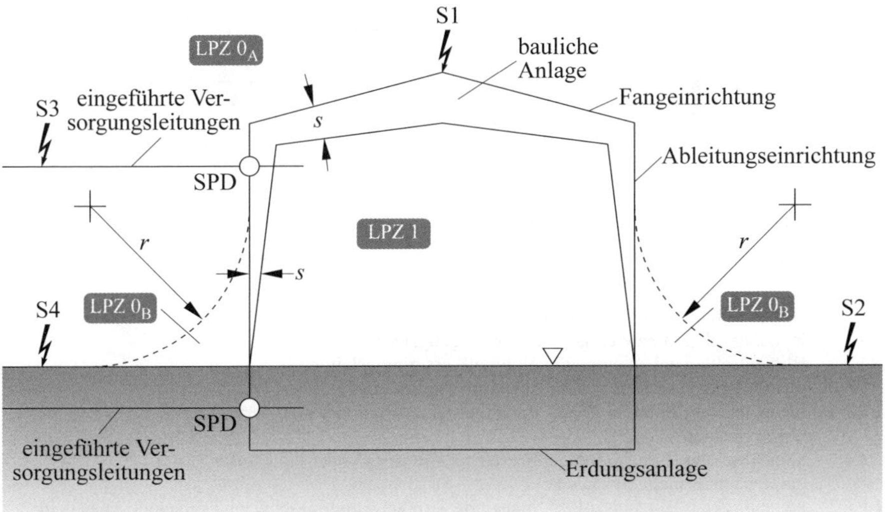

▽ Erdniveau, ○ Blitzschutzpotentialausgleich durch SPD

r Radius der Blitzkugel, *s* Trennungsabstand gegen gefährliche Funkenbildung,

S1 Blitzeinschlag in die bauliche Anlage,
S2 Blitzeinschlag neben der baulichen Anlage,
S3 Blitzeinschlag in eine eingeführte Versorgungsleitung,
S4 Blitzeinschlag neben einer eingeführten Versorgungsleitung,
LPZ 0_A direkte Blitzeinschläge, voller Blitzstrom,
LPZ 0_B keine direkten Blitzeinschläge, anteiliger Blitzstrom oder induzierter Strom,
LPZ 1 keine direkten Blitzeinschläge, anteiliger Blitzstrom oder induzierter Strom; geschütztes Volumen in LPZ 1 muss den Trennungsabstand s einhalten;

Anmerkung: Zur Definition der Schadensquellen S1 … S4 siehe Kapitel 4.

Bild 3.1 Schutz einer baulichen Anlage durch ein LPS gemäß DIN EN 62305-3 (**VDE 0185-305-3**) [3.3]

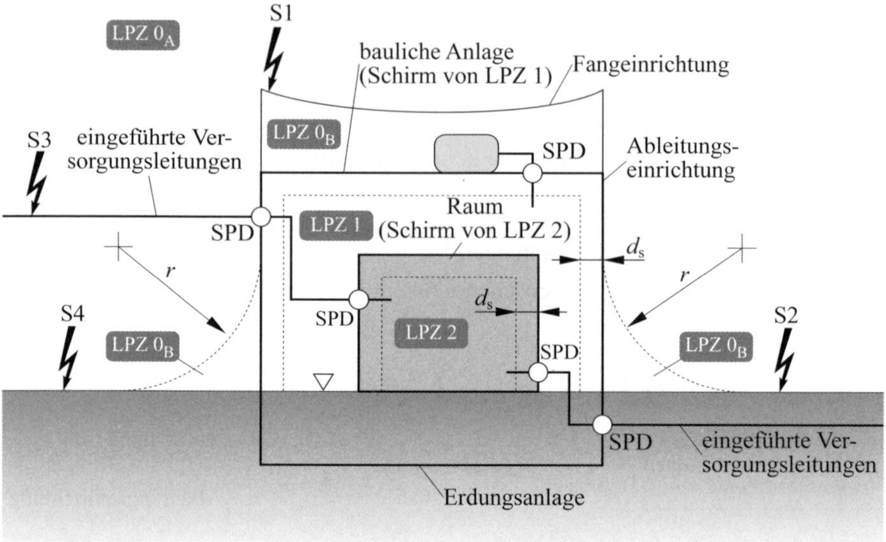

▽ Erdniveau, ○ Blitzschutzpotentialausgleich durch SPD

r Radius der Blitzkugel, d_s Sicherheitsabstand gegen zu hohes magnetisches Feld,

S1 Blitzeinschlag in die bauliche Anlage,
S2 Blitzeinschlag neben der baulichen Anlage,
S3 Blitzeinschlag in eine eingeführte Versorgungsleitung,
S4 Blitzeinschlag neben einer eingeführten Versorgungsleitung,
LPZ 0_A direkte Blitzeinschläge, voller Blitzstrom, volles magnetisches Feld,
LPZ 0_B keine direkten Blitzeinschläge, anteiliger Blitzstrom oder induzierter Strom, volles magnetisches Feld,
LPZ 1 keine direkten Blitzeinschläge, begrenzter Blitzstrom oder induzierter Strom, geschwächtes magnetisches Feld,
LPZ 2 keine direkten Blitzeinschläge, induzierte Ströme, weiter geschwächtes magnetisches Feld; geschützte Volumen in LPZ 1 und LPZ 2 müssen die Sicherheitsabstände d_s einhalten

Bild 3.2 Definition von Blitzschutzzonen (LPZ) auf der Basis von Überspannungsschutzmaßnahmen (SPM) nach DIN EN 62305-4 (**VDE 0185-305-4**) [3.4]

Das zu schützende System muss sich zunächst innerhalb einer LPZ 1 befinden (**Bild 3.2**). Diese wird durch magnetische Schirme, die das induzierte magnetische Feld dämpfen, und/oder durch geeignete Leitungsführung, mit der Induktionsschleifen verkleinert werden, gebildet. An den Grenzen der LPZ muss für metallene Teile und Systeme, die die Grenzen durchdringen, Potentialausgleich vorgesehen werden. Dieser Potentialausgleich kann mit Potentialausgleichsleitern oder, sofern erforderlich, mit Überspannungsschutzgeräten (SPD) vorgenommen werden.

Es kann sinnvoll sein, weitere LPZ festzulegen und zu realisieren. Auch diese bestehen wieder grundsätzlich aus magnetischen Schirmen zur weiteren Reduzierung des magnetischen Felds und aus Maßnahmen des Potentialausgleichs (SPD) an den

Grenzen der LPZ. Die Schutzmaßnahmen für jede LPZ müssen DIN EN 62305-4 (**VDE 0185-305-4**) [3.4] entsprechen.

Werden mehrere Stufen von SPDs in einer Leitung hintereinander kaskadiert installiert, mit denen die Überspannungen auf einen Wert unterhalb der Bemessungs-stehstoßspannung der zu schützenden Geräte begrenzt werden sollen, ist auf die Koordination der SPDs zueinander und mit den zu schützenden Geräten besonders zu achten. Man bezeichnet dies als koordiniertes SPD-System.

3.2 Blitzstromkomponenten

Die Zusammenstellung der Parameter von Blitzströmen konzentriert sich auf Erdblitze, d. h. Wolke-Erde- und Erde-Wolke-Blitze. Andere Entladungsformen (Wolke-Wolke-Blitze und Wolkenblitze) spielen für den Schutz erdgebundener Objekte üblicherweise keine Rolle.

Die Vielzahl möglicher Blitzströme lässt sich drei unterschiedlichen Blitzstromkomponenten zuordnen:

- erster Stoßstrom,
- Folgestoßstrom,
- Langzeitstrom.

Zur besseren Klassifizierung und Beschreibung hat man Kennwerte für Stoßströme (**Bild 3.3**) und Langzeitströme (**Bild 3.4**) definiert. Mit ihrer Hilfe sind sowohl statistische Darstellungen der Parameter natürlicher Blitzentladungen möglich als auch in der Laborsimulation die Festlegung normgerechter Prüfströme und deren Toleranzen.

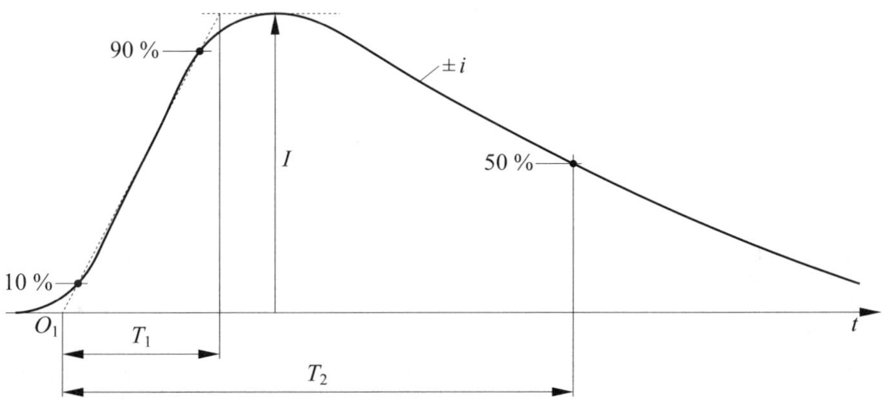

O_1 virtueller Beginn, I Stromscheitelwert, T_1 Stirnzeit, T_2 Rückenhalbwertzeit

Bild 3.3 Definition der Kennwerte für erste Stoßströme und Folgestoßströme nach DIN EN 62305-1 (**VDE 0185-305-1**) [3.1]

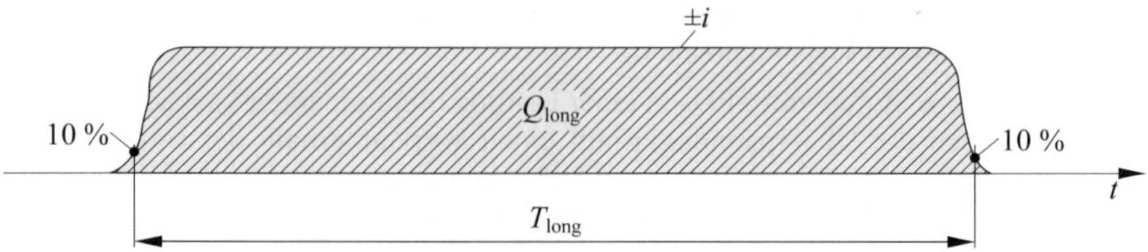

T_{long} Dauer des Langzeitstroms, Q_{long} Ladung des Langzeitstroms

Bild 3.4 Definition der Kennwerte für Langzeitströme nach DIN EN 62305-1 (**VDE 0185-305-1**) [3.1]

Bild 3.5 und **Bild 3.6** zeigen mögliche Komponenten und deren Aufeinanderfolge für Wolke-Erde- und Erde-Wolke-Blitze [3.1]. In Bild 3.6 ist zu berücksichtigen, dass der eigentliche Erde-Wolke-Blitz (Aufwärtsblitz) nur durch den (vorgelagerten) Langzeitstrom mit einigen überlagerten Stromimpulsen gebildet wird. Die sich anschließenden Komponenten sind wieder die von einem Wolke-Erde-Blitz (Abwärtsblitz) bekannten. Alle Stoßstromparameter von Aufwärtsblitzen sind niedriger als die von Abwärtsblitzen. Eine höhere Ladung des Langzeitstroms von Aufwärtsblitzen ist bis jetzt noch nicht bestätigt. Deshalb ist anzunehmen, dass die Blitzstromparameter der Aufwärtsblitze durch die höchsten Parameter der Abwärtsblitze abgedeckt werden.

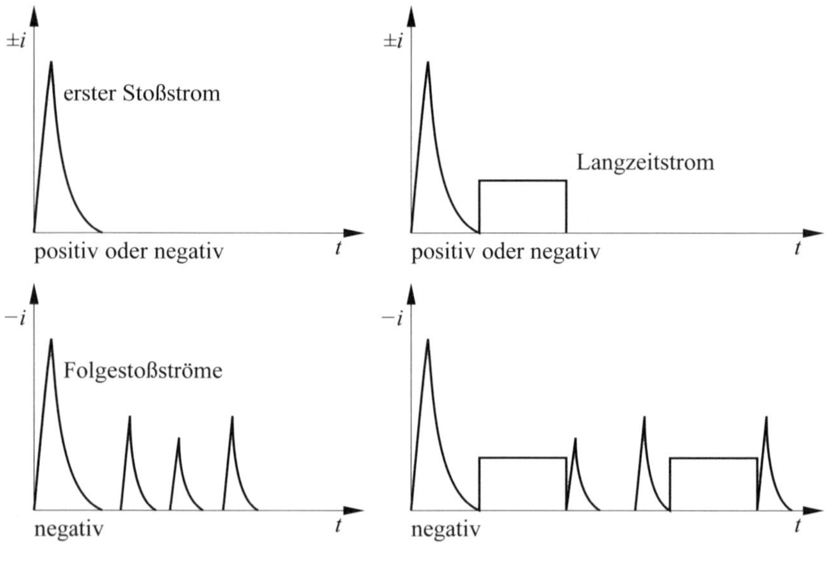

Bild 3.5 Mögliche Komponenten eines Wolke-Erde-Blitzes (Abwärtsblitz), wie er in flachem Gelände und bei niedrigen baulichen Anlagen typisch ist nach DIN EN 62305-1 (**VDE 0185-305-1**) [3.1]

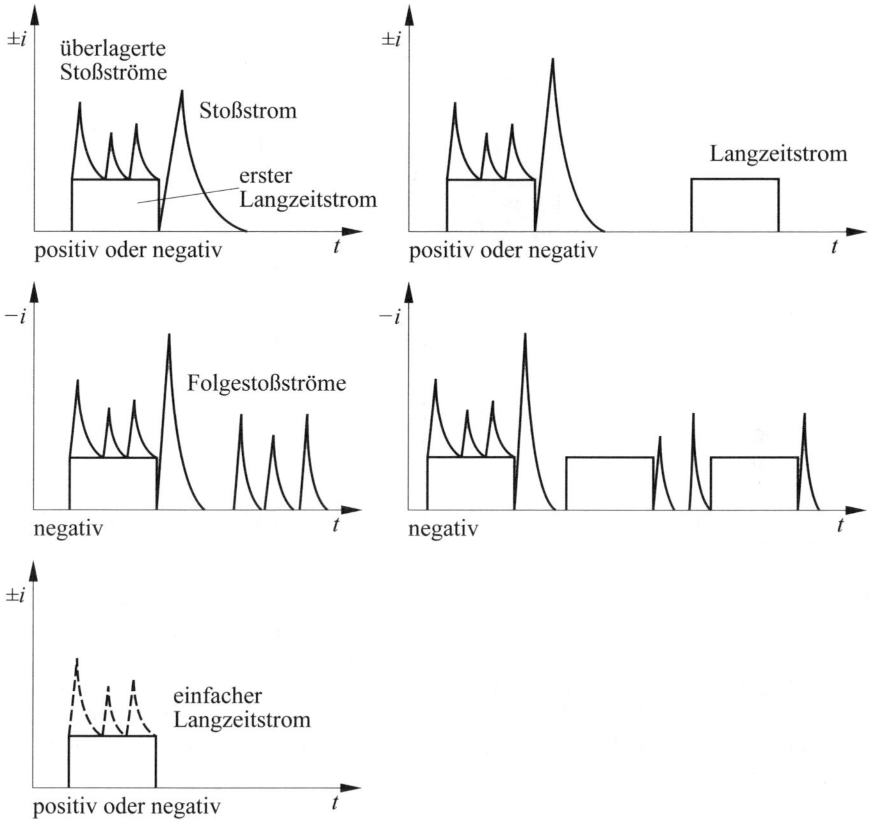

Bild 3.6 Mögliche Komponenten eines Erde-Wolke-Blitzes (Aufwärtsblitz) mit anschließendem Wolke-Erde-Blitz (Abwärtsblitz), wie er für hohe bauliche Anlagen in exponierter Lage und mit großer Höhe typisch ist nach DIN EN 62305-1 (**VDE 0185-305-1**) [3.1]

3.3 Wirkungsparameter von Blitzströmen

Blitzentladungen können mannigfaltige Schäden hervorrufen. Zu ihrer Beschreibung und Analyse hat man vier Wirkungsparameter definiert, die die spezifischen Auswirkungen der Blitzentladung charakterisieren [3.5, 3.6]. Statistische Angaben zu den einzelnen Parametern sind in Kapitel 3.4 enthalten.

Der **Maximalwert des Blitzstroms** I oder i_{max} ist für ohmsche Spannungsfälle entscheidend, insbesondere für den Spannungsfall am Erdungswiderstand getroffener Objekte, d. h. für die Potentialanhebung gegenüber der fernen Erde (**Bild 3.7**).

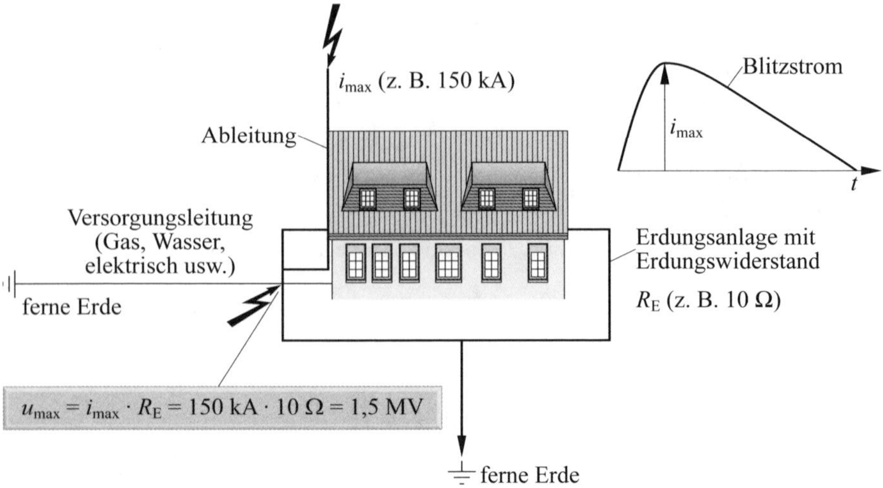

Bild 3.7 Potentialanhebung einer baulichen Anlage gegenüber der fernen Erde durch den Maximalwert des Blitzstroms

Die **Ladung** $Q = \int i\,\mathrm{d}t$ des Blitzstroms ist für das Ausschmelzen und Verdampfen durch Lichtbögen maßgebend. Die am Blitzfußpunkt und an jeder Stelle, an der ein Lichtbogen ansetzt, umgesetzte Energie ist in erster Näherung der Ladung Q proportional (**Bild 3.8**). Grund dafür ist, dass der am Fußpunkt auftretende Anoden- oder Kathodenspannungsfall etwa konstant und stromunabhängig ist. Man unterscheidet wegen der unterschiedlichen Wirkungen zwischen der Ladung des Stoßstroms Q_{short} und der des Langzeitstroms Q_{long}.

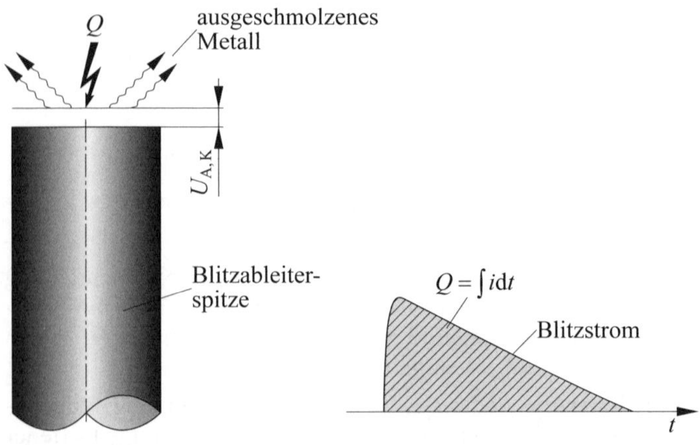

Bild 3.8 Energieumsatz am Blitzfußpunkt, bestimmt durch die Ladung des Blitzstroms

Die **spezifische Energie** $W/R = \int i^2 \, dt$, auch als Stromquadratimpuls bezeichnet, ist verantwortlich für die Erwärmung metallener Leiter durch die im ohmschen Widerstand umgesetzte Energie und für den Kraftimpuls auf blitzstromdurchflossene Objekte (**Bild 3.9**).

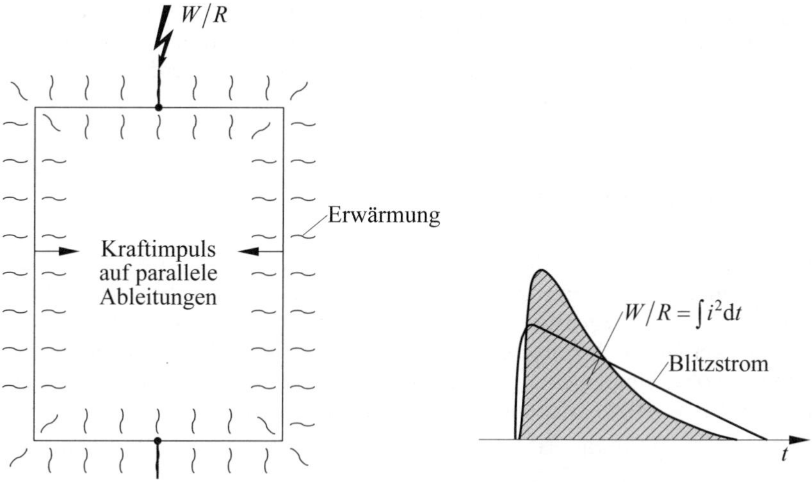

Bild 3.9 Erwärmung und Kraftwirkung durch die spezifische Energie des Blitzstroms

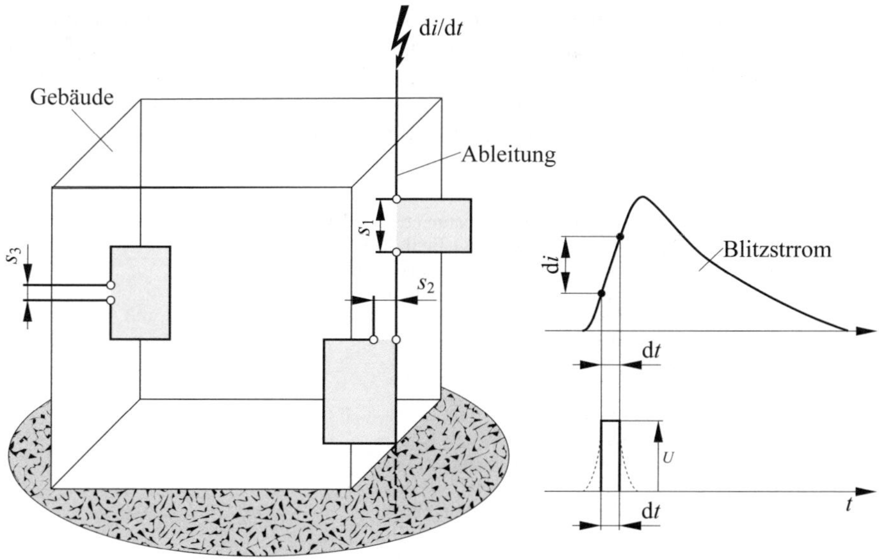

Bild 3.10 Induzierte Spannungen in Schleifen durch die Steilheit des Blitzstroms

Die **Stromsteilheit** (d*i*/d*t*) ist entscheidend für die aufgrund der Gegeninduktivität in metallene Schleifen magnetisch induzierten Spannungen (**Bild 3.10**). Dieser Wirkungsparameter ist mittlerweile für die meisten Schäden durch Blitzentladungen verantwortlich, da durch die immer größeren und zahlreicheren Kabelverteilungsnetze in unserer elektrotechnischen Umwelt die Möglichkeiten von magnetisch induzierten Spannungen wesentlich zugenommen haben. Man kann davon ausgehen, dass bis zu einer Entfernung von einigen 100 m bis zu wenigen Kilometern bei ungünstigen Verhältnissen noch Spannungen in solche Kabelnetze induziert werden, die für die angeschlossenen Systeme zu hoch sind (Überspannungen).

3.4 Blitzstromstatistiken

Blitzströme natürlicher Blitzentladungen wurden über lange Zeit von einigen Forschungsgruppen weltweit vermessen. Herausragende Bedeutung haben die Blitzmessungen von Prof. *Berger* über einen Zeitraum von ca. 30 Jahren [3.7–3.10]. Auch aktuell werden noch Forschungen zur Messung von Blitzstromparametern durchgeführt, wobei Untersuchungen zum abgestrahlten elektromagnetischen Feld des Blitzstroms bzw. Blitzentladungskanals im Vordergrund stehen.

Die nachfolgend aufgeführten Blitzstromparameter beruhen auf den Resultaten der Untersuchungen bei CIGRE [3.9, 3.10]. Sie liegen der internationalen und nationalen Blitzschutznormung zugrunde und sind in DIN EN 62305-1 (**VDE 0185-305-1**), Anhang A im Detail dargestellt [3.1]. **Bild 3.11** gibt die Summenhäufigkeitsverteilung der wichtigsten Blitzstromparameter an. Die statistische Verteilung der Blitzstromparameter kann als logarithmische Normalverteilung angenommen werden. Aus Bild 3.11 kann die Wahrscheinlichkeit des Auftretens für jeden Wert eines beliebigen Parameters bestimmt werden. Ein aktueller CIGRE-Report hat die Gültigkeit dieser Blitzstromparameter zur Beschreibung der Störquelle „Blitz“ gerade erst wieder bestätigt [3.11].

Legende zu Bild 3.11

Die einzelnen Linien geben folgende Blitzstromparameter wieder:

1 Maximalwert des Blitzstroms i_{max} für negative Erstblitze,
2 Maximalwert des Blitzstroms i_{max} für negative Folgeblitze,
3 Maximalwert des Blitzstroms i_{max} für positive Erstblitze,
4 Gesamtladung Q negativer Blitze,
5 Gesamtladung Q positiver Blitze,
6 Stoßladung $Q_{stoß}$ negativer Erstblitze,
7 Stoßladung $Q_{stoß}$ negativer Folgeblitze,
8 Stoßladung $Q_{stoß}$ positiver Erstblitze,
9 spezifische Energie W/R negativer Erstblitze,
10 spezifische Energie W/R negativer Folgeblitze,
11 spezifische Energie W/R positiver Erstblitze,
12 maximale Stromsteilheit $(di/dt)_{max}$ negativer Erstblitze,
13 maximale Stromsteilheit $(di/dt)_{max}$ negativer Folgeblitze,
14 maximale Stromsteilheit $(di/dt)_{max}$ positiver Erstblitze,
15 mittlere Stromsteilheit $(di/dt)_{30/90\,\%}$ negativer Folgeblitze

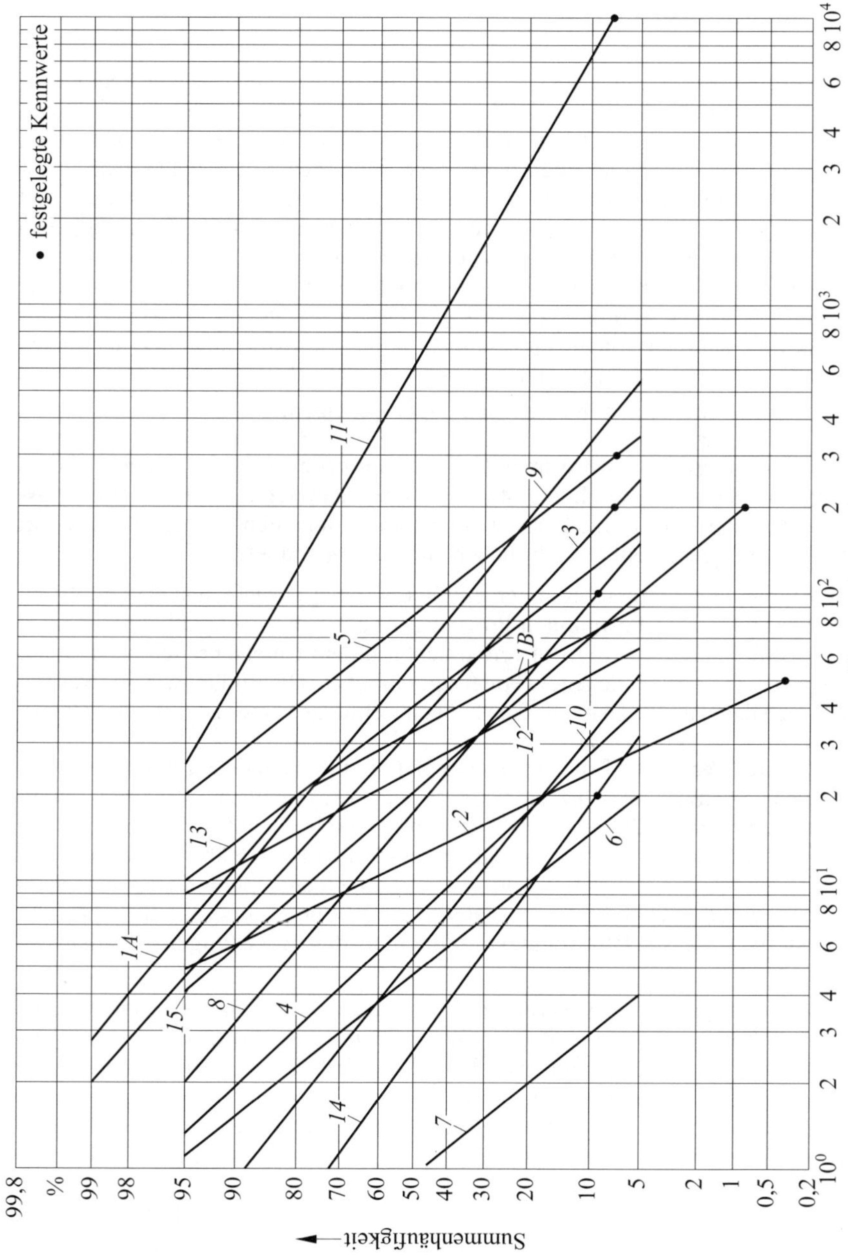

Bild 3.11 Summenhäufigkeitsverteilung der Blitzstromparameter nach DIN EN 62305-1 (**VDE 0185-305-1**) [3.1]

3.5 Gefährdungspegel

Die statistischen Verteilungen der einzelnen Blitzstromparameter können herangezogen werden, um unterschiedliche Gefährdungspegel (en: LPL – Lightning Protection Level) zu definieren [3.1]. Dabei werden die Gefährdungspegel dazu verwendet, die Blitzeinwirkungen als Schadensquelle zu beschreiben. Für jeden Gefährdungspegel ist ein Satz der maximalen Parameterwerte (Dimensionierungskriterien) und der minimalen Parameterwerte (Einfangkriterien) des Blitzstroms festgelegt. Die maximalen Werte der Blitzstromparameter beeinflussen die Dimensionierung bzw. Bemessung der Schutzmaßnahmen. Die minimalen Werte der Blitzstromparameter haben Einfluss auf die Anordnung der Fangeinrichtungen, um die direkten Blitzeinschläge auf die bauliche Anlage einzufangen. In der internationalen und nationalen Blitzschutznormung sind vier Gefährdungspegel (I, II, III, IV) festgelegt.

Ein Blitzschutzsystem kann in zwei Richtungen versagen:

- Die Dimensionierungswirksamkeit (en: sizing efficiency) dokumentiert, dass Komponenten des Blitzschutzsystems bei Überschreiten bestimmter Wirkungsparameter von Blitzströmen diesen nicht mehr standhalten können, also zerstört werden. Dies geschieht bei sehr hohen Blitzstromparametern.
- Die Einfangwirksamkeit (en: interception efficiency) drückt aus, dass ein Blitzschutzsystem einen bestimmten Prozentsatz natürlicher Blitzentladungen nicht mehr einfängt. Dies ist in [3.1] vereinfacht mit dem Unterschreiten bestimmter, „kleinster“ Blitzstrom-Scheitelwerte festgeschrieben. Die Einfangwirksamkeit bezieht sich dabei natürlich nur auf die Fangeinrichtungen eines Blitzschutzsystems.

Die maximalen Werte der Blitzstromparameter sind in **Tabelle 3.1** angegeben. Sie werden also verwendet, um Blitzschutzkomponenten zu dimensionieren (z. B. Leiterquerschnitte, Stromtragfähigkeit von Überspannungsschutzgeräten [Surge Protective Device – SPD], Trennungsabstand gegen gefährlichen Funkenüberschlag) und um die Prüfparameter zur Simulation von Blitzwirkungen auf solche Komponenten zu definieren. Werden die festgelegten Parameterwerte überschritten, ist nicht mehr sichergestellt, dass die Blitzschutzkomponenten den Belastungen schadensfrei standhalten.

Für den Gefährdungspegel I werden die festgelegten Maximalwerte (siehe auch Bild 3.11, schwarze Punkte) mit einer Wahrscheinlichkeit von 99 % nicht überschritten. Dabei wird unterstellt, dass bei Wolke-Erde-Blitzen 10 % positive und 90 % negative Polarität aufweisen. Dieses Polaritätsverhältnis ist abhängig von der geografischen Lage. Liegen keine weiteren detaillierten Daten vor, so soll dieses Verhältnis herangezogen werden. Damit müssen die von den positiven Blitzen genommenen Werte eine Wahrscheinlichkeit unter 10 % und die von negativen Blitzen von unter 1 % aufweisen. Die Maximalwerte werden für den Gefährdungspegel II auf 75 % verringert und für die Gefährdungspegel III und IV auf 50 % (linear für I, Q und $\mathrm{d}i/\mathrm{d}t$, jedoch quadratisch für W/R). Die Zeitparameter bleiben unverändert.

Stromparameter	Symbol	Einheit	I	II	III	IV
Erster positiver Stoßstrom			**Gefährdungspegel**			
Scheitelwert	I	kA	200	150	100	
Ladung des Stoßstroms	Q_{short}	C	100	75	50	
Spezifische Energie	W/R	MJ/Ω	10	5,6	2,5	
Zeitparameter	T_1/T_2	µs/µs	10/350			
Erster negativer Stoßstrom[a]			**Gefährdungspegel**			
Scheitelwert	I	kA	100	75	50	
Mittlere Steilheit	di/dt	kA/µs	100	75	50	
Zeitparameter	T_1/T_2	µs/µs	1/200			
Folgestoßstrom			**Gefährdungspegel**			
Scheitelwert	I	kA	50	37,5	25	
Mittlere Steilheit	di/dt	kA/µs	200	150	100	
Zeitparameter	T_1/T_2	µs/µs	0,25/100			
Langzeitstrom			**Gefährdungspegel**			
Ladung des Langzeitstroms	Q_{long}	C	200	150	100	
Zeitparameter	T_{long}	s	0,5			
Blitz			**Gefährdungspegel**			
Ladung des Blitzes	Q_{flash}	C	300	225	150	

[a] Diese Wellenform wird nur für Berechnungen, aber nicht für Prüfungen verwendet.

Tabelle 3.1 Zuordnung der maximalen Blitzstromparameter zu den Gefährdungspegeln nach DIN EN 62305-1 (**VDE 0185-305-1**) [3.1]

Die Minimalwerte definieren die Einfangwirksamkeit. Bereiche, die gegen direkte Blitzeinschläge geschützt sind, können mit dem Blitzkugelverfahren bestimmt werden. Nach dem elektrogeometrischen Modell [3.5] ist der Blitzkugelradius R (= Enddurchschlagstrecke) abhängig vom Scheitelwert des ersten Stoßstroms. In [3.1, 3.12] ist die Abhängigkeit angegeben mit:

$$R = 10 \cdot I^{0,65}\,, \tag{3.1}$$

mit:

R Blitzkugelradius in m,

I Scheitelwert in kA.

Für einen bestimmten Blitzkugelradius R wird vereinfacht angenommen, dass alle Blitze mit Scheitelwerten höher als der zugehörige minimale Scheitelwert I durch natürliche oder speziell dafür angebrachte Fangeinrichtungen eingefangen werden.

Daher entspricht die Wahrscheinlichkeit für das Auftreten eines Scheitelwerts negativer oder positiver Erstblitze nach Bild 3.11 (Linien 1 und 3) der Einfangwirksamkeit.

Die Minimalwerte für die vier Gefährdungspegel (I, II, III, IV) zusammen mit dem zugehörigen Blitzkugelradius sind in **Tabelle 3.2** angegeben. Sie werden verwendet, um Fangeinrichtungen zu positionieren und um die Blitzschutzzone LPZ 0_B zu definieren (vgl. Kapitel 5).

	Symbol	Einheit	I	II	III	IV
Auffangkriterium			**Gefährdungspegel**			
kleinster Scheitelwert des Stroms	*I*	kA	3	5	10	16
Radius der Blitzkugel	*R*	m	20	30	45	60

Tabelle 3.2 Zuordnung der minimalen Blitzstromparameter und der zugehörigen Blitzkugelradien zu den Gefährdungspegeln nach DIN EN 62305-1 (**VDE 0185-305-1**) [3.1]

Für jeden Gefährdungspegel kann eine mittlere Wahrscheinlichkeit, gewichtet wiederum für 10 % positive und 90 % negative Blitze, bestimmt werden, mit der die Parameter innerhalb vorgegebener Grenzwerte liegen. Die Ergebnisse sind in **Tabelle 3.3** angegeben. Aus diesen Werten, d. h. aus der Überlagerung der Dimensionierungswirksamkeit und der Einfangwirksamkeit, leiten sich schließlich auch die Schadenswahrscheinlichkeiten für ein Blitzschutzsystem ab (siehe Kapitel 4).

Wahrscheinlichkeit, dass die Blitzstromparameter	**Gefährdungspegel**			
	I	**II**	**III**	**IV**
kleiner sind als die höchsten Werte nach Tabelle 3.1 (Dimensionierungswirksamkeit)	0,99	0,98	0,95	0,95
größer sind als die niedrigsten Werte nach Tabelle 3.2 (Einfangwirksamkeit)	0,99	0,97	0,91	0,84

Tabelle 3.3 Wahrscheinlichkeiten für die Grenzwerte der Blitzstromparameter nach DIN EN 62305-1 (**VDE 0185-305-1**) [3.1]

Wie numerische Simulationen mit einem dynamischen elektrogeometrischen Modell zeigen, sind die wahren Einfangwirksamkeiten von Blitzschutzsystemen weitaus höher als in Tabelle 3.3 angegeben [3.13]. Grund dafür ist die Annahme, dass eine Blitzentladung mit einem Scheitelwert, der kleiner ist als der in Tabelle 3.2 für den jeweiligen Gefährdungspegel angegebene, stets auch die ungeschützten Stellen der baulichen Anlage trifft, d. h. die Fangeinrichtungen „unterläuft". Dies ist jedoch nicht der Fall: Die Mehrzahl dieser stromschwächeren Entladungen trifft dennoch auf die installierten Fangeinrichtungen. Insofern ist der Ansatz der Blitzkugel mit einem festen Blitzkugelradius sehr konservativ, und man liegt mit einer Planung der Fangeinrichtungen mit dem Blitzkugelverfahren auf der sicheren Seite.

3.6 Analytische Blitzstromfunktion

Bei Berechnungen zu elektromagnetischen Einkopplungen muss die Blitzstromfunktion analytisch angesetzt werden, d. h., ihr zeitlicher Verlauf ist vorzugeben. Die in Kapitel 3.5, Tabelle 3.1 aufgeführten ersten positiven Stoßströme mit der Wellenform 10/350 µs, die ersten negativen Stoßströme mit der Wellenform 1/200 µs und die Folgestoßströme mit der Wellenform 0,25/100 µs werden nach [3.1], Anhang B dargestellt als:

$$i(t) = \frac{I}{k} \cdot \frac{(t/\tau_1)^{10}}{1+(t/\tau_1)^{10}} \cdot \exp(-t/\tau_2), \tag{3.2}$$

mit:

I Stromscheitelwert,

k Korrekturfaktor für den Stromscheitelwert,

t Zeit,

τ_1 Stirnzeitkonstante,

τ_2 Rückenzeitkonstante.

Für die Wellenformen des ersten positiven Stoßstroms, des ersten negativen Stoßstroms und des Folgestoßstroms gelten die in **Tabelle 3.4** angegebenen Parameter für die unterschiedlichen Gefährdungspegel. Die analytischen Kurven sind in den **Bildern 3.12 bis 3.17** dargestellt. Eine Beschreibung von Langzeitströmen ist üblicherweise nicht erforderlich, da diese Blitzstromkomponente nicht wesentlich ist für elektromagnetische Einkopplungsvorgänge.

In DIN EN 62305-1 (**VDE 0185-305-1**) [3.1] ist neben der analytischen Blitzstromfunktion auch die labortechnische Nachbildung des Blitzstroms für Prüfzwecke dargestellt (Anhang C). Dieser Anhang richtet sich aber insbesondere an Prüflaboratorien und ist für die Prüfung von Komponenten für Blitzschutzsysteme (z. B. nach der Reihe DIN EN 62561 (**VDE 0185-561**) bzw. DIN EN 50164 (zurückgezogen)) interessant. Auf eine weitere Erläuterung der Prüfschaltungen wird daher hier verzichtet.

Parameter	Erster positiver Stoßstrom			Erster negativer Stoßstrom			Negativer Folgestoßstrom		
	LPL			LPL			LPL		
	I	II	III–IV	I	II	III–IV	I	II	III–IV
I in kA	200	150	100	100	75	50	50	37,5	25
k	0,93	0,93	0,93	0,986	0,986	0,986	0,993	0,993	0,993
τ_1 in µs	19	19	19	1,82	1,82	1,82	0,454	0,454	0,454
τ_2 in µs	485	485	485	285	285	285	143	143	143

Tabelle 3.4 Parameter für Gl. (3.2) zur analytischen Blitzstrombeschreibung nach DIN EN 62305-1 (**VDE 0185-305-1**) [3.1]

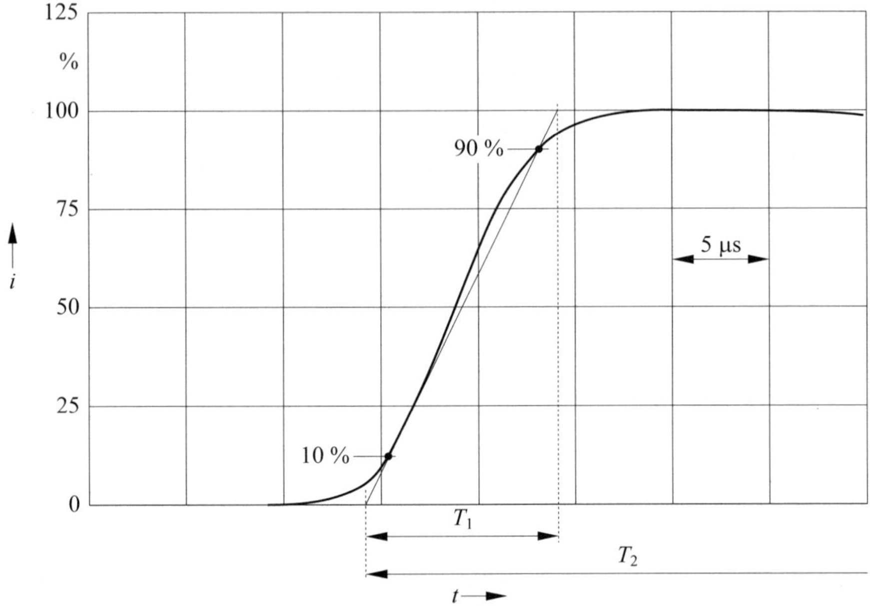

Bild 3.12 Zeitlicher Verlauf der Stirn des ersten positiven Stoßstroms nach Gl. (3.2) gemäß DIN EN 62305-1 (**VDE 0185-305-1**) [3.1]

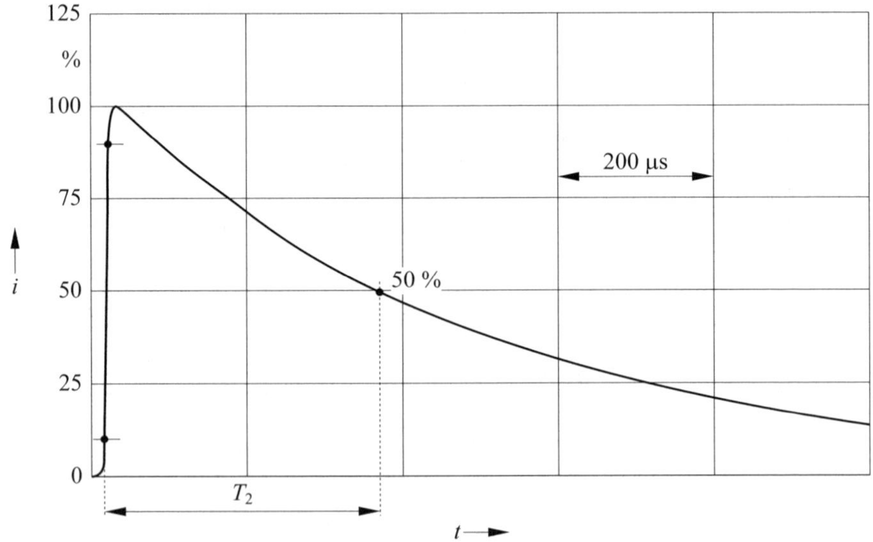

Bild 3.13 Zeitlicher Verlauf des Rückens des ersten positiven Stoßstroms nach Gl. (3.2) gemäß DIN EN 62305-1 (**VDE 0185-305-1**) [3.1]

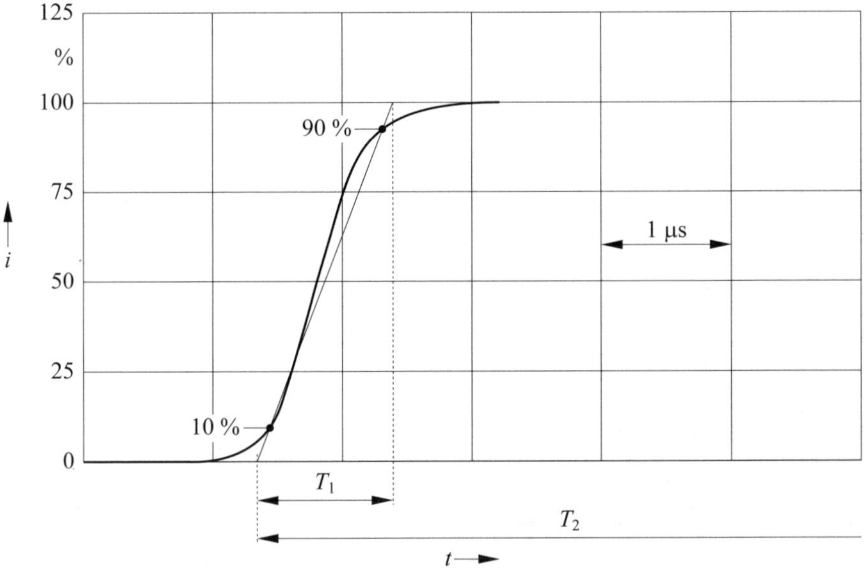

Bild 3.14 Zeitlicher Verlauf der Stirn des ersten negativen Stoßstroms nach Gl. (3.2) gemäß DIN EN 62305-1 (**VDE 0185-305-1**) [3.1]

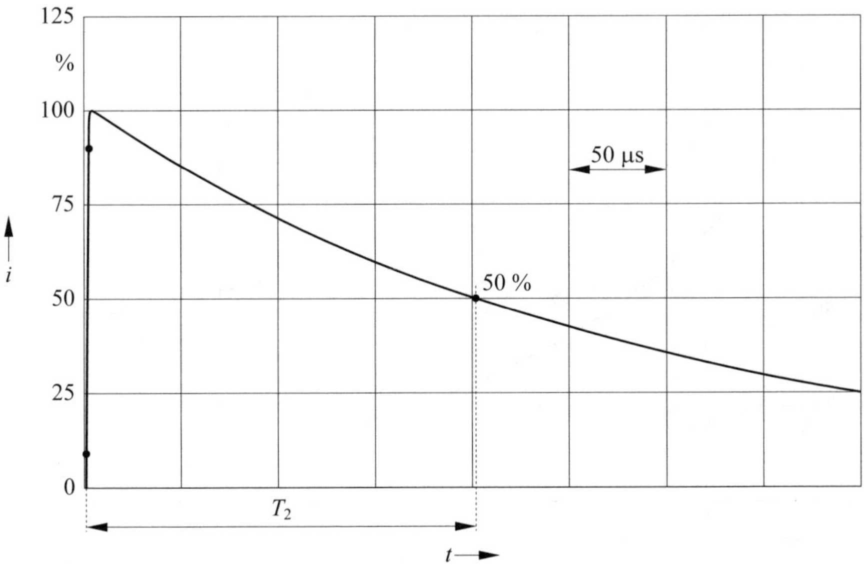

Bild 3.15 Zeitlicher Verlauf des Rückens des ersten negativen Stoßstroms nach Gl. (3.2) gemäß DIN EN 62305-1 (**VDE 0185-305-1**) [3.1]

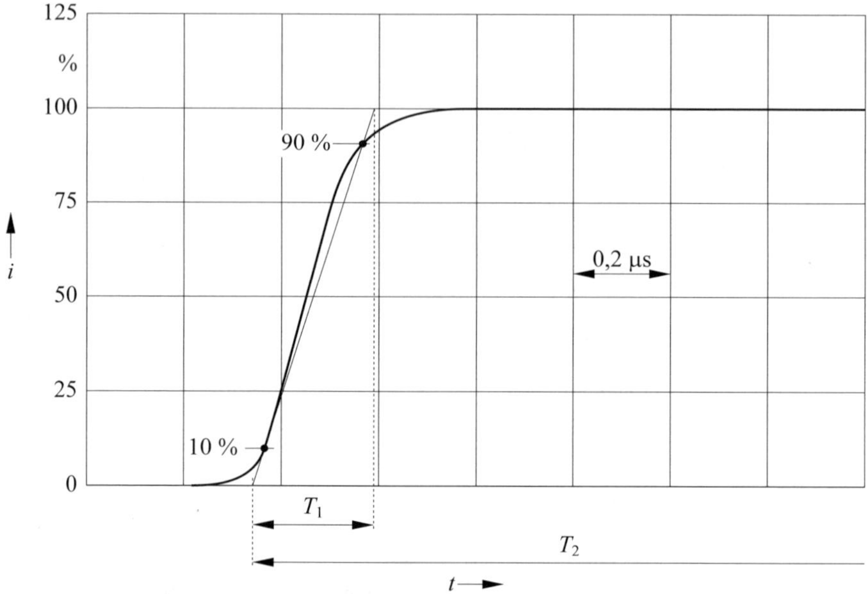

Bild 3.16 Zeitlicher Verlauf der Stirn des Folgestoßstroms nach Gl. (3.2) gemäß DIN EN 62305-1 (**VDE 0185-305-1**) [3.1]

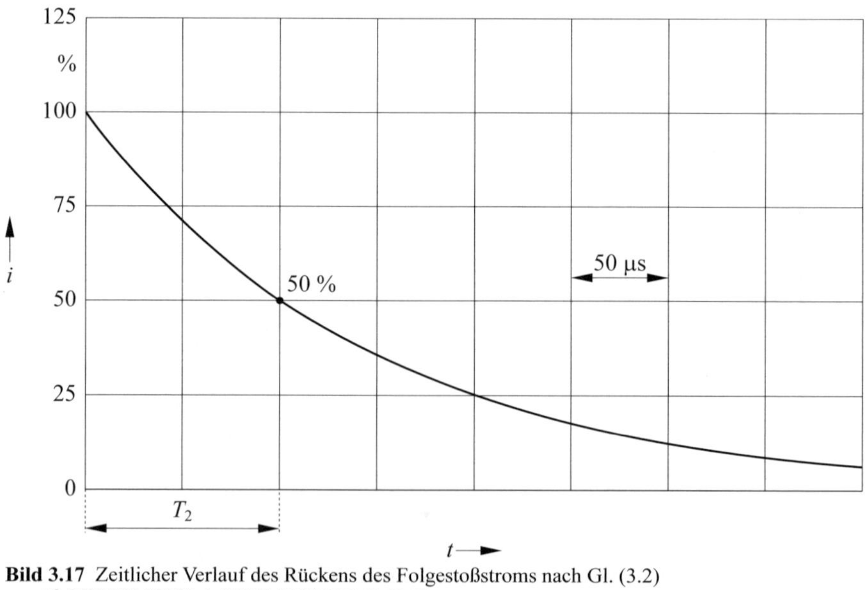

Bild 3.17 Zeitlicher Verlauf des Rückens des Folgestoßstroms nach Gl. (3.2) gemäß DIN EN 62305-1 (**VDE 0185-305-1**) [3.1]

3.7 Elektromagnetische Kopplungsarten der Blitzentladung und Prüfparameter

Der Blitzstrom einer Blitzentladung kann auf unterschiedliche Arten in elektrische und elektronische Systeme einkoppeln. Diese Kopplungsarten sollen hier kurz dargestellt werden.

Grundsätzlich kann man bei der Einkopplung von Transienten in elektrische und elektronische Systeme durch direkte und nahe Blitzeinschläge die folgenden Mechanismen unterscheiden:

- galvanische Kopplung (z. B. am Stoßwiderstand der Erdungsanlage oder am Kopplungswiderstand des Kabelschirms),
- magnetische Feldkopplung (z. B. in Schleifen der Installation),
- elektrische Feldkopplung (z. B. in großflächige Antennen).

Die Kopplung wird dabei beeinflusst durch blitzschutztechnische Maßnahmen, die in den folgenden Abschnitten beschrieben werden. Als Beispiele seien hier genannt: Erdung, Potentialausgleich, Schirmung der baulichen Anlage, Schirmung der elektrischen Leitungen, Führung und Art der elektrischen Leitungen.

Eine **galvanische Kopplung** liegt vor, wenn der Blitzstrom an den Impedanzen der durchflossenen Leitungen eine Längsspannung erzeugt. Wenn eine bauliche Anlage vom Blitz getroffen wird, erzeugt der in die Erde fließende Strom üblicherweise eine Spannung in der Größenordnung von einigen 100 kV am wirksamen Stoßerdungswiderstand (vgl. Bild 3.7). Dieser wird häufig nur durch einen ohmschen Widerstand abgebildet [3.5, 3.14].

Galvanische Kopplung setzt damit eine direkte Einkopplung des Blitzstroms oder eines Teils davon voraus. Fließt beispielsweise ein Blitzteilstrom über einen Kabelschirm einer Leitung, die die blitzgetroffene bauliche Anlage verlässt, zur fernen Erde, so liegt ebenfalls diese Kopplungsart vor. Der Blitzteilstrom bewirkt hier an der Kopplungsimpedanz des Kabelschirms eine Längsspannung, die zwischen Kabelschirm und Innenleiter auftritt (**Bild 3.18**). Diese Längsspannung kann die an den beiden Leitungsenden angeschlossenen elektrischen oder elektronischen Systeme gefährden.

Als **magnetische Feldkopplung** oder magnetische Induktion wird der Vorgang bezeichnet, bei dem das magnetische Feld $H(t)$ einer Blitzentladung Leiterschlei-

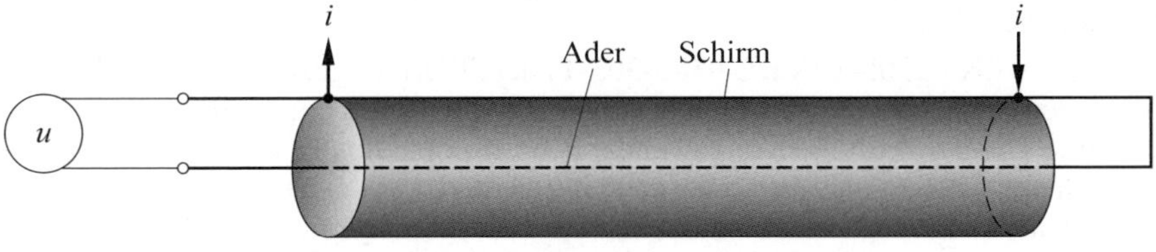

Bild 3.18 Längsspannung an einem blitzteilstromdurchflossenen Kabelschirm

fen durchsetzt (vgl. Bild 3.10). Sind die Leiterschleifen offen (Leerlauf), entstehen Spannungen proportional zur zeitlichen Magnetfeldänderung d*H*/d*t* (Leerlauf). Weisen die Leiterschleifen dagegen einen Kurzschluss auf, sind in erster Näherung Ströme proportional zum Magnetfeld $H(t)$ die Folge.

Der Blitzstrom, der in einem Leiter oder im Blitzkanal fließt, erzeugt ein magnetisches Feld, das bis zu Abständen von einigen 100 m näherungsweise dieselbe Wellenform hat wie der Blitzstrom. Bei nahen Blitzeinschlägen ist die magnetische Feldstärke $H(t)$ näherungsweise proportional zum Blitzstrom $i(t)$ und umgekehrt proportional zum Abstand s_a vom Einschlagpunkt:

$$H(t) = \frac{i(t)}{2\pi \cdot s_a}. \qquad (3.3)$$

Gl. (3.3) kann für einfache Abschätzungen verwendet werden; in weiteren Fällen muss das magnetische Feld im Detail analysiert werden. Bei Direkteinschlägen kann eine Abschätzung des magnetischen Felds im Inneren der getroffenen baulichen Anlage nach DIN EN 62305-4 (**VDE 0185-305-4**) [3.4] vorgenommen werden.

Eine **elektrische Feldkopplung** setzt eine „elektrisch wirksame Antenne“ voraus. Die elektrische Feldstärke, die durch die Annäherung des Leitblitzes entsteht, erreicht bis 500 kV/m im Bereich bis zu einem Abstand von einigen 100 m vom späteren Einschlagpunkt. Sobald die Hauptentladung beginnt, bricht das elektrische Feld zusammen, wobei Feldänderungen d*E*/d*t* in der Größenordnung von $500 \frac{\text{kV/m}}{\mu\text{s}}$ zu berücksichtigen sind.

Die elektrische Feldkopplung in Geräte innerhalb der baulichen Anlage ist im Allgemeinen sehr klein gegenüber der magnetischen Feldkopplung. Eine Ausnahme bilden aber beispielsweise großflächige Anlagen, z. B. Photovoltaikanlagen. Die Module mit ihren Rahmen stellen eine Äquipotentialfläche von einigen Quadratmetern bis zu einigen 100 m^2 dar. Ihre kapazitive Verkopplung mit geerdeten Metallstrukturen in der baulichen Anlage ist mithin relativ groß (bis zu einigen Nanofarad), sodass kapazitive Verschiebungsströme bis zu einigen 10 A fließen können, wenn die Module nicht ebenfalls geerdet sind [3.15].

Verschiedene Komponenten eines Blitzschutzsystems und von Überspannungsschutzmaßnahmen werden durch unterschiedliche Wirkungsparameter und Kopplungswege der Blitzentladung belastet. Die Blitzstromparameter, die für die physikalische Unversehrtheit eines LPS eine Rolle spielen, sind im Allgemeinen der Stromscheitelwert *I*, die Ladung *Q*, die spezifische Energie *W*/*R*, die Dauer *T* und die mittlere Stromsteilheit d*i*/d*t*.

Wie in DIN EN 62305-1 (**VDE 0185-305-1**) detailliert aufgezeigt, werden die verschiedenen Schadensmechanismen jeweils vorwiegend von einem dieser Parameter bestimmt. Die bei Prüfungen anzuwendenden Stromparameter stellen eine Kombination dieser Größen dar, die so ausgewählt werden, dass der tatsächliche Ausfallmechanismus an einem Element des LPS im Labor nachgebildet wird. **Tabelle 3.5** zeigt dazu eine Übersicht; auf eine detaillierte Darstellung wird hier verzichtet.

Komponente	Hauptursache	Blitz-Gefährdungsparameter					Bemerkungen
Fangeinrichtung	Ausschmelzung am Einschlagpunkt (z. B. dünne Metallbleche)	LPL	Q_{long} in C	T			
		I	200	< 2 s (Q_{long} ist in einem Impuls anzuwenden)			
		II	150				
		III–IV	100				
Fangeinrichtung und Ableitung	Widerstandserwärmung	LPL	W/R in kJ/Ω	T			Dimensionierung nach DIN EN 62305-3 (**VDE 0185-305-3**) erübrigt Prüfung
		I	10 000	W/R in adiabatischer Anordnung anwenden			
		II	5 600				
		III–IV	2 500				
	mechanische Wirkungen	LPL	I in kA	W/R in kJ/Ω			
		I	200	10 000			
		II	150	5 600			
		III–IV	100	2 500			
Verbindungsbauteile	kombinierte Wirkungen (thermisch, mechanisch, Lichtbogenbildung)	LPL	I in kA	W/R in kJ/Ω	T		
		I	200	10 000	< 2 ms (I und W/R in einem Impuls anwenden)		
		II	150	5 600			
		III–IV	100	2 500			
Erder	Ausschmelzung am Austrittspunkt	LPL	Q_{long} in C	T			Dimensionierung meist durch mechanische und chemische Aspekte bestimmt (Korrosion usw.)
		I	200	< 2 s (Q_{long} ist in einem Impuls anzuwenden)			
		II	150				
		III–IV	100				

Tabelle 3.5 Zusammenfassung der Blitz-Gefährdungsparameter, die für die Berechnung der Prüfwerte für unterschiedliche LPS-Komponenten und für unterschiedliche LPL-Gefährdungspegel nach DIN EN 62305-1 (**VDE 0185-305-1**) zu berücksichtigen sind [3.1]

Komponente	Hauptursache	Blitz-Gefährdungsparameter					Bemerkungen
SPDs mit Funkenstrecken	kombinierte Wirkungen (thermisch, mechanisch, Lichtbogenbildung)	LPL	I in kA	Q_{short} in C	W/R in kJ/Ω	di/dt in kA/µs	I, Q_{short} und W/R in einem Impuls (Dauer $T < 2$ ms); $\Delta i/\Delta t$ in einem anderen Impuls anwenden
		I	200	100	10 000	200	
		II	150	75	5 600	150	
		III–IV	100	50	2 500	100	
SPDs mit Metalloxid-Widerständen	energetische Wirkungen (Überlast)	LPL	Q_{short} in C				beide Aspekte sind zu überprüfen
		I	100				
		II	75				
		III–IV	50				
	dielektrische Wirkungen (Überschlag und Rissbildung)	LPL	I in kA	T			getrennte Prüfungen sind zulässig
		I	200	< 2 ms (I in einem Impuls anwenden)			
		II	150				
		III–IV	100				

Tabelle 3.5 (*Fortsetzung*) Zusammenfassung der Blitz-Gefährdungsparameter, die für die Berechnung der Prüfwerte für unterschiedliche LPS-Komponenten und für unterschiedliche LPL-Gefährdungspegel nach DIN EN 62305-1 (**VDE 0185-305-1**) zu berücksichtigen sind [3.1]

3.8 Aufteilung des Blitzstroms an verschiedenen Orten einer baulichen Anlage

Zur Dimensionierung bestimmter Komponenten (Leiter, Geräte, SPDs) kann die Bestimmung des zu erwartenden Anteils des Blitzstroms am jeweiligen Einbauort von Interesse sein. Diese Bestimmung ist mit DIN EN 62305-1 (**VDE 0185-305-1**), Anhang E [3.1] möglich. Die Festlegungen aus Anhang E werden hier nahezu unverändert wiedergegeben; nur einige Erläuterungen sind aus Gründen der einfacheren Lesbarkeit entfallen.

3.8.1 Direkte Blitzeinschläge in die bauliche Anlage

Auf dem Weg zur Erde teilt sich der Blitzstrom auf zwischen der Erdungsanlage, den äußeren leitenden Teilen und den Leitungen, die direkt oder über SPDs angeschlossen sind. Der Anteil des Blitzstroms auf jedem äußeren leitenden Teil oder jeder Leitung ist:

$$I_\mathrm{f} = k_\mathrm{e}\, I, \tag{3.4}$$

mit:

k_e Stromaufteilungsfaktor,

I Blitzstrom, entsprechend dem gewählten Gefährdungspegel LPL.

Der Stromaufteilungsfaktor k_e wird bestimmt durch die Zahl der parallelen Strompfade, den äquivalenten Erdungswiderstand der unter der Erde verlegten Teile bzw. den Erdungswiderstand der oberirdisch verlegten Teile am Ort ihrer Erdung und den äquivalenten Erdungswiderstand der Erdungsanlage. Er ergibt sich:

für unterirdische Verlegung zu
$$k_\mathrm{e} = \frac{Z}{Z_1 + Z \cdot \left(n_1 + n_2 \cdot \dfrac{Z_1}{Z_2} \right)}, \tag{3.5}$$

für oberirdische Verlegung
$$k_\mathrm{e} = \frac{Z}{Z_2 + Z \cdot \left(n_2 + n_1 \cdot \dfrac{Z_2}{Z_1} \right)}, \tag{3.6}$$

mit:

Z äquivalenter Erdungswiderstand der Erdungsanlage,

Z_1 äquivalenter Erdungswiderstand der äußeren leitenden Teile oder der Leitungen (**Tabelle 3.6**), die unterirdisch verlegt sind,

Z_2 der Erdungswiderstand der Erderanordnung, die die oberirdischen Leitungen mit Erde verbindet; wenn der Erdungswiderstand des Erdungspunkts nicht bekannt ist, kann der Wert von Z_1 aus Tabelle 3.6 benutzt werden (mit dem für den jeweiligen Erdungspunkt zutreffenden spezifischen Widerstand),

n_1 die Gesamtzahl der äußeren leitenden Teile oder Leitungen, die unterirdisch verlegt sind,

n_2 die Gesamtzahl der äußeren leitenden Teile oder Leitungen, die oberirdisch verlegt sind.

ρ Ωm	Z_1[a] Ω	**Äquivalenter Erdungswiderstand *Z* für die Schutzklasse des LPS**[b] Ω		
		I	**II**	**III–IV**
≤ 100	8	4	4	4
200	11	6	6	6
500	16	10	10	10
1 000	22	10	15	20
2 000	28	10	15	40
3 000	35	10	15	60

Anmerkung: Die in dieser Tabelle genannten Werte verstehen sich als der Stoßerdungswiderstand einer in Erde verlegten Leitung unter Impulsbelastung (10/350 µs).

[a] Die Werte beziehen sich auf äußere leitende Teile mit Längen über 100 m. Für entsprechende Längen unter 100 m bei hohem spezifischen Bodenwiderstand (> 500 Ωm) können die Werte von Z_1 verdoppelt werden.

[b] Erdungsanlage nach Abschnitt 5.4 in DIN EN 62305-3 (**VDE 0185-305-3**) [3.3].

Tabelle 3.6 Äquivalente Erdungswiderstände *Z* und Z_1 in Abhängigkeit vom spezifischen Bodenwiderstand nach DIN EN 62305-1 (**VDE 0185-305-1**) [3.1]

Setzt man als Vereinfachung von Gln. (3.5) und (3.6) an, dass die Hälfte des Blitzstroms in die Erdungsanlage fließt und dass $Z_2 = Z_1$ ist, kann der Wert k_e für ein äußeres leitendes Teil oder eine Leitung berechnet werden mit:

$$k_e = 0{,}5/(n_1 + n_2). \tag{3.7}$$

Wenn eingeführte Leitungen (z. B. elektrische Leitungen und Telekommunikationsleitungen) nicht geschirmt bzw. nicht in Metallkanälen verlegt sind, führt jeder der n'-Leiter der Leitung den gleichen Teil des Blitzstroms:

$$k_e' = k_e / n', \tag{3.8}$$

mit:

n' Gesamtzahl der Leiter.

Für geschirmte Leitungen, die an der Einführungsstelle mit dem Potentialausgleich verbunden sind, werden die Werte des Stromaufteilungsfaktors k'_e für jeden der n'-Leiter der geschirmten Leitung ermittelt nach:

$$k'_e = k_e \cdot R_s / (n' \cdot R_s + R_c), \tag{3.9}$$

mit:

R_s ohmscher Widerstand je Längeneinheit des Schirms,

R_c ohmscher Widerstand je Längeneinheit des inneren Leiters.

Es ist zu erwähnen, dass mit Gl. (3.9) die Rolle unterschätzt wird, die der Schirm bei der Ableitung des Blitzstroms spielt. Bedingt durch die Gegeninduktivität zwischen Innenleiter und Schirm ist der Anteil des Stroms auf dem Schirm in aller Regel wesentlich größer.

3.8.2 Blitzeinschläge in Versorgungsleitungen

Bei direkten Blitzeinschlägen in die angeschlossenen Versorgungsleitungen müssen die Aufteilung des Blitzstroms in beide Richtungen der Versorgungsleitung und der Durchschlag der Isolierung berücksichtigt werden.

Der Scheitelwert des Blitzteilstroms über Stromversorgungsleitungen kann aus den Werten der **Tabelle 3.7** und über Telekommunikationsleitungen aus **Tabelle 3.8** gewählt werden, wobei die Werte den Gefährdungspegeln (LPL) zugeordnet sind. Alle Werte aus den beiden Tabellen gelten dabei für den einzelnen Leiter einer Leitung.

LPL (Kategorie)	**Niederspannungssysteme**			
	Einschlag in die oder nahe der Leitung		**Einschlag nahe der baulichen Anlage**	**Einschlag in die bauliche Anlage**
	Schadensquelle S3 (direkter Einschlag) Wellenform: 10/350 µs in kA	Schadensquelle S4 (indirekter Einschlag)[1] Wellenform: 8/20 µs in kA	Schadensquelle S2 (induzierter Strom) Wellenform: 8/20 µs in kA	Schadensquelle S1 (induzierter Strom) Wellenform: 8/20 µs in kA
III/IV	5	2,5	0,1	5
II	7,5	3,75	0,15	7,5
I	10	5	0,2	10

[1] Die Werte beziehen sich auf Freileitungen; für Erdkabel können die Werte halbiert werden.

Tabelle 3.7 Zu erwartende Stoßströme durch Blitzeinschlag bei Niederspannungssystemen nach DIN EN 62305-1 (**VDE 0185-305-1**) [3.1]

LPL (Kategorie)	**Telekommunikationssysteme**			
	Einschlag in die oder nahe der Leitung		**Einschlag nahe der baulichen Anlage**	**Einschlag in die bauliche Anlage**
	Schadensquelle S3 (direkter Einschlag)[1] Wellenform: 10/350 µs in kA	Schadensquelle S4 (indirekter Einschlag)[2] Wellenform: 8/20 µs in kA	Schadensquelle S2 (induzierter Strom) Wellenform: 8/20 µs in kA	Schadensquelle S1 (induzierter Strom) Wellenform: 8/20 µs in kA
III oder IV	1	0,035	0,1	5
II	1,5	0,085	0,15	7,5
I	2	0,160	0,2	10

[1] Die Werte beziehen sich auf ungeschirmte Leitungen mit vielen Leiterpaaren; für eine ungeschirmte Zweidrahtleitung können die Werte fünffach größer sein.
[2] Die Werte beziehen sich auf ungeschirmte Freileitungen; für Erdkabel können die Werte halbiert werden.

Tabelle 3.8 Zu erwartende Stoßströme durch Blitzeinschlag bei Telekommunikationssystemen nach DIN EN 62305-1 (**VDE 0185-305-1**) [3.1]

Die beiden Tabellen geben die Blitzteilströme im Falle direkter Blitzeinschläge in den Versorgungsleitungen (Schadensquelle S3) und im Falle indirekter Blitzeinschläge (Schadensquelle S4) wieder. Bei den indirekten Blitzeinschlägen handelt es sich im Prinzip um einen Induktionsvorgang, daher ergibt sich auch die abweichende Wellenform 8/20 µs dieser Stoßströme.

Alle Werte gelten dabei für den einzelnen Leiter einer Leitung. Für geschirmte Leitungen können die Werte der Tabelle 3.7 und Tabelle 3.8 halbiert werden. Es wird dabei angenommen, dass der Widerstand des Schirms etwa gleich dem Widerstand aller parallel geschalteten Leiter ist.

3.8.3 Magnetisch induzierte Ströme in der baulichen Anlage

Stoßströme durch Induktionswirkungen des magnetischen Felds, die entweder durch Blitzeinschläge neben der baulichen Anlage (Schadensquelle S2) oder durch den im äußeren LPS oder im Schirm von LPZ 1 fließenden Blitzstrom (Schadensquelle S1) erzeugt werden, haben eine typische Wellenform von 8/20 µs. Der Scheitelwert des Stoßstroms über Stromversorgungsleitungen kann wieder Tabelle 3.7 und über Telekommunikationsleitungen Tabelle 3.8 entnommen werden, wobei die Werte den Gefährdungspegeln (LPL) zugeordnet sind. Alle Werte aus den beiden Tabellen gelten dabei für den einzelnen Leiter einer Leitung.

3.9 Literatur

[3.1] DIN EN 62305-1 (**VDE 0185-305-1**):2011-10 Blitzschutz – Teil 1: Allgemeine Grundsätze. Berlin · Offenbach: VDE VERLAG

[3.2] DIN EN 62305-2 (**VDE 0185-305-2**):2013-02 Blitzschutz – Teil 2: Risiko-Management. Berlin · Offenbach: VDE VERLAG

[3.3] DIN EN 62305-3 (**VDE 0185-305-3**):2011-10 Blitzschutz – Teil 3: Schutz von baulichen Anlagen und Personen. Berlin · Offenbach: VDE VERLAG

[3.4] DIN EN 62305-4 (**VDE 0185-305-4**):2011-10 Blitzschutz – Teil 4: Elektrische und elektronische Systeme in baulichen Anlagen. Berlin · Offenbach: VDE VERLAG

[3.5] *Hasse, P.*; *Wiesinger, J.*; *Zischank, W.*: Handbuch für Blitzschutz und Erdung. München (u. a.): Pflaum, 2006. – ISBN 3-7905-0931-0

[3.6] *Prinz, H.*: Die Blitzentladung in Vierparameterdarstellung. Bull. SEV/VSE 68 (1977) H. 12, S. 600–603. – ISSN 1420-7028

[3.7] *Berger, K.*; *Vogelsanger, E.*: Photographische Blitzuntersuchungen der Jahre 1955 … 1965 auf dem Monte San Salvatore. Bull. SEV/VSE 57 (1966) H. 13, S. 599–620

[3.8] *Berger, K.*: Novel observations on lightning discharges; Results of research on Mount San Salvatore. Journal Franklin Institute 283 (1967) H. 6, S. 478–525

[3.9] *Berger, K.*; *Anderson, R. B.*; *Kröninger, H.*: Parameters of lightning flashes. CIGRE Electra 67 (1975) H. 41, S. 23–37

[3.10] *Anderson, R. B.*; *Eriksson, A. J.*: Lightning parameters for engineering application. CIGRE Electra 72 (1980) H. 69, S. 65–102. – ISSN 1286-1146

[3.11] Lightning Parameters for Engineering Applications. CIGRE-Brochure 549. CIGRE Working Group C4.407. Paris/Frankreich: Conseil International des Grands Reseaux Électriques (CIGRE), 2013

[3.12] Estimating lightning performance of transmission lines II – Update to analytical models. IEEE Working Group Report. IEEE Trans. on Power Delivery (PWRD) 8 (1993) H. 4, S. 1254–1267. – ISSN 0885-8977

[3.13] *Kern, A.*; *Schelthoff, C.*; *Mathieu, M.*: Detaillierte Berechnung der Einfangwirksamkeiten von Fangeinrichtungen mit einem dynamischen elektro-geometrischen Modell. S. 53–58 in VDE-Fachbericht 68: Vorträge der 9. VDE/ABB-Fachtagung vom 27.10.–28.10.2011 in Neu-Ulm. Berlin · Offenbach: VDE VERLAG, 2011. – ISBN 978-3-8007-3380-4

[3.14] *Pigler, F.*: Blitzschutz elektronischer Anlagen. Poing: Franzis, 1998. – ISBN 3-7723-4063-6

[3.15] *Häberlin, H.*: Photovoltaik. Berlin · Offenbach: VDE VERLAG, 2012. – ISBN 978-3-8007-3205-0

4 Erläuterungen zur DIN EN 62305-2 (VDE 0185-305-2): Risikomanagement

Ein vorausschauendes Risikomanagement beinhaltet, Risiken für das Unternehmen zu kalkulieren. Es liefert Entscheidungsgrundlagen, um diese Risiken zu begrenzen, und es macht transparent, welche Risiken sinnvollerweise über Versicherungen abgedeckt werden sollten. Beim Versicherungsmanagement ist jedoch zu bedenken, dass zur Erreichung bestimmter Ziele Versicherungen nicht immer geeignet sind, z. B. die Erhaltung der Lieferfähigkeit. Eintrittswahrscheinlichkeiten bestimmter Risiken lassen sich durch Versicherungen nicht verändern.

Bei Unternehmen, die mit umfangreichen elektrischen und elektronischen Einrichtungen produzieren oder Dienstleistungen erbringen – und das sind heutzutage wohl die meisten –, muss auch das Risiko durch Blitzeinwirkungen besondere Berücksichtigung finden. Dabei ist zu beachten, dass der Schaden aufgrund der Nichtverfügbarkeit der elektrischen und elektronischen Einrichtungen und damit der Produktion bzw. der Dienstleistung und ggf. der Verlust von Daten den physikalischen Hardwareschaden an der betroffenen Anlage oft bei Weitem übersteigt.

Blitzschutz-Risikoanalysen haben die Objektivierung und Quantifizierung der Gefährdung von baulichen Anlagen und deren Inhalte durch direkte und indirekte Blitzeinschläge zum Ziel. In Deutschland hatte dieses neue Denken seinen Niederschlag zuerst im Jahr 2002 in der Vornorm DIN V VDE V 0185-2 [4.1] gefunden. Diese Vornorm wurde 2006 durch die Norm DIN EN 62305-2 (**VDE 0185-305-2**) abgelöst, die nun in der zweiten Ausgabe vorliegt [4.2].

Die in DIN EN 62305-2 (**VDE 0185-305-2**):2013-02 vorgegebene Risikoanalyse gewährleistet, dass ein für alle Beteiligten nachvollziehbares Blitzschutzkonzept erstellt werden kann, das technisch und wirtschaftlich optimiert ist, d. h., bei möglichst geringem Aufwand den notwendigen Schutz gewährleisten kann. Die sich aus der Risikoanalyse ergebenden Schutzmaßnahmen sind dann in den weiteren Normenteilen 3 und 4 der Reihe DIN EN 62305 (**VDE 0185-305**) [4.3, 4.4] detailliert beschrieben.

4.1 Schadensquellen, Schadensursachen und Schadensarten

Die eigentlichen **Schadensquellen** sind Blitzeinschläge, die abhängig von der Einschlagstelle in vier Gruppen unterteilt sind (siehe **Tabelle 4.1**):

S1 direkter Blitzeinschlag in die bauliche Anlage,

S2 Blitzeinschlag neben der baulichen Anlage,

S3 direkter Blitzeinschlag in die eingeführte Versorgungsleitung,

S4 Blitzeinschlag neben der eingeführten Versorgungsleitung.

Einschlagstelle	**Beispiel**	**Schadensursache**	**Schadensart**
bauliche Anlage S1	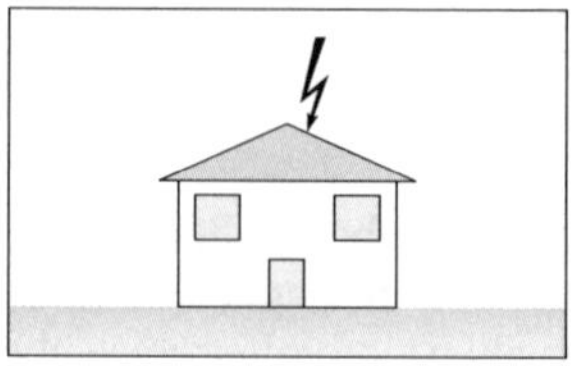	D1 D2 D3	L1, L4[b] L1, L2, L3, L4 L1[a], L2, L4
neben baulicher Anlage S2	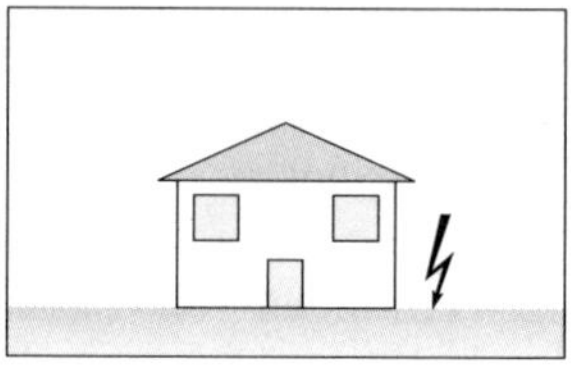	D3	L1[a], L2, L4
eingeführte Versorgungsleitung S3	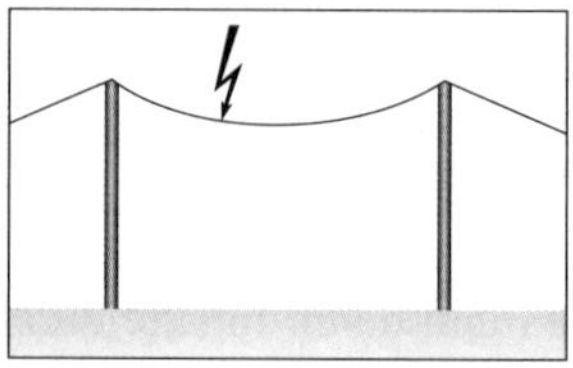	D1 D2 D3	L1, L4[b] L1, L2, L3, L4 L1[a], L2, L4
neben eingeführter Versorgungsleitung S4	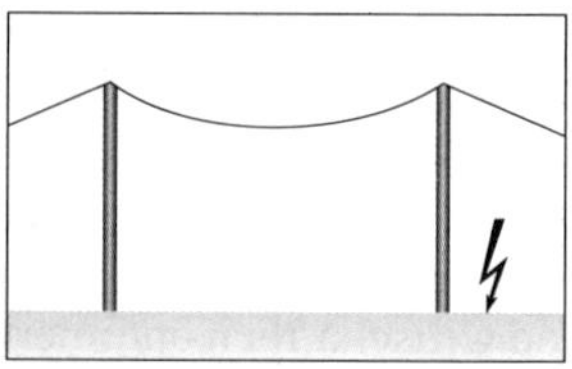	D3	L1[a], L2, L4

[a] Im Falle von Krankenhäusern oder anderen baulichen Anlagen, in denen Ausfälle von inneren Systemen unmittelbar Menschenleben bedrohen, und explosionsgefährdeten baulichen Anlagen.
[b] Im Falle von landwirtschaftlichen Einrichtungen (Verluste von Tieren).

Tabelle 4.1 Schadensquellen, Schadensursachen und Schadensarten in Abhängigkeit von der Einschlagstelle nach DIN EN 62305-2 (**VDE 0185-305-2**) [4.2]

Diese Schadensquellen können unterschiedliche **Schadensursachen** hervorrufen, die letztlich die Verluste bewirken. Die Norm kennt drei Schadensursachen:

D1 Verletzung von Lebewesen durch elektrischen Schlag, verursacht durch Berührungs- und Schrittspannungen,

D2 Feuer, Explosion, mechanische und chemische Wirkungen durch physikalische Auswirkungen der Blitzentladung,

D3 Ausfälle von elektrischen und elektronischen Systemen durch Überspannungen.

Je nach Bauart, Nutzung und Wesen der baulichen Anlage können die relevanten Verluste sehr unterschiedlich sein. Die DIN EN 62305-2 (**VDE 0185-305-2**) gruppiert sie in folgende vier **Schadensarten**:

L1 Verlust von Menschenleben (Verletzung oder Tod von Personen);

L2 Verlust von Dienstleistungen für die Öffentlichkeit;

L3 Verlust von unersetzlichem Kulturgut;

L4 wirtschaftliche Verluste.

Die genannten Schadensarten können durch unterschiedliche Schadensursachen hervorgerufen werden. Die Schadensursachen stellen damit in einer Kausalbeziehung die „Ursache“ im eigentlichen Sinne dar, die Schadensarten die „Wirkung“ (siehe Tabelle 4.1). Die möglichen Schadensursachen für eine Schadensart können sehr vielfältig sein. Es müssen daher zunächst die relevanten Schadensarten für eine bauliche Anlage definiert werden. Daran anschließend lassen sich die zu bestimmenden Schadensursachen festlegen.

4.2 Grundlagen der Risikoabschätzung

Das Gesamtrisiko R für einen Blitzschaden ist nach DIN EN 62305-2 (**VDE 0185-305-2**) die Summe über alle für die jeweilige Schadensart relevanten Risikokomponenten R_X. Die einzelne Risikokomponente R_X ergibt sich aus der Beziehung:

$$R_X = N_X \cdot P_X \cdot L_X, \qquad (4.1)$$

mit:

N_X Anzahl der gefährlichen Ereignisse, d. h. die Häufigkeit eines Blitzeinschlags mit Schadensfolge in die jeweils zu betrachtende Fläche: „Wie viele gefährliche Ereignisse treten pro Jahr auf?“

P_X Schadenswahrscheinlichkeit: „Mit welcher Wahrscheinlichkeit richtet ein gefährliches Ereignis einen bestimmten Schaden an?“

L_X Verlustfaktor, d. h. die quantitative Bewertung der Schäden: „Welche Auswirkungen, Schadenshöhe, Ausmaß, Konsequenzen hat ein bestimmter Schaden?“

Die Aufgabe der Risikoabschätzung umfasst also die Bestimmung der drei Parameter N_X, P_X, L_X für alle relevanten Risikokomponenten R_X. Durch Vergleich des Gesamtrisikos R mit einem akzeptierbaren Risiko R_T können dann Aussagen über die Erfordernisse und die Dimensionierung von Blitzschutzmaßnahmen getroffen werden.

Eine Ausnahme bildet die Betrachtung der wirtschaftlichen Verluste. Für diese Schadensart müssen sich die Schutzmaßnahmen aus einer rein wirtschaftlichen Betrachtungsweise begründen lassen. Hier gibt es also kein akzeptierbares Risiko R_T, sondern eine Kosten-Nutzen-Analyse.

4.3 Häufigkeiten von gefährlichen Ereignissen

Unterschieden werden folgende Häufigkeiten von gefährlichen Ereignissen, die relevant für eine bauliche Anlage sein können:

N_D verursacht durch direkte Blitzeinschläge in die bauliche Anlage,

N_M verursacht durch nahe Blitzeinschläge mit magnetischen Wirkungen,

N_L verursacht durch direkte Blitzeinschläge in eingeführte Versorgungsleitungen,

N_I verursacht durch Blitzeinschläge neben eingeführten Versorgungsleitungen.

Die detaillierte Berechnung ist in Anhang A der DIN EN 62305-2 (**VDE 0185-305-2**) dargestellt.

4.3.1 Blitzdichte

Die jährliche Erdblitzdichte N_G für das betreffende Gebiet kann für einfache Fälle dem Beiblatt 1 zur DIN EN 62305-2 (**VDE 0185-305-2**) [4.6] entnommen werden (**Bild 4.1**). Dort wird eine aus Messdaten aufbereitete Karte mit berechneten Mittelwerten der Erdblitzdichten und ihrer Zuordnung nach Kfz-Kennzeichengebieten in Deutschland (Kreise und kreisfreie Städte) gezeigt. Die Berechnung basiert auf der vom Blitzortungssystem BLIDS gemessenen Anzahl der Blitze je Quadratkilometer und Jahr, für den Zeitraum 1999 bis 2011. Es wird ausdrücklich darauf hingewiesen, dass bei einer örtlich feineren Auflösung die Blitzdichten noch von diesen Mittelwerten abweichen können.

Die farblichen Zuordnungen in Bild 4.1 stellen Bandbreiten der Blitzdichte dar. Es wird empfohlen, für die Risikoabschätzungen nach DIN EN 62305-2 (**VDE 0185-305-2**):2013-02 jeweils den höchsten Wert der Bandbreite zu verwenden.

Es muss klargestellt werden, dass Bild 4.1 die Erdblitzdichten zeigt (en: flash densities), d. h. die Dichte der aufgetretenen Blitzeinschläge. Jeder Blitz enthält dabei einen oder mehrere Teilblitze (en: strokes), d. h., auf einen ersten Teilblitz folgen mehrere Folgeblitze, im Mittel zwischen zwei und drei [4.7]. Weiterhin weist etwa jede zweite Blitzentladung mehrere, räumlich voneinander entfernte Fußpunkte auf. Aus diesem Grund wird in Beiblatt 1 zur DIN EN 62305-2 (**VDE 0185-305-2**) empfohlen, für Risikoabschätzungen die Werte aus Bild 4.1 zu verdoppeln. Damit werden die folgenden Faktoren konservativ berücksichtigt:

- Die Angabe einer Blitzdichte erfasst nicht, dass bei einem Teil von Blitzentladungen mehrere Fußpunkte, also mehrere räumlich voneinander entfernte Blitzeinschlagstellen existieren,
- ein Erdblitz kann auch mehrere Folgeblitze mit jeweils hohen Stromsteilheiten aufweisen.

Die lokalen Werte der Erdblitzdichte können bei feinerem Raster noch deutlich von diesen Mittelwerten abweichen [4.8]. Für große öffentliche oder industrielle Projekte wird die Verwendung dieser genaueren Daten empfohlen, die kommerziell erhältlich sind [4.5].

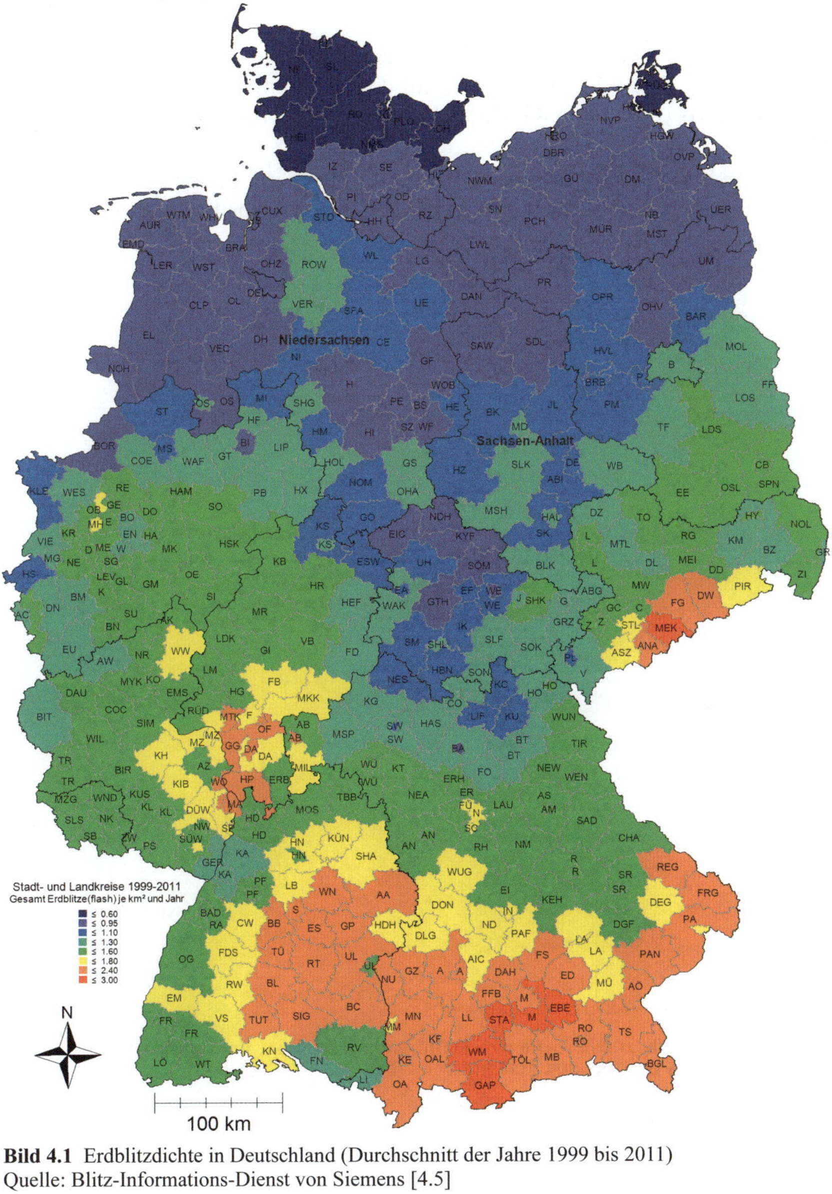

Bild 4.1 Erdblitzdichte in Deutschland (Durchschnitt der Jahre 1999 bis 2011)
Quelle: Blitz-Informations-Dienst von Siemens [4.5]

4.3.2 Direkte Blitzeinschläge

Für direkte Blitzeinschläge in die bauliche Anlage gilt:

$$N_D = N_G \cdot A_D \cdot C_D \cdot 10^{-6}. \tag{4.2}$$

A_D ist die äquivalente Fangfläche der frei stehenden baulichen Anlage in Quadratmetern (**Bild 4.2**), C_D ein Standortfaktor, mit dem der Einfluss der näheren Umgebung des Standorts (Bebauung, Gelände, Bäume usw.) berücksichtigt werden kann (**Tabelle 4.2**).

Für eine frei stehende, rechteckförmige bauliche Anlage mit Länge L, Breite W und Höhe H auf einer ebenen Fläche ergibt sich die Einfangfläche beispielsweise zu:

$$A_D = L \cdot W + 2 \cdot (3H) \cdot (L + W) + \pi \cdot (3H)^2. \tag{4.3}$$

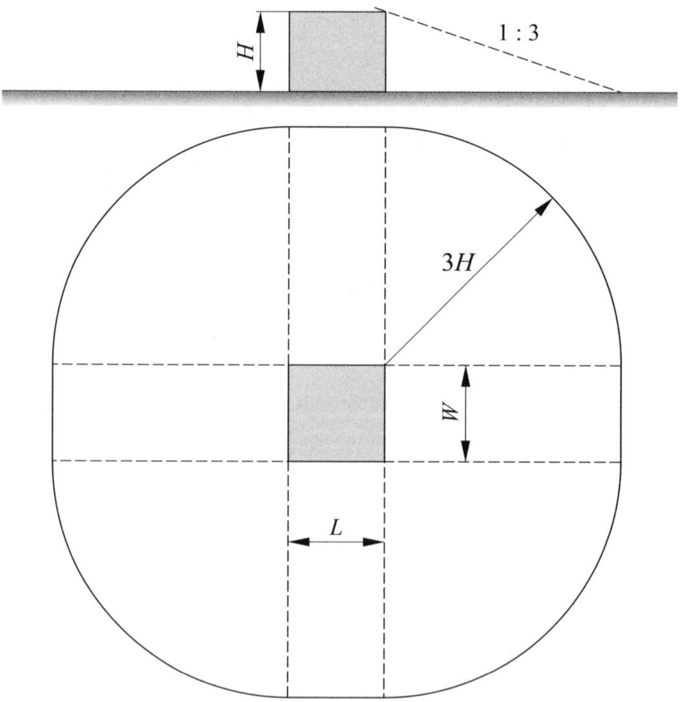

Bild 4.2 Äquivalente Einfangfläche A_D für direkte Blitzeinschläge in eine frei stehende bauliche Anlage nach DIN EN 62305-2 (**VDE 0185-305-2**) [4.2]

Relative Lage der baulichen Anlage	C_d
Objekt ist umgeben von höheren Objekten	0,25
Objekt ist umgeben von Objekten mit gleicher oder niedrigerer Höhe	0,5
frei stehendes Objekt: keine weiteren Objekte in der Nähe (innerhalb einer Entfernung von $3H$)	1
frei stehendes Objekt auf einer Bergspitze oder einer Kuppe	2

Tabelle 4.2 Standortfaktor C_d

4.3.3 Nahe Blitzeinschläge

Für nahe Blitzeinschläge mit magnetischen Wirkungen gilt:

$$N_M = N_G \cdot A_M \cdot 10^{-6}. \tag{4.4}$$

A_M ergibt sich, wenn im Abstand von 500 m um die bauliche Anlage herum eine Linie gezogen wird (**Bild 4.3**). Blitzeinschläge in die Fläche A_M führen zu magnetisch induzierten Überspannungen in Installationsschleifen im Inneren der baulichen Anlage.

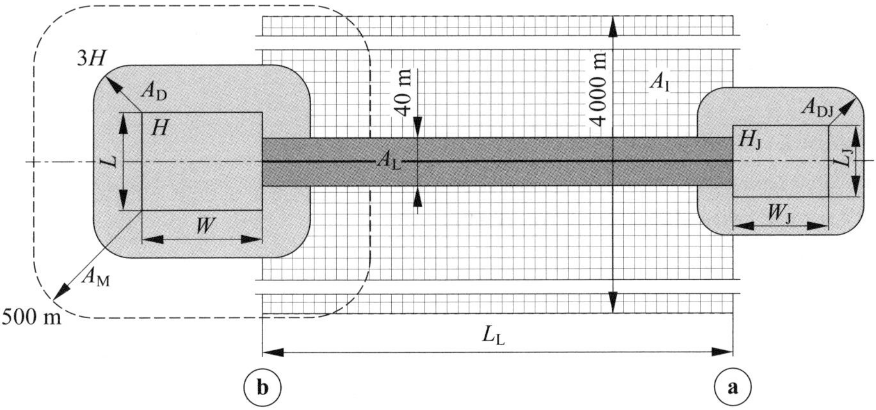

Bild 4.3 Äquivalente Einfangflächen A_M, A_L, A_I für indirekte Blitzeinschläge bezüglich der baulichen Anlage nach DIN EN 62305-2 (**VDE 0185-305-2**) [4.2]

4.3.4 Blitzeinschläge in Versorgungsleitungen

Für direkte Blitzeinschläge in eine eingeführte Versorgungsleitung gilt:

$$N_L = N_G \cdot A_L \cdot C_I \cdot C_E \cdot C_T \cdot 10^{-6}. \tag{4.5}$$

Dabei wird N_L verstanden als die jährliche Anzahl von Überspannungen auf dem Leitungsabschnitt, deren Maximalwert mindestens 1 kV beträgt.

C_I ist der Installationsfaktor der Versorgungsleitung (**Tabelle 4.3**), mit dem berücksichtigt wird, ob es sich um eine Freileitung oder ein erdverlegtes Kabel handelt. Befindet sich innerhalb der Fläche A_L keine Nieder-, sondern eine Mittelspannungsleitung, so wird durch den dann erforderlichen Transformator die Höhe der Überspannungen am Eintritt in die bauliche Anlage reduziert. Dies wird über den Transformatorfaktor C_T berücksichtigt (**Tabelle 4.4**). C_E schließlich ist der Umgebungsfaktor (**Tabelle 4.5**), der die Dichte der Bebauung im Bereich der Versorgungsleitung und damit die Wahrscheinlichkeit eines Einschlags angibt.

Art der Leitungsverlegung	C_I
Freileitung	1
erdverlegt	0,5
erdverlegte Kabel, die vollständig innerhalb einer engmaschig vernetzten Erdungsanlage verlegt sind (siehe Abschnitt 5.2 von DIN EN 62305-4 (**VDE 0185-305-4**) [4.4])	0,01

Tabelle 4.3 Installationsfaktor C_I

Transformator	C_T
LV-Stromversorgungsleitung, Telekommunikations- oder Datenleitung	1
HV-Stromversorgungsleitung (mit HV/LV-Transformator)	0,2

Tabelle 4.4 Transformatorfaktor C_T

Umgebung	C_E
ländlich	1
vorstädtisch	0,5
städtisch	0,1
städtisch mit hohen Gebäuden (größer als 20 m)	0,01

Tabelle 4.5 Umgebungsfaktor C_E

Die Einfangfläche für direkte Blitzeinschläge in die Versorgungsleitung (Bild 4.3) ergibt sich zu

$$A_L = 40 \cdot L_L, \tag{4.6}$$

wobei L_L die Länge des Abschnitts der Versorgungsleitung ist. Ist die Länge des Abschnitts der Versorgungsleitung nicht bekannt, soll als Worst Case ein Wert von $L_L = 1\,000$ m angenommen werden.

Blitzeinschläge innerhalb der Fläche A_L führen in der betrachteten baulichen Anlage zu einer in der Regel energiereichen Entladung, die ein Feuer, eine Explosion, eine mechanische oder chemische Wirkung erzeugen kann. Die Häufigkeit N_L beinhaltet also nicht nur Überspannungen mit der Folge von Fehlern oder Schäden an den elektrischen und elektronischen Systemen, sondern ebenso mechanische und thermische Effekte bei Blitzeinwirkung.

Für Blitzeinschläge neben einer eingeführten Versorgungsleitung, die Überspannungen auf dieser Leitung verursachen, deren Maximalwert mindestens 1 kV beträgt, gilt:

$$N_I = N_G \cdot A_I \cdot C_I \cdot C_E \cdot C_T \cdot 10^{-6}. \tag{4.7}$$

Es gelten die gleichen Randbedingungen und Korrekturfaktoren (Tabellen 4.3 bis 4.5) wie für Gl. (4.5) im Fall direkter Einschläge.

Die Einfangfläche für Blitzeinschläge neben die Versorgungsleitung (Bild 4.3) ergibt sich zu:

$$A_I = 4\,000 \cdot L_L, \tag{4.8}$$

wobei L_L wieder die Länge des Abschnitts der Versorgungsleitung ist. Ist die Länge des Abschnitts der Versorgungsleitung nicht bekannt, soll als Worst Case auch ein Wert von $L_L = 1\,000$ m angenommen werden.

Wenn die Versorgungsleitung mehr als einen Abschnitt hat, müssen die Werte für N_L und N_I für jeden betroffenen Leitungsabschnitt berechnet werden. Zu berücksichtigen sind die Abschnitte zwischen der baulichen Anlage und dem ersten Knotenpunkt, maximal aber bis zu einer Entfernung von 1 000 m von der baulichen Anlage.

Wenn in die bauliche Anlage mehr als eine Versorgungsleitung auf unterschiedlichem Weg eingeführt wird, müssen die Berechnungen für jede Versorgungsleitung durchgeführt werden. Für den Fall dagegen, dass in die bauliche Anlage mehr als eine Versorgungsleitung auf gleichem Weg eingeführt wird, müssen die Berechnungen nur für die Versorgungsleitung mit den ungünstigsten Eigenschaften durchgeführt werden, d. h. für die Versorgungsleitung mit den höchsten Werten für N_L und N_I, die an die inneren Systeme mit dem geringsten Wert der Isolationsfestigkeit angeschlossen ist (Telekommunikationsleitung gegenüber Stromversorgungsleitung, ungeschirmte Leitung gegenüber geschirmter Leitung, LV-Stromversorgungsleitung gegenüber HV-Stromversorgungsleitung mit HV/LV-Transformator usw.). Für den Fall von Versorgungsleitungen, deren Einfangflächen sich überlagern, soll die überlagerte Fläche nur einfach berücksichtigt werden.

4.4 Schadenswahrscheinlichkeiten

Der Parameter Schadenswahrscheinlichkeit gibt an, mit welcher Wahrscheinlichkeit ein gefährliches Ereignis einen ganz bestimmten Schaden verursacht. Der Wert der Schadenswahrscheinlichkeit kann maximal 1 betragen (d. h., der Schaden tritt bei jedem gefährlichen Ereignis ein). Unterschieden werden die folgenden acht Schadenswahrscheinlichkeiten:

Bei einem direkten Blitzeinschlag in die bauliche Anlage (S1):

P_A elektrischer Schlag von Lebewesen;

P_B physikalische Auswirkungen, d. h. Feuer, Explosion, mechanische und chemische Wirkung;

P_C Ausfall von elektrischen/elektronischen Systemen.

Bei einem Blitzeinschlag in den Erdboden neben der baulichen Anlage (S2):

P_M Ausfall von elektrischen/elektronischen Systemen.

Bei einem direkten Blitzeinschlag in eine eingeführte Versorgungsleitung (S3):

P_U elektrischer Schlag von Lebewesen;

P_V physikalische Auswirkungen, d. h. Feuer, Explosion, mechanische und chemische Wirkung;

P_W Ausfall von elektrischen/elektronischen Systemen.

Bei einem Blitzeinschlag in den Erdboden neben einer eingeführten Versorgungsleitung (S4):

P_Z Ausfall von elektrischen/elektronischen Systemen.

Diese Schadenswahrscheinlichkeiten sind detailliert in Anhang B der DIN EN 62305-2 (**VDE 0185-305-2**) dargestellt. Sie können entweder direkt aus Tabellen abgelesen werden, oder sie ergeben sich als Funktion einer Kombination verschiedener Einflussfaktoren. Dabei sei darauf hingewiesen, dass auch grundsätzlich noch andere, abweichende Werte möglich sind, wenn sie auf detaillierten Untersuchungen bzw. Abschätzungen beruhen. Im Folgenden wird ein kurzer Überblick zu den einzelnen Schadenswahrscheinlichkeiten gegeben; weitere detaillierte Angaben sind DIN EN 62305-2 (**VDE 0185-305-2**) direkt zu entnehmen.

4.4.1 Schadenswahrscheinlichkeiten bei direkten Blitzeinschlägen

Die Werte der Wahrscheinlichkeit P_A für den elektrischen Schlag für Lebewesen durch Berührungs- und Schrittspannungen aufgrund von direktem Blitzeinschlag in die bauliche Anlage hängen vom angewendeten Blitzschutzsystem und von weiteren Schutzmaßnahmen ab:

$$P_A = P_{TA} \cdot P_B. \tag{4.9}$$

P_{TA} beschreibt dabei die typischen Schutzmaßnahmen gegen Berührungs- und Schrittspannungen (**Tabelle 4.6**). P_B hängt ab von der Schutzklasse des Blitzschutzsystems nach DIN EN 62305-3 (**VDE 0185-305-3**) [4.3] (Tabelle 4.7).

Wenn mehr als eine Vorkehrung angewendet wird, ist der Wert für P_{TA} das Produkt der entsprechenden Werte. Ferner ist zu beachten, dass die Schutzmaßnahmen zur Verringerung von P_A nur in baulichen Anlagen wirksam sind, die durch ein Blitzschutzsystem (LPS) geschützt sind oder die eine durchgehende Gebäudekonstruktion aus Metall oder aus Stahlbetonbewehrung aufweisen, die als natürliches LPS wirkt,

Zusätzliche Schutzmaßnahme	P_{TA}
keine Schutzmaßnahmen	1
Warnhinweise	10^{-1}
elektrische Isolierung (z. B. mit mindestens 3 mm vernetztem Polyethylen) von exponierten Teilen (z. B. Ableitungen)	10^{-2}
wirksame Potentialsteuerung im Erdboden	10^{-2}
physikalische Einschränkungen oder Verwendung der Gebäudekonstruktion als Ableitungseinrichtung	0

Tabelle 4.6 Werte der Wahrscheinlichkeit P_{TA}, dass ein Blitzeinschlag in eine bauliche Anlage einen elektrischen Schlag für Lebewesen durch gefährliche Berührungs- und Schrittspannungen verursacht

Eigenschaften der baulichen Anlage	**Klasse des Blitzschutzsystems (LPS)**	P_B
bauliche Anlage ist nicht durch ein LPS geschützt	–	1
bauliche Anlage ist durch ein LPS geschützt	IV	0,2
	III	0,1
	II	0,05
	I	0,02
bauliche Anlage mit einer Fangeinrichtungsanlage für Blitzschutzklasse I und einer durchgehenden metallenen Gebäudekonstruktion (auch Bewehrung), die als natürliche Ableitungseinrichtung dient		0,01
bauliche Anlage mit einem metallenen Dach oder einer Fangeinrichtungsanlage (die auch natürliche Komponenten beinhalten kann), sodass ein vollständiger Schutz aller Dachaufbauten gegen direkte Blitzschläge besteht, und einer durchgehenden metallenen Gebäudekonstruktion (auch Bewehrung), die als natürliche Ableitungseinrichtung dient		0,001

Tabelle 4.7 Schadenswahrscheinlichkeit P_B zur Beschreibung der Schutzmaßnahmen gegen physikalische Schäden

sofern die Anforderungen an Potentialausgleich und Erdung nach DIN EN 62305-3 (**VDE 0185-305-3**) erfüllt sind. Weitere Angaben zu den Schutzmaßnahmen sind in Kapitel 5 dieses Buchs enthalten.

Die Schadenswahrscheinlichkeit P_B zur Beschreibung eines physikalischen Schadens, d. h., Feuer, Explosion, mechanische oder chemische Auswirkung in oder an einer baulichen Anlage durch direkten Blitzeinschlag ergibt sich direkt aus **Tabelle 4.7**.

Die Wahrscheinlichkeit P_C, dass ein direkter Blitzeinschlag in eine bauliche Anlage einen Ausfall innerer Systeme verursacht, ist vom installierten koordinierten SPD-Schutz abhängig:

$$P_C = P_{SPD} \cdot C_{LD}. \tag{4.10}$$

P_{SPD} hängt ab vom koordinierten SPD-System nach DIN EN 62305-4 (**VDE 0185-305-4**) [4.4] und vom Gefährdungspegel (LPL), für den die SPDs ausgelegt sind. Werte für P_{SPD} sind in **Tabelle 4.8** angegeben. Ein koordiniertes SPD-System ist nur dann wirksam zur Verringerung von P_C, wenn die bauliche Anlage durch ein LPS geschützt ist oder in baulichen Anlagen mit durchgehenden metallenen oder bewehrten Beton-Konstruktionen, die als natürliches LPS ausgebildet sind, wobei die Anforderungen an den Potentialausgleich und die Erdung nach DIN EN 62305-3 (**VDE 0185-305-3**) [4.3] eingehalten sind. Die Werte für P_{SPD} dürfen verringert werden, wenn die ausgewählten SPDs bessere Schutzeigenschaften (höhere Stromtragfähigkeit I_N, niedrigerer Schutzpegel U_P usw.) aufweisen, als für den Gefährdungspegel I an den betreffenden Installationsstellen gefordert (vgl. DIN EN 62305-1 (**VDE 0185-305-1**), Tabelle A.3 für Informationen zu Stromtragfähigkeiten sowie DIN EN 62305-1 (**VDE 0185-305-1**), Anhang E und DIN EN 62305-4 (**VDE 0185-305-4**), Anhang D für Blitzstromaufteilungen). Die gleichen Anhänge können auch benutzt werden für SPDs mit höheren Wahrscheinlichkeiten P_{SPD}.

LPL	P_{SPD}
kein koordinierter Überspannungsschutz	1
III bis IV	0,05
II	0,02
I	0,01
Überspannungsschutzgeräte mit einer Schutzcharakteristik besser als für LPL I (höhere Blitzstromtragfähigkeit, geringerer Schutzpegel usw.)	0,005 bis 0,001

Tabelle 4.8 Schadenswahrscheinlichkeit P_{SPD} zur Beschreibung der Schutzmaßnahme koordinierter Überspannungsschutz, in Abhängigkeit vom Gefährdungspegel LPL

C_{LD} ist ein Faktor zur Berücksichtigung von Schirmung, Erdung und Isolationseigenschaften der Versorgungsleitung, an die das innere System angeschlossen ist. Werte für C_{LD} sind in **Tabelle 4.9** angegeben.

Art der externen Versorgungsleitung	**Anbindung am Eintritt**	C_{LD}	C_{LI}
ungeschirmte Freileitung	beliebig	1	1
ungeschirmte erdverlegte Leitung	beliebig	1	1
Stromversorgungsleitung mit mehrfach geerdetem Neutralleiter	keine	1	0,2
geschirmte erdverlegte Leitung (Stromversorgungs- oder Telekommunikationsleitung)	Schirme nicht mit der PA-Schiene verbunden, an der die Einrichtungen geerdet sind	1	0,3
geschirmte Freileitung (Stromversorgungs- oder Telekommunikationsleitung)	Schirme nicht mit der PA-Schiene verbunden, an der die Einrichtungen geerdet sind	1	0,1
geschirmte erdverlegte Leitung (Stromversorgungs- oder Telekommunikationsleitung)	Schirme mit der PA-Schiene verbunden, an der die Einrichtungen geerdet sind	1	0
geschirmte Freileitung (Stromversorgungs- oder Telekommunikationsleitung)	Schirme mit der PA-Schiene verbunden, an der die Einrichtungen geerdet sind	1	0
Blitzschutzkabel oder Verlegung im Blitzschutz-Kabelkanal, metallene Schirmungen oder metallene Rohre	Schirme mit der PA-Schiene verbunden, an der die Einrichtungen geerdet sind	0	0
(keine externe Versorgungsleitung)	keine Verbindung zu externen Versorgungsleitungen (autarke Einrichtungen)	0	0
beliebige Art	isolierende Trennschichten nach DIN EN 62305-4 (**VDE 0185-305-4**)	0	0

Tabelle 4.9 Werte der Faktoren C_{LD} und C_{LI} in Abhängigkeit von Schirmung, Erdung und Isolationseigenschaften

4.4.2 Schadenswahrscheinlichkeit bei nahen Blitzeinschlägen

Die Wahrscheinlichkeit P_M, dass ein Blitzeinschlag neben einer baulichen Anlage den Ausfall innerer Systeme in der baulichen Anlage verursacht, hängt von den angewendeten Maßnahmen des Schutzes von elektrischen und elektronischen Einrichtungen (SPM) ab. Ein gitterartiges Blitzschutzsystem, Schirmung, Verlegegrundsätze für die Verkabelung, eine erhöhte Bemessungsstehstoßspannung, isolierende Trennschichten und koordinierte SPD-Systeme sind als Schutzmaßnahme geeignet, um P_M zu reduzieren. Die Wahrscheinlichkeit P_M folgt aus:

$$P_M = P_{SPD} \cdot P_{MS}. \tag{4.11}$$

P_{SPD} ergibt sich nach Tabelle 4.8, sofern ein koordiniertes SPD-System, das die Anforderungen nach DIN EN 62305-4 (**VDE 0185-305-4**) erfüllt, vorliegt. Die Werte des Faktors P_{MS} werden gewonnen aus dem Produkt:

$$P_{MS} = \left(K_{S1} \cdot K_{S2} \cdot K_{S3} \cdot K_{S4}\right)^2, \tag{4.12}$$

mit:

K_{S1} die Schirmungswirksamkeit der baulichen Anlage, LPS oder anderer Schirmungen an den Grenzen LPZ 0/1;

K_{S2} die Schirmungswirksamkeit von inneren Schirmungen der baulichen Anlage an den Grenzen LPZ X/Y ($X > 0$, $Y > 1$);

K_{S3} die Eigenschaften der inneren Verkabelung (siehe **Tabelle 4.10**);

K_{S4} die Bemessungsstehstoßspannung des zu schützenden Systems.

Art der inneren Verkabelung	K_{S3}
ungeschirmtes Kabel – keine Vorkehrungen zur Vermeidung von Installationsschleifen (Schleifen aus Leitungen mit verschiedenen Installationswegen in großen Gebäuden, d. h. Schleifenfläche in der Größenordnung von 50 m^2)	1
ungeschirmtes Kabel – mit Vorkehrungen zur Vermeidung großer Installationsschleifen (Schleifen aus Leitungen, die im selben Installationsrohr verlaufen, oder Schleifen aus Leitungen mit verschiedenen Installationswegen in kleinen Gebäuden, d. h. Schleifenfläche in der Größenordnung von 10 m^2)	0,2
ungeschirmtes Kabel – mit Vorkehrungen zur Vermeidung von Installationsschleifen (Schleifen aus Leitungen, die im selben Kabel verlaufen, d. h. Schleifenfläche in der Größenordnung von 0,5 m^2)	0,01
geschirmte Kabel und Kabel, die in durchgehenden metallischen Schirmungen verlaufen (Kabelschirme und die metallischen Schirmungen sind an beiden Enden an eine Potentialausgleichsschiene angeschlossen, an der auch die Einrichtungen geerdet sind)	0,0001

Tabelle 4.10 Werte des Faktors K_{S3} in Abhängigkeit von der inneren Verkabelung

Sofern Einrichtungen mit isolierenden Trennschichten verwendet werden, die aus Isoliertransformatoren mit geerdeter Schirmung zwischen den Wicklungen, Lichtwellenweitern oder Optokopplern bestehen, kann $P_{MS} = 0$ angenommen werden.

Die Faktoren K_{S1} und K_{S2} für LPS oder räumliche gitterartige Schirme können wie folgt abgeschätzt werden:

$$K_{S1} = 0{,}12 \cdot w_{m1}, \tag{4.13}$$

$$K_{S2} = 0{,}12 \cdot w_{m2}. \tag{4.14}$$

Dabei sind w_{m1} (in m) und w_{m2} (in m) die Maschenweiten der gitterartigen räumlichen Schirme oder der maschenartigen Ableitungen des LPS oder der Abstand zwischen Metallstäben der baulichen Anlage oder der Abstand zwischen der bewehrten Betonkonstruktion, die als natürliches LPS wirkt. Die Werte sind allerdings erst wirksam, wenn nach innen ein Sicherheitsabstand von der Schirmung eingehalten wird, der mindestens gleich der Maschenweite w_m ist. Weiterhin gilt, dass

- bei Abschirmungen aus vollständig durchgängigem Metallblech, dessen Dicke mindestens 0,1 mm beträgt, $K_{S1} = K_{S2} = 10^{-4}$ angenommen werden kann;
- bei einem maschenförmigen Potentialausgleichnetzwerk nach DIN EN 62305-4 (**VDE 0185-305-4**) [4.4] die Werte von K_{S1} und K_{S2} auf die Hälfte reduziert werden können;
- die Höchstwerte von K_{S1} und K_{S2} auf 1 begrenzt sind.

Der Faktor K_{S4} ist zu berechnen mit:

$$K_{S4} = 1/U_W. \tag{4.15}$$

Dabei ist U_W die Bemessungsstehstoßspannung des zu schützenden Systems in Kilovolt. Der Höchstwert von K_{S4} ist auf 1 begrenzt. Wenn in einem inneren System Einrichtungen mit unterschiedlichen Werten der Stehstoßspannungsfestigkeit vorhanden sind, muss der Faktor K_{S4} entsprechend dem kleinsten Wert der Stehstoßspannung ausgewählt werden.

4.4.3 Schadenswahrscheinlichkeiten bei direkten Blitzeinschlägen in Versorgungsleitungen

Die Werte der Wahrscheinlichkeit P_U für Verletzungen von Lebewesen innerhalb der baulichen Anlage durch Berührungsspannungen aufgrund eines direkten Blitzeinschlags in eine Versorgungsleitung, die in die bauliche Anlage eingeführt ist, hängen von den Eigenschaften der Schirmung der Versorgungsleitung, der Stehstoßspannungsfestigkeit der an die Versorgungsleitung angeschlossenen inneren Systeme, den Schutzmaßnahmen (physikalische Einschränkungen oder Warnhinweise) und von vorgesehenen isolierenden Trennschichten oder SPDs an der Einführungsstelle in die bauliche Anlage nach DIN EN 62305-3 (**VDE 0185-305-3**) ab:

$$P_U = P_{TU} \cdot P_{EB} \cdot P_{LD} \cdot C_{LD}. \tag{4.16}$$

P_{TU} beschreibt Schutzmaßnahmen gegen Berührungsspannungen, wie physikalische Einschränkungen und Warnhinweise (**Tabelle 4.11**). Sofern mehr als eine Vorkehrung angewendet wird, ist der Wert für P_{TU} das Produkt der entsprechenden Werte.

Schutzmaßnahme	P_{TU}
keine Schutzmaßnahmen	1
Warnhinweise	10^{-1}
elektrische Isolierung	10^{-2}
physikalische Einschränkungen	0

Tabelle 4.11 Werte der Wahrscheinlichkeit P_{TU}, dass ein Blitzeinschlag in eine Versorgungsleitung einen elektrischen Schlag für Lebewesen durch gefährliche Berührungsspannungen verursacht

P_{EB} ist die Wahrscheinlichkeit, die vom Blitzschutzpotentialausgleich (EB) gemäß DIN EN 62305-3 (**VDE 0185-305-3**) und vom Gefährdungspegel (LPL), für den die SPDs ausgelegt sind, abhängt (**Tabelle 4.12**). Die Werte für P_{EB} dürfen ebenfalls verringert werden, wenn die ausgewählten SPDs bessere Schutzeigenschaften (höhere Stromtragfähigkeit I_N, niedrigerer Schutzpegel U_P usw.) aufweisen, als für den Gefährdungspegel I an den betreffenden Installationsstellen gefordert. Für die Verringerung von P_U ist kein koordiniertes SPD-System nach DIN EN 62305-4 (**VDE 0185-305-4**) notwendig; SPDs nach DIN EN 62305-3 (**VDE 0185-305-3**) sind hier ausreichend.

LPL	P_{EB}
kein SPD	1
III bis IV	0,05
II	0,02
I	0,01
Überspannungsschutzgeräte mit einer Schutzcharakteristik besser als für LPL I (höhere Blitzstromtragfähigkeit, geringerer Schutzpegel usw.)	0,005 bis 0,001

Tabelle 4.12 Schadenswahrscheinlichkeit P_{EB} zur Beschreibung der Schutzmaßnahme Blitzschutzpotentialausgleich, in Abhängigkeit vom Gefährdungspegel LPL

P_{LD} ist die Wahrscheinlichkeit von Ausfällen innerer Systeme durch Blitzeinschlag in eine angeschlossene Versorgungsleitung, abhängig von den Eigenschaften der Versorgungsleitung (**Tabelle 4.13**). Der Faktor C_{LD} zur Berücksichtigung von Schirmung, Erdung und Isolationseigenschaften der Versorgungsleitung ergibt sich wiederum aus Tabelle 4.9.

<table>
<tr><th rowspan="2">Art der Versorgungs-leitung</th><th rowspan="2" colspan="2">Verlegeart, Schirmung und Potentialausgleich</th><th colspan="5">Stehstoßspannung U_W in kV</th></tr>
<tr><th>1</th><th>1,5</th><th>2,5</th><th>4</th><th>6</th></tr>
<tr><td rowspan="4">Stromversorgungs- oder Telekommunikationsleitungen</td><td colspan="2">Freileitung oder erdverlegte Leitung, ungeschirmt oder geschirmt, sofern der Schirm nicht mit der PA-Schiene verbunden ist, an der die Einrichtungen geerdet sind</td><td>1</td><td>1</td><td>1</td><td>1</td><td>1</td></tr>
<tr><td rowspan="3">geschirmte Freileitung oder erdverlegte Leitung, deren Schirm mit der PA-Schiene verbunden ist, an der die Einrichtungen geerdet sind</td><td>5 Ω/km < R_S ≤ 20 Ω/km</td><td>1</td><td>1</td><td>0,95</td><td>0,9</td><td>0,8</td></tr>
<tr><td>1 Ω/km < R_S ≤ 5 Ω/km</td><td>0,9</td><td>0,8</td><td>0,6</td><td>0,3</td><td>0,1</td></tr>
<tr><td>R_S ≤ 1 Ω/km</td><td>0,6</td><td>0,4</td><td>0,2</td><td>0,04</td><td>0,02</td></tr>
</table>

Tabelle 4.13 Werte der Wahrscheinlichkeit P_{LD} in Abhängigkeit vom Widerstand des Kabelschirms R_S und der Stehstoßspannung U_W der Einrichtungen

Die Werte der Wahrscheinlichkeit P_V eines physikalischen Schadens aufgrund eines Blitzeinschlags in eine Versorgungsleitung, die in eine bauliche Anlage eingeführt ist, hängen ebenfalls von den Eigenschaften der Schirmung der Versorgungsleitung, der Stehstoßspannungsfestigkeit der an die Versorgungsleitung angeschlossenen inneren Systeme und den vorgesehenen isolierenden Trennschichten oder SPDs an der Einführungsstelle in die bauliche Anlage nach DIN EN 62305-3 (**VDE 0185-305-3**) ab (auch hier ist also kein koordiniertes SPD-System nach DIN EN 62305-4 (**VDE 0185-305-4**) notwendig):

$$P_V = P_{EB} \cdot P_{LD} \cdot C_{LD}. \tag{4.17}$$

Die Werte der Wahrscheinlichkeit P_W, dass ein Blitzeinschlag in eine Versorgungsleitung, die in eine bauliche Anlage eingeführt ist, einen Ausfall innerer Systeme verursacht, hängen von den Eigenschaften der Schirmung der Versorgungsleitung, der Stehstoßspannungsfestigkeit der an die Versorgungsleitung angeschlossenen inneren Systeme und den vorgesehenen isolierenden Trennschichten oder SPDs nach DIN EN 62305-4 (**VDE 0185-305-4**) ab (hier ist nun also ein koordiniertes SPD-System erforderlich):

$$P_W = P_{SPD} \cdot P_{LD} \cdot C_{LD}. \tag{4.18}$$

Die Werte für P_{EB}, P_{SPD}, P_{LD} und C_{LD} für Gln. (4.17) und (4.18) ergeben sich aus den Tabellen 4.8, 4.9, 4.12 und 4.13.

4.4.4 Schadenswahrscheinlichkeiten bei indirekten Blitzeinschlägen in Versorgungsleitungen

Im Gegensatz zu Kapitel 4.4.3 wird nun die Versorgungsleitung nicht mehr direkt getroffen, sondern die Blitzeinschlagstelle liegt nahe der Leitung. Dann sind energiereiche Einkopplungen eines Blitzteilstroms auf die Versorgungsleitung auszuschließen; es verbleibt aber die Möglichkeit von magnetisch induzierten Spannungen auf der Leitung.

Die Werte der Wahrscheinlichkeit P_Z, dass ein Blitzeinschlag neben einer Versorgungsleitung, die in eine bauliche Anlage eingeführt ist, einen Ausfall innerer Systeme verursacht, hängen von den Eigenschaften der Schirmung der Versorgungsleitung, der Stehstoßspannungsfestigkeit der an die Versorgungsleitung angeschlossenen inneren Systeme und den vorgesehenen isolierenden Trennschichten oder SPDs nach DIN EN 62305-4 (**VDE 0185-305-4**) [4.4] ab:

$$P_Z = P_{SPD} \cdot P_{LI} \cdot C_{LI}. \tag{4.19}$$

P_{SPD} ergibt sich wiederum aus Tabelle 4.8. P_{LI} ist die Wahrscheinlichkeit von Ausfällen innerer Systeme durch Blitzeinschlag neben eine angeschlossene Versorgungsleitung und ist abhängig von den Eigenschaften der Versorgungsleitung (**Tabelle 4.14**).

Art der Versorgungsleitung	**Stehstoßspannung U_W in kV**				
	1	**1,5**	**2,5**	**4**	**6**
Stromversorgungsleitungen	1	0,6	0,3	0,16	0,1
Telekommunikationsleitungen	1	0,5	0,2	0,08	0,04

Tabelle 4.14 Werte der Wahrscheinlichkeit P_{LI} in Abhängigkeit von der Art der Versorgungsleitung und der Stehstoßspannung U_W der Einrichtungen

C_{LI} ist ein Faktor zur Berücksichtigung von Schirmung, Erdung und Isolationseigenschaften der Versorgungsleitung, der bereits in Tabelle 4.9 dargestellt ist.

4.5 Verluste

Ist ein bestimmter Schaden in einer baulichen Anlage eingetreten, so ist die Auswirkung dieses Schadens zu bewerten. So kann z. B. ein Fehler oder Schaden an einer informationstechnischen Anlage sehr unterschiedliche Konsequenzen nach sich ziehen. Sofern keine geschäftsrelevanten Daten verloren gehen, ist ggf. lediglich der Hardwareschaden in Höhe von wenigen 1 000 € zu beklagen. Hängt allerdings das gesamte Geschäft einer Unternehmung von einer ständigen Verfügbarkeit der elektrischen und elektronischen Systeme ab (Callcenter, Bank, Automatisierungstechnik), so addiert sich zum Hardwareschaden ein ungleich höherer Folgeschaden (z. B. Kundenunzufriedenheit, Kundenabwanderung, Entgang von Geschäftsvorgängen, Produktionsausfall usw.).

Zur Bewertung der Schadensauswirkung dient der Verlust L (diese Terminologie ist in DIN EN 62305-2 (**VDE 0185-305-2**) nicht wirklich glücklich gewählt; Schadensfaktor oder Verlustwert wäre hier wohl treffender). Dabei erfolgt grundsätzlich eine Aufteilung nach den Schadensursachen D1 bis D3 in:

- L_T Verluste aufgrund von Verletzungen durch elektrischen Schlag, als Folge von Berührungs- und Schrittspannungen (D1),
- L_F Verluste aufgrund physikalischer Schäden (D2),
- L_O Verluste aufgrund des Ausfalls elektrischer und elektronischer Systeme (D3).

Je nach relevanter Schadensart L1 … L4 werden damit das Ausmaß eines Schadens, die Schadenshöhe oder die Konsequenzen bewertet. In Anhang C der DIN EN 62305-2 (**VDE 0185-305-2**) sind die Berechnungsgrundlagen für die Verluste der vier Schadensarten angegeben. Diese werden im folgenden Abschnitt ebenfalls wieder etwas verkürzt dargestellt. Vorangestellt wird noch die Behandlung von Reduktions- und Erhöhungsfaktoren.

In den Kapiteln 4.5.2 bis 4.5.5 dieses Buchs werden stets Parameterwerte und Gleichungen für verschiedene Zonen einer baulichen Anlage definiert. Es ist aber auch für jede bauliche Anlage möglich, sie nur durch eine einzige Zone zu beschreiben, d. h. die Zone umfasst dann die bauliche Anlage vollständig.

Anmerkung:

Zur Ergänzung und zur besseren Anwendbarkeit der DIN EN 62305-2 (**VDE 0185-305-2**) wurde vom DKE-Komitee K 251 das Beiblatt 3 herausgegeben [4.9]: „Zusätzliche Informationen zur Anwendung der DIN EN 62305-2 (**VDE 0185-305-2**)“. Dort sind unter anderem gegenüber der DIN EN 62305-2 (**VDE 0185-305-2**) selbst zum Teil geringfügig modifizierte und ergänzte Werte der Verlustfaktoren L_X angegeben. Auf diese Werte wird hier nicht eingegangen; die Darstellung in Kapitel 4.5 konzentriert sich auf die Inhalte der DIN EN 62305-2 (**VDE 0185-305-2**) selbst.

4.5.1 Reduktions- und Erhöhungsfaktoren

Zusätzlich zu den eigentlichen Verlustfaktoren behandelt Anhang C auch noch drei Reduktionsfaktoren und einen Erhöhungsfaktor:

r_t Reduktionsfaktor für die Auswirkungen von Schritt- und Berührungsspannungen, abhängig von der Art des Erdbodens außerhalb der baulichen Anlage oder des Fußbodens innerhalb (**Tabelle 4.15**),

r_p Reduktionsfaktor für Maßnahmen zur Verringerung der Folgen eines Brands (**Tabelle 4.16**),

r_f Reduktionsfaktor zur Beschreibung des Brand- und Explosionsrisikos einer baulichen Anlage (**Tabelle 4.17**),

h_z Faktor, der den relativen Wert bei Verlusten von Menschenleben (L1) durch die Gefahr von Panik erhöht (**Tabelle 4.18**).

Durch eine isolierende Schicht, z. B. Asphalt mit 5 cm Dicke oder Kies mit 15 cm Dicke, wird die Gefährdung durch Schritt- und Berührungsspannungen üblicherweise ausreichend reduziert, d. h., in diesen Fällen kann $r_t = 0$ angenommen werden.

Art der Oberfläche	**Kontaktwiderstand in kΩ**[a]	r_t
landwirtschaftlich genutzte Fläche, Beton	≤ 1	10^{-2}
Marmor, Keramik	1 … 10	10^{-3}
Kies, Plüsch, Teppiche	10 … 100	10^{-4}
Asphalt, Linoleum, Holz	≥ 100	10^{-5}

[a] Werte gemessen zwischen einer 400-cm^2-Elektrode, aufgepresst mit einer Kraft von 500 N und einer unendlich weit entfernten Referenzstelle

Tabelle 4.15 Werte des Reduktionsfaktors r_t in Abhängigkeit von der Art der Oberfläche des Erdbodens oder Fußbodens

Maßnahmen	r_p
keine Maßnahmen	1
eine der folgenden Maßnahmen: Feuerlöscher, festinstallierte handbetätigte Feuerlöschanlagen, handbetätigte Alarmanlagen, Hydranten, brandsichere Abschnitte, geschützte Fluchtwege	0,5
eine der folgenden Maßnahmen: festinstallierte automatische Feuerlöschanlagen, automatische Alarmanlagen	0,2

Tabelle 4.16 Werte des Reduktionsfaktors r_p in Abhängigkeit von vorgesehenen Maßnahmen zur Verringerung der Folgen eines Brands

Risiko	**Umfang des Risikos**	r_f
Explosion	Zone 0, 20 und feste Explosivstoffe	1
	Zone 1, 21	10^{-1}
	Zone 2, 22	10^{-3}
Brand	hoch	10^{-1}
	normal	10^{-2}
	gering	10^{-3}
Explosion oder Brand	keines	0

Tabelle 4.17 Werte des Reduktionsfaktors r_f in Abhängigkeit vom Brandrisiko einer baulichen Anlage

Art der besonderen Gefährdung	h_z
keine besondere Gefährdung	1
geringe Panikgefahr (z. B. bauliche Anlage mit höchstens zwei Etagen und einer Personenanzahl bis 100)	2
durchschnittliche Panikgefahr (z. B. bauliche Anlagen für kulturelle oder sportliche Veranstaltungen mit zwischen 100 und 1 000 Besuchern)	5
Schwierigkeiten bei der Evakuierung (z. B. bauliche Anlagen mit hilfsbedürftigen Personen, Krankenhäuser)	5
große Panikgefahr (z. B. bauliche Anlagen für kulturelle oder sportliche Veranstaltungen mit mehr als 1 000 Besuchern)	10

Tabelle 4.18 Werte des Faktors h_z, der den relativen Wert eines Verlusts für die Schadensart L1 „Verlust von Menschenleben bei Vorhandensein einer besonderen Gefährdung“ erhöht

Automatische Anlagen zur Verringerung der Folgen eines Brands (Tabelle 4.16) können dabei nur dann berücksichtigt werden, wenn sie gegen Überspannungen oder andere Schäden geschützt sind und wenn die Zeit bis zum Eintreffen der Feuerwehr weniger als 10 min beträgt. Wenn mehr als eine Maßnahme ergriffen wurde, ist der Wert von r_p der niedrigere aus den Einzelwerten. Für bauliche Anlagen mit Explosionsrisiko beträgt in allen Fällen $r_p = 1$.

Im Fall einer baulichen Anlage mit Explosionsrisiko und baulichen Anlagen, die explosive Stoffe enthalten, kann eine detailliertere Abschätzung von r_f (Tabelle 4.17) erforderlich sein, um abgestuftere Werte zu erhalten. Bauliche Anlagen, die Explosionsschutzzonen oder feste Explosivstoffe enthalten, sollen für die Anwendung dieses Normenteils DIN EN 62305-2 (**VDE 0185-305-2**) nicht als Anlagen mit Explosionsgefährdung betrachtet werden, wenn eine der nachstehenden Bedingungen erfüllt ist:

a) Die Zeit des Auftretens von explosionsgefährdeten Stoffen ist geringer als 0,1 h/Jahr.
b) Das Volumen von explosionsgefährdeter Atmosphäre ist nach DIN EN 60079-10-1 (**VDE 0165-101**) [4.10] und DIN EN 60079-10-2 (**VDE 0165-102**) [4.11] vernachlässigbar.
c) Die Zone ist nicht direkten Blitzeinschlägen ausgesetzt, und gefährliche Funkenbildung in der Zone wird verhindert (im Fall von Explosionsschutzzonen innerhalb von metallischen Gehäusen ist dies erfüllt, wenn das Gehäuse als eine natürliche Fangeinrichtung dient, ohne dass eine Durchlöcherung und eine zu starke Temperaturerhöhung auftritt, und wenn innere Systeme im Gehäuse – falls vorhanden – gegen Überspannungen geschützt sind, damit gefährliche Funkenbildung verhindert wird).

Die Vorgehensweise beim Risikomanagement bei explosionsgefährdeten Anlagen ist ebenfalls Gegenstand des Beiblatts 3 zur DIN EN 62305-2 (**VDE 0185-305-2**) [4.9]. Diese Thematik ist in Anhang B kurz dargestellt.

Als bauliche Anlagen mit hohem Brandrisiko können bauliche Anlagen angesehen werden, die aus brennbaren Werkstoffen aufgebaut sind, oder bauliche Anlagen mit einem Dach aus brennbaren Werkstoffen oder bauliche Anlagen mit einer spezifischen Brandlast größer als 800 MJ/m^2. Bauliche Anlagen mit normalem Brandrisiko sind solche mit einer spezifischen Brandlast zwischen 800 MJ/m^2 und 400 MJ/m^2, bauliche Anlagen mit niedrigem Brandrisiko weisen eine spezifische Brandlast kleiner als 400 MJ/m^2 auf, oder es sind bauliche Anlagen, die nur gelegentlich brennbare Materialien enthalten. Die spezifische Brandlast ist dabei das Verhältnis der Energie der Gesamtmenge brennbarer Materialien in einer baulichen Anlage zur Gesamtoberfläche der baulichen Anlage.

4.5.2 Verlust von Menschenleben (L1)

Der Verlust muss für jede relevante Risikokomponente für die bauliche Anlage (siehe Kapitel 4.6) ermittelt werden. Des Weiteren kann die bauliche Anlage in mehrere Zonen untergliedert sein, sodass die Verluste noch auf die einzelnen Zonen aufgeteilt werden müssen.

Der Wert des Verlusts hängt damit ab von den Eigenschaften der Zone, die durch Erhöhungsfaktoren (h_z) und Reduktionsfaktoren (r_t, r_p, r_f) bestimmt sind, von dem Verhältnis zwischen der Anzahl von Personen in der Zone (n_z) zu der Anzahl der

Personen in der gesamten baulichen Anlage (n_t), und von der Zeit in Stunden je Jahr, für die sich Personen in der Zone aufhalten (t_z), bezogen auf 8 760 h/Jahr. Es ergeben sich damit die folgenden, bis zu acht Verlustwerte:

$$L_A = L_U = r_t \cdot L_T \cdot n_z / n_t \cdot t_z / 8760, \tag{4.20}$$

$$L_B = L_V = r_p \cdot r_f \cdot h_z \cdot L_F \cdot n_z / n_t \cdot t_z / 8760, \tag{4.21}$$

$$L_C = L_M = L_W = L_Z = L_O \cdot n_z / n_t \cdot t_z / 8760, \tag{4.22}$$

mit:

L_T typischer, mittlerer Prozentsatz von Personen, die durch elektrischen Schlag (D1) bei einem gefährlichen Ereignis verletzt werden (Tabelle 4.19),

L_F typischer, mittlerer Prozentsatz von Personen, die durch physikalische Schäden (D2) bei einem gefährlichen Ereignis verletzt werden (Tabelle 4.19),

L_O typischer, mittlerer Prozentsatz von Personen, die durch den Ausfall innerer Systeme (D3) bei einem gefährlichen Ereignis verletzt werden (Tabelle 4.19),

r_t Faktor, der den Verlust von Menschenleben in Abhängigkeit von der Art des Erdbodens oder Fußbodens verringert (Tabelle 4.15),

r_p Faktor, der den Verlust aufgrund physikalischer Schäden in Abhängigkeit von den Maßnahmen zur Verringerung der Folgen eines Brands verringert (Tabelle 4.16),

r_f Faktor, der den Verlust aufgrund physikalischer Schäden in Abhängigkeit vom Brandrisiko oder vom Explosionsrisiko der baulichen Anlage verringert (Tabelle 4.17),

h_z Faktor, der den Verlust aufgrund eines physikalischen Schadens bei Vorhandensein einer speziellen Gefährdung erhöht (Tabelle 4.18),

n_z Anzahl der Personen in der Zone,

n_t Gesamtanzahl von Personen in der baulichen Anlage,

t_z Zeit in Stunden je Jahr, für die sich Personen in der Zone aufhalten.

Für L_T, L_F und L_O werden in der DIN EN 62305-2 (**VDE 0185-305-2**) [4.2] typische Mittelwerte gemäß einer sehr groben Einteilung von baulichen Anlagen angegeben (**Tabelle 4.19**). Diese Werte können für konkrete bauliche Anlagen unter Berücksichtigung der Anzahl möglicherweise betroffener Personen, deren eigenständiger Mobilität und deren Exponiertheit gegenüber Blitzeinwirkungen modifiziert und angepasst werden. Die Werte der Tabelle 4.19 setzen eine dauerhafte Anwesenheit von Personen in der baulichen Anlage voraus.

Im Fall einer baulichen Anlage mit Explosionsrisiko kann eine detailliertere Abschätzung von L_F und L_O erforderlich sein, wobei die Art der baulichen Anlage, das Explosionsrisiko, die Einteilung in Explosionsschutzzonen und die Maßnahmen zur Risikoverringerung berücksichtigt werden.

Schadensursache	Typischer Verlustwert		Art der baulichen Anlage
D1 Verletzungen	L_T	10^{-2}	alle Arten
D2 Physikalische Schäden	L_F	10^{-1}	Explosionsrisiko
		10^{-1}	Krankenhaus, Hotel, Schule, öffentliches Gebäude
		$5 \cdot 10^{-2}$	Gebäude mit Unterhaltungseinrichtung, Kirche, Museum
		$2 \cdot 10^{-2}$	Industrieanlage, wirtschaftlich genutzte Anlage
		10^{-2}	Sonstige
D3 Ausfälle von inneren Systemen	L_O	10^{-1}	Explosionsrisiko
		10^{-2}	Intensivstation und Operationstrakt eines Krankenhauses
		10^{-3}	andere Bereiche des Krankenhauses

Tabelle 4.19 Schadensart L1: typische Mittelwerte für L_T, L_F und L_O

Wenn die Gefährdung für Personen durch direkten Blitzeinschlag in eine bauliche Anlage sich auch auf benachbarte bauliche Anlagen oder die Umgebung erstrecken kann (z. B. bei chemischen oder radioaktiven Emissionen), sollten die zusätzlichen Verluste von Menschenleben durch physikalische Schäden (L_{BE} und L_{VE}) bei der Abschätzung der gesamten Verluste (L_{BT} und L_{VT}) mit berücksichtigt werden:

$$L_{BT} = L_B + L_{BE}, \tag{4.23}$$

$$L_{VT} = L_V + L_{VE}, \tag{4.24}$$

$$L_{BE} = L_{VE} = L_{FE} \cdot t_e / 8\,760, \tag{4.25}$$

mit:

L_{FE} Verlust aufgrund physikalischer Schäden außerhalb der baulichen Anlage,

t_e Zeit, für die sich Personen an gefährdeten Stellen außerhalb der baulichen Anlage aufhalten.

Wenn die Zeit t_e unbekannt ist, soll dabei $t_e / 8\,760 = 1$ angenommen werden. L_{FE} soll von der Stelle zur Verfügung gestellt werden, die die Explosionsschutzdokumente erarbeitet.

4.5.3 Unannehmbarer Verlust einer Dienstleistung für die Öffentlichkeit (L2)

Der Verlust von Dienstleistungen für die Öffentlichkeit wird von den Eigenschaften der baulichen Anlage bzw. deren Zonen bestimmt. Diese werden wieder durch Reduktionsfaktoren (r_p, r_f) berücksichtigt. Daneben wird das Verhältnis zwischen der Anzahl von versorgten Nutzern in der Zone (n_z) zu der Anzahl von versorgten Nutzern in der gesamten baulichen Anlage (n_t) benötigt. Es ergeben sich damit die folgenden, bis zu sechs Verlustwerte:

$$L_B = L_V = r_p \cdot r_f \cdot L_F \cdot n_z / n_t, \tag{4.26}$$

$$L_C = L_M = L_W = L_Z = L_O \cdot n_z / n_t, \tag{4.27}$$

mit:

L_F typischer, mittlerer Prozentsatz von nicht versorgten Nutzern durch physikalische Schäden (D2) bei einem gefährlichen Ereignis (Tabelle 4.20),

L_O typischer, mittlerer Prozentsatz von nicht versorgten Nutzern durch den Ausfall innerer Systeme (D3) bei einem gefährlichen Ereignis (Tabelle 4.20),

r_p Faktor, der den Verlust aufgrund physikalischer Schäden in Abhängigkeit von den Maßnahmen zur Verringerung der Folgen eines Brands verringert (Tabelle 4.16),

r_f Faktor, der den Verlust aufgrund physikalischer Schäden in Abhängigkeit vom Brandrisiko oder vom Explosionsrisiko der baulichen Anlage verringert (Tabelle 4.17),

n_z Anzahl der versorgten Nutzer in der Zone,

n_t Gesamtanzahl von versorgten Nutzern in der baulichen Anlage.

Für L_F und L_O werden in der DIN EN 62305-2 (**VDE 0185-305-2**) typische Mittelwerte gemäß einer Einteilung in Versorgungsdienstleistungen angegeben (**Tabelle 4.20**). Diese Werte beinhalten auch eine Wertigkeit der Versorgungsdienstleistungen für die Gesellschaft. Sie können ggf. für konkrete bauliche Anlagen unter Berücksichtigung der Exponiertheit gegenüber Blitzeinwirkungen und auch einer abweichenden Wertigkeit modifiziert und angepasst werden.

Schadensursache	**Typische Verlustwerte**		**Art der Dienstleistung**
D2 Physikalische Schäden	L_F	10^{-1}	Gas, Wasser, Stromversorgung
		10^{-2}	TV, Telekommunikation
D3 Ausfälle innerer Systeme	L_O	10^{-2}	Gas, Wasser, Stromversorgung
		10^{-3}	TV, Telekommunikation

Tabelle 4.20 Schadensart L2: typische Mittelwerte für L_F und L_O

4.5.4 Verlust von unersetzlichem Kulturgut (L3)

Der Verlust von unersetzlichem Kulturgut wird von den Eigenschaften der baulichen Anlage bzw. deren Zonen bestimmt. Diese werden durch Reduktionsfaktoren (r_p, r_f) berücksichtigt. Daneben ist hier das Verhältnis zwischen dem Wert der Zone (c_z) zum Gesamtwert (Gebäude und Inhalt) der gesamten baulichen Anlage (c_t) von Bedeutung. Es ergeben sich damit die beiden hier relevanten Verlustwerte:

$$L_B = L_V = r_p \cdot r_f \cdot L_F \cdot c_z / c_t, \quad (4.28)$$

mit:

- L_F typischer, mittlerer Prozentsatz für den Wert aller beschädigten Güter durch physikalische Schäden (D2) bei einem gefährlichen Ereignis (Tabelle 4.21),
- r_p Faktor, der den Verlust aufgrund physikalischer Schäden in Abhängigkeit von den Maßnahmen zur Verringerung der Folgen eines Brands verringert (Tabelle 4.16),
- r_f Faktor, der den Verlust aufgrund physikalischer Schäden in Abhängigkeit vom Brandrisiko oder vom Explosionsrisiko der baulichen Anlage verringert (Tabelle 4.17),
- c_z der Wert des Kulturguts in der Zone,
- c_t der Gesamtwert von Gebäude und Inhalt der baulichen Anlage (Summe aller Zonen).

Für L_F wird in der DIN EN 62305-2 (**VDE 0185-305-2**) ein typischer Mittelwert angegeben (**Tabelle 4.21**). Für konkrete bauliche Anlagen kann dieser Wert natürlich unter Berücksichtigung der Exponiertheit gegenüber Blitzeinwirkungen modifiziert und angepasst werden.

Schadensursache	Typische Verlustwerte		Art der Dienstleistung
D2 Physikalische Schäden	L_F	10^{-1}	Museum, Galerie

Tabelle 4.21 Schadensart L3: typischer Mittelwert für L_F

4.5.5 Wirtschaftliche Verluste (L4)

Auch der wirtschaftliche Verlust wird zunächst von den Eigenschaften der Zone bestimmt. Diese werden durch Reduktionsfaktoren (r_t, r_p, r_f) berücksichtigt. Des Weiteren muss zur Abschätzung der Beschädigungen in einer Zone das Verhältnis zwischen dem maßgeblichen Wert in der Zone zum Gesamtwert (c_t) der kompletten baulichen Anlage gegeben sein.

Der Gesamtwert einer baulichen Anlage kann Tiere, Gebäude, Inhalt und innere Systeme einschließlich ihrer Aktivitäten, umfassen. Der maßgebliche Wert hängt von der Schadensursache ab (**Tabelle 4.22**).

Schadensursache	Bedeutung	Wert	Bedeutung
D1	Verletzungen von Tieren durch elektrischen Schlag	c_a	Wert der Tiere
D2	physikalische Schäden	$c_a + c_b + c_c + c_s$	Wert aller Güter
D3	Ausfälle innerer Systeme	c_s	Wert der inneren Systeme und ihrer Aktivitäten

Tabelle 4.22 Schadensart L4: relevante Werte in Abhängigkeit von der Schadensursache

Es ergeben sich damit die folgenden, bis zu acht Verlustwerte:

$$L_A = L_U = r_t \cdot L_T \cdot c_a / c_t, \tag{4.29}$$

$$L_B = L_V = r_p \cdot r_f \cdot L_F \cdot (c_a + c_b + c_c + c_s) / c_t, \tag{4.30}$$

$$L_C = L_M = L_W = L_Z = L_O \cdot c_s / c_t, \tag{4.31}$$

mit:

L_T typischer, mittlerer Prozentsatz für den wirtschaftlichen Wert aller beschädigten Güter durch elektrischen Schlag (D1) bei einem gefährlichen Ereignis (Tabelle 4.23),

L_F typischer, mittlerer Prozentsatz für den wirtschaftlichen Wert aller beschädigten Güter durch physikalische Schäden (D2) bei einem gefährlichen Ereignis (Tabelle 4.23),

L_O typischer, mittlerer Prozentsatz für den wirtschaftlichen Wert aller beschädigten Güter durch den Ausfall innerer Systeme (D3) bei einem gefährlichen Ereignis (Tabelle 4.23),

r_t Faktor, der den Verlust von Tieren in Abhängigkeit von der Art des Erdbodens oder Fußbodens verringert (Tabelle 4.15),

r_p Faktor, der den Verlust aufgrund physikalischer Schäden in Abhängigkeit von den Maßnahmen zur Verringerung der Folgen eines Brands verringert (Tabelle 4.16),

r_f Faktor, der den Verlust aufgrund physikalischer Schäden in Abhängigkeit vom Brandrisiko oder vom Explosionsrisiko der baulichen Anlage verringert (Tabelle 4.17),

c_a Wert der Tiere in der Zone,

c_b Wert des Gebäudes, maßgeblich für die Zone,

c_c Wert des Inhalts in der Zone,

c_s Wert der inneren Systeme in der Zone, einschließlich ihrer Aktivitäten,

c_t Gesamtwert der baulichen Anlage (Summe über alle Zonen für Tiere, Gebäude, Inhalt und innere System, einschließlich ihrer Aktivitäten).

Schadensursache	Typischer Verlustwert		Art der baulichen Anlage
D1 Verletzungen durch elektrischen Schlag	L_T	10^{-2}	alle Arten, in denen Tiere relevant sind
D2 Physikalische Schäden	L_F	1	Explosionsrisiko
		0,5	Krankenhaus, Industrieanlage, Museum, landwirtschaftlich genutzte Anlage
		0,2	Hotel, Schule, Bürogebäude, Kirche, Gebäude mit Unterhaltungseinrichtung, wirtschaftlich genutzte Anlage
		0,1	Sonstige
D3 Ausfälle von inneren Systemen	L_O	10^{-1}	Explosionsrisiko
		10^{-2}	Krankenhaus, Industrieanlage, Bürogebäude, Hotel, wirtschaftlich genutzte Anlage
		10^{-3}	Museum, landwirtschaftlich genutzte Anlage, Schule, Kirche, Gebäude mit Unterhaltungseinrichtung
		10^{-4}	Sonstige

Tabelle 4.23 Schadensart L4: typische Mittelwerte für L_T, L_F und L_O

Für L_T, L_F und L_O werden in der DIN EN 62305-2 (**VDE 0185-305-2**) typische Mittelwerte gemäß einer sehr groben Einteilung von baulichen Anlagen angegeben (**Tabelle 4.23**). Diese Werte können für konkrete bauliche Anlagen unter Berücksichtigung der Exponiertheit gegenüber Blitzeinwirkungen und der Schadensgeneigtheit modifiziert und angepasst werden.

Anmerkung:
Insbesondere die Werte für L_O sind sehr hoch angesetzt, sodass sich bei Berechnungen der wirtschaftlichen Verluste oft sehr hohe, zum Teil unrealistisch hohe, Verluste durch den Ausfall der inneren Systeme ergeben. Hier wird angeraten, dann etwas niedrigere Werte für L_O anzusetzen (jeweils aus der nächstniedrigeren Kategorie der Tabelle 4.23).

Im Fall einer baulichen Anlage mit Explosionsrisiko kann eine detailliertere Abschätzung von L_f und L_O erforderlich sein, wobei die Art der baulichen Anlage, das Explosionsrisiko, die Einteilung in Explosionsschutzzonen und die Maßnahmen zur Risikoverringerung berücksichtigt werden.

Kapitel 4.5.5 behandelt lediglich die Festlegung der Verlustwerte. Das weitere Vorgehen zur Untersuchung der Wirtschaftlichkeit von Schutzmaßnahmen wird in Kapitel 4.10 diskutiert.

Wenn der wirtschaftliche Schaden an einer baulichen Anlage durch Blitzeinschlag sich auch auf benachbarte bauliche Anlagen oder die Umgebung erstrecken kann (z. B. bei chemischen oder radioaktiven Emissionen), sollten die zusätzlichen Verluste durch physikalische Schäden (L_{BE} und L_{VE}) bei der Abschätzung der gesamten Verluste (L_{BT} und L_{VT}) mit berücksichtigt werden:

$$L_{\text{BT}} = L_{\text{B}} + L_{\text{BE}}, \tag{4.32}$$

$$L_{\text{VT}} = L_{\text{V}} + L_{\text{VE}}, \tag{4.33}$$

$$L_{\text{BE}} = L_{\text{VE}} = L_{\text{FE}} \cdot c_{\text{e}} / c_{\text{t}}, \tag{4.34}$$

mit:

L_{FE} Verlust aufgrund physikalischer Schäden außerhalb der baulichen Anlage,

c_{e} Gesamtwert der Güter an gefährdeten Stellen außerhalb der baulichen Anlage.

L_{FE} soll von der Stelle zur Verfügung gestellt werden, die die Explosionsschutzdokumente erarbeitet.

4.6 Aufteilung der baulichen Anlage in mehrere Zonen

Für die Abschätzung jeder Risikokomponente kann eine bauliche Anlage in Zonen unterteilt werden, die jeweils gleichartige Eigenschaften haben. Eine bauliche Anlage kann aber auch nur eine einzige Zone sein oder als solche angenommen werden.

Die Zonen sind hauptsächlich bestimmt durch die Art des Erdbodens oder des Fußbodens (Risikokomponenten R_{A} und R_{U}), brandsichere Abschnitte (Risikokomponenten R_{B} und R_{V}) und räumliche Schirmungen (Risikokomponenten R_{C} und R_{M}). Weitere Zonen können bestimmt werden durch die Anordnung der inneren Systeme (Risikokomponenten R_{C} und R_{M}), bestehende oder vorzusehende Schutzmaßnahmen (alle Risikokomponenten) und die Werte der Verluste L_{X} (alle Risikokomponenten). Die Zonen gemäß diesem Teil 2 der DIN EN 62305 (**VDE 0185-305**) können also Blitzschutzzonen (LPZ) nach DIN EN 62305-4 (**VDE 0185-305-4**) sein [4.4]; sie können aber auch von LPZ abweichen. Die Aufteilung der baulichen Anlage in Zonen sollte unter Berücksichtigung der Möglichkeiten zur Realisierung der am besten geeigneten Schutzmaßnahmen vorgenommen werden.

Verzichtet man auf die Aufteilung in mehrere Zonen, wird damit also nur eine Zone für die gesamte bauliche Anlage festgelegt. Das Schadensrisiko R ist die Summe der Risikokomponenten R_{X} in dieser Zone. Die Annahme einer einzigen Zone für die bauliche Anlage kann allerdings zu aufwendigen Schutzmaßnahmen führen, weil sich jede Maßnahme über die gesamte bauliche Anlage erstrecken muss.

Wird die bauliche Anlage in mehrere Zonen unterteilt, ergibt sich das Schadensrisiko für die bauliche Anlage aus der Summe der Schadensrisiken für alle Zonen der baulichen Anlage; in jeder Zone ist das Schadensrisiko die Summe der betreffenden Risikokomponenten innerhalb der Zone.

Die Aufteilung der baulichen Anlage in Zonen gestattet es dem Planer, die Eigenschaften jedes Teils der baulichen Anlage bei der Abschätzung der Risikokomponenten zu berücksichtigen und die am besten geeigneten Schutzmaßnahmen, maßgeschneidert Zone für Zone, auszuwählen, womit die Gesamtkosten für den Schutz gegen Blitzeinschlag verringert werden.

4.7 Relevante Risikokomponenten bei unterschiedlichen Blitzeinschlägen

Zwischen Schadensursache, Schadensart und sich daraus ergebenden relevanten Risikokomponenten besteht ein enger Zusammenhang. In Abhängigkeit von den Schadensquellen S1 bis S4, also von der Einschlagstelle der Blitzentladung, ergeben sich folgende Risikokomponenten (siehe **Tabelle 4.24**).

Schadensursache	**Schadensquelle**			
	S1 **Blitzeinschlag in eine bauliche Anlage**	**S2** **Blitzeinschlag neben einer baulichen Anlage**	**S3** **Blitzeinschlag in eine eingeführte Versorgungsleitung**	**S4** **Blitzeinschlag neben einer Versorgungsleitung**
D1 Verletzung von Lebewesen durch elektrischen Schlag	$R_A = N_D \cdot P_A \cdot L_A$		$R_U = (N_L + N_{DJ}) \cdot P_U \cdot L_U$	
D2 Physikalischer Schaden	$R_B = N_D \cdot P_B \cdot L_B$		$R_V = (N_L + N_{DJ}) \cdot P_V \cdot L_V$	
D3 Ausfall elektrischer und elektronischer Systeme	$R_C = N_D \cdot P_C \cdot L_C$	$R_M = N_M \cdot P_M \cdot L_C$	$R_W = (N_L + N_{DJ}) \cdot P_W \cdot L_W$	$R_Z = N_I \cdot P_Z \cdot L_Z$

Anmerkung: Bei den Risikokomponenten R_U, R_V und R_W kommt neben der Häufigkeit von direkten Blitzeinschlägen in die Versorgungsleitung N_L noch die Häufigkeit von direkten Blitzeinschlägen in die verbundene bauliche Anlage N_{DJ} hinzu (vgl. Bild 4.3). Die Berechnung von N_{DJ} erfolgt analog zur Berechnung von N_D nach Kapitel 4.3.2 bzw. Gl. (4.2).

Tabelle 4.24 Risikokomponenten für verschiedene Einschlagstellen (Schadensquellen) und Schadensursachen

Bei einem direkten Blitzeinschlag in die bauliche Anlage (S1):

R_A Risiko für elektrischen Schlag von Lebewesen,
R_B Risiko für physikalische Schäden,
R_C Risiko für Ausfälle von elektrischen und elektronischen Systemen.

Bei einem Blitzeinschlag in den Erdboden neben der baulichen Anlage (S2):

R_M Risiko für Ausfälle von elektrischen und elektronischen Systemen.

Bei einem direkten Blitzeinschlag in eine eingeführte Versorgungsleitung (S3):

R_U Risiko für elektrischen Schlag von Lebewesen,
R_V Risiko für physikalische Schäden,
R_W Risiko für Ausfälle von elektrischen und elektronischen Systemen.

Bei einem Blitzeinschlag in den Erdboden neben einer eingeführten Versorgungsleitung (S4):

R_Z Risiko für Ausfälle von elektrischen und elektronischen Systemen.

Für die Abschätzung der Risikokomponenten und die Auswahl der entsprechenden einbezogenen Parameter gelten noch die folgenden Regeln:

- Für die Komponenten R_A, R_B, R_U, R_V, R_W und R_Z ist für jeden einbezogenen Parameter und für jede Zone nur ein Wert festzulegen. Sofern mehr als ein Wert anwendbar ist, ist der höchste auszuwählen.
- Für die Komponenten R_C und R_M sind, falls mehr als ein inneres System in die Zone eingebunden ist, die Werte für P_C und P_M gegeben durch:

$$P_C = 1 - (1 - P_{C1}) \cdot (1 - P_{C2}) \cdot (1 - P_{C3}), \tag{4.35}$$

$$P_M = 1 - (1 - P_{M1}) \cdot (1 - P_{M2}) \cdot (1 - P_{M3}); \tag{4.36}$$

dabei gelten die P_{Ci}- und P_{Mi}-Parameter für das innere System $i = 1, 2, 3$ …

Mit Ausnahme von P_C und P_M ist, wenn für eine Zone mehr als ein Wert eines Parameters existiert, der Wert des Parameters anzuwenden, der zu dem höchsten Wert des Schadensrisikos führt.

Die insgesamt acht Risikokomponenten lassen sich nun auch nach der Blitzeinschlagstelle zusammenfassen:

R_d Risiko durch einen direkten Blitzeinschlag in die bauliche Anlage (S1),

R_i Risiko durch alle in Bezug auf die bauliche Anlage indirekten Blitzeinschläge (S2 bis S4).

Schließlich können dann auch die einzelnen Risikokomponenten aufgeführt und zusammengefasst werden, die jeweils für eine bestimmte Schadensart in einer baulichen Anlage zu berücksichtigen sind (vgl. dazu auch Tabelle 4.1):

R_1 als Risiko für Verluste von Menschenleben:

$$R_1 = R_{A1} + R_{B1} + R_{C1}{}^{a)} + R_{M1}{}^{a)} + R_{U1} + R_{V1} + R_{W1}{}^{a)} + R_{Z1}{}^{a)}. \tag{4.37}$$

[a)] Diese Risikokomponenten sind nur relevant für bauliche Anlagen mit Explosionsrisiko oder für Krankenhäuser mit lebenserhaltenden elektrischen Einrichtungen oder für andere bauliche Anlagen, wenn der Ausfall der inneren Systeme unmittelbar zur Gefährdung von Menschenleben führen kann.

R_2 als Risiko für Verluste von Dienstleistungen für die Öffentlichkeit:

$$R_2 = R_{B2} + R_{C2} + R_{M2} + R_{V2} + R_{W2} + R_{Z2}. \tag{4.38}$$

R_3 als Risiko für Verluste von unersetzlichem Kulturgut:

$$R_3 = R_{B3} + R_{V3}. \quad (4.39)$$

R_4 als Risiko für wirtschaftliche Verluste:

$$R_4 = R_{A4}{}^{b)} + R_{B4} + R_{C4} + R_{M4} + R_{U4}{}^{b)} + R_{V4} + R_{W4} + R_{Z4}. \quad (4.40)$$

b) Diese Risikokomponenten sind nur relevant für landwirtschaftliche Anlagen mit möglichen Tierverlusten.

Es ist zu beachten, dass die Risikokomponenten auch nur für eine einzelne Zone einer baulichen Anlage ermittelt und zusammengefasst werden können, sofern die bauliche Anlage in mehrere Zonen gegliedert ist.

4.8 Akzeptierbares Schadensrisiko von Blitzschäden

Bei der Entscheidung über die Auswahl von Blitzschutzmaßnahmen ist zu prüfen, ob das für die jeweils relevanten Schadensarten ermittelte Schadensrisiko R einen akzeptierbaren (also noch tolerierbaren) Wert R_T überschreitet oder nicht. Dies gilt allerdings nur für die drei Schadensarten L1 bis L3, die von sogenanntem öffentlichen Interesse sind. Hier muss für eine gegen Blitzeinwirkungen ausreichend geschützte bauliche Anlage gelten:

$$R \leq R_T. \quad (4.41)$$

Tabelle 4.25 zeigt die in DIN EN 62305-2 (**VDE 0185-305-2**) angegebenen Werte für R_T für diese drei Schadensarten.

Schadensart	**R_T (1/Jahr)**
L1: Verlust von Menschenleben oder dauerhafte Verletzung	10^{-5}
L2: Verlust von Dienstleistungen für die Öffentlichkeit	10^{-3}
L3: Verlust von unersetzlichem Kulturgut	10^{-4}

Tabelle 4.25 Typische Werte für das akzeptierbare Risiko R_T

4.9 Auswahl von Blitzschutzmaßnahmen

Die Maßnahmen des Blitzschutzes sollen das Schadensrisiko R auf Werte unter dem akzeptierbaren Schadensrisiko R_T begrenzen. Durch die detaillierte Berechnung der Schadensrisiken für die jeweils relevanten Schadensarten und durch die Aufteilung in die einzelnen Risikokomponenten R_A, R_B, R_C, R_M, R_U, R_V, R_W und R_Z kann die Auswahl von Blitzschutzmaßnahmen für eine konkrete bauliche Anlage äußerst gezielt vorgenommen werden.

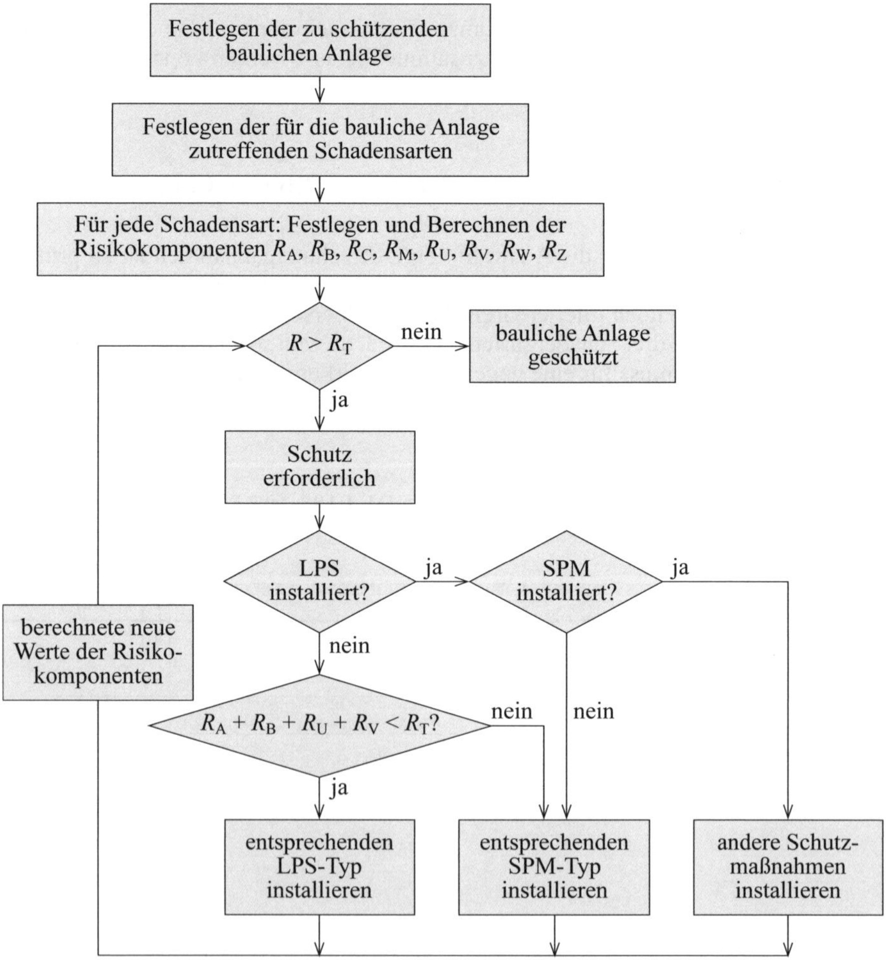

Bild 4.4 Flussdiagramm für die Entscheidung der Notwendigkeit eines Schutzes und für die Auswahl von Schutzmaßnahmen im Falle der Schadensarten L1 bis L3 nach DIN EN 62305-2 (**VDE 0185-305-2**) [4.2]

Das Vorgehen zeigt das Flussdiagramm aus DIN EN 62305-2 (**VDE 0185-305-2**) (**Bild 4.4**). Geht man davon aus, dass das errechnete Schadensrisiko R größer ist als das akzeptierbare Schadensrisiko R_T, wird zunächst weiter untersucht, ob das Risiko für elektrischen Schlag und für physikalische Schäden durch direkten Blitzeinschlag in die bauliche Anlage und in die eingeführten Versorgungsleitungen ($R_A + R_B + R_U + R_V$) das akzeptierbare Schadensrisiko R_T überschreitet. Ist dies der Fall, muss ein geeignetes Blitzschutzsystem (äußerer und/oder innerer Blitzschutz) errichtet werden. Wenn ($R_A + R_B + R_U + R_V$) ausreichend klein ist, wird in einem zweiten Schritt überprüft, ob das Risiko durch den elektromagnetischen Blitzimpuls (LEMP) durch weitere Schutzmaßnahmen (= SPM) ausreichend reduziert werden kann.

Mit einem Vorgehen nach dem Flussdiagramm können also jene Schutzmaßnahmen ausgewählt werden, die zu einer Verringerung solcher Risikokomponenten führen, die jeweils relativ hohe Werte aufweisen, d. h. Schutzmaßnahmen, deren Wirksamkeiten im untersuchten Fall vergleichsweise hoch sind. **Tabelle 4.26** zeigt eine Zusammenstellung solcher Schutzmaßnahmen, die typischerweise im Rahmen des Blitz- und Überspannungsschutzes realisiert werden können, und ihren jeweiligen Einfluss auf die Risikokomponenten.

Eigenschaften der baulichen Anlage oder der inneren Systeme Schutzmaßnahmen	R_A	R_B	R_C	R_M	R_U	R_V	R_W	R_Z
Absperrungen, Isolation, Warnhinweis, Potentialsteuerung am Boden	×				×			
Blitzschutzsystem (LPS)	×	×	×	×[a)]	×[b)]	×[b)]		
Überspannungsschutzgerät zum Blitzschutzpotentialausgleich	×	×			×	×		
isolierende Trennschichten			×[c)]	×[c)]	×	×	×	×
koordiniertes SPD-System			×	×			×	×
räumliche Schirmung			×	×				
Schirmung äußerer Leitungen					×	×	×	×
Schirmung innerer Leitungen			×	×				
Vorkehrungen für Leitungsverlegung			×	×				
Potentialausgleichsnetzwerk			×					

a) nur für gitterartige äußere Blitzschutzsysteme
b) aufgrund des Potentialausgleichs
c) nur wenn sie Bestandteile der zu schützenden Einrichtungen sind

Tabelle 4.26 Maßnahmen des Blitz- und Überspannungsschutzes und ihre Auswirkungen auf einzelne Risikokomponenten

4.10 Wirtschaftliche Verluste/Wirtschaftlichkeit von Schutzmaßnahmen

Für viele, wenn nicht sogar die meisten baulichen Anlagen, ist neben den Schadensarten von öffentlichem Interesse L1 … L3 auch die Schadensart L4 „wirtschaftliche Verluste“ relevant. Hier kann allerdings nicht mehr mit einem akzeptierbaren Schadensrisiko R_T gearbeitet werden, da von externer Seite einem Verantwortlichen (Eigentümer, Nutzer) einer baulichen Anlage nicht vorgeschrieben werden kann, was wirtschaftlich akzeptierbar sein soll. Vielmehr ist zu vergleichen, ob sich die Schutzmaßnahmen aus ökonomischer Sicht begründen lassen, sich also wirtschaftlich rentieren.

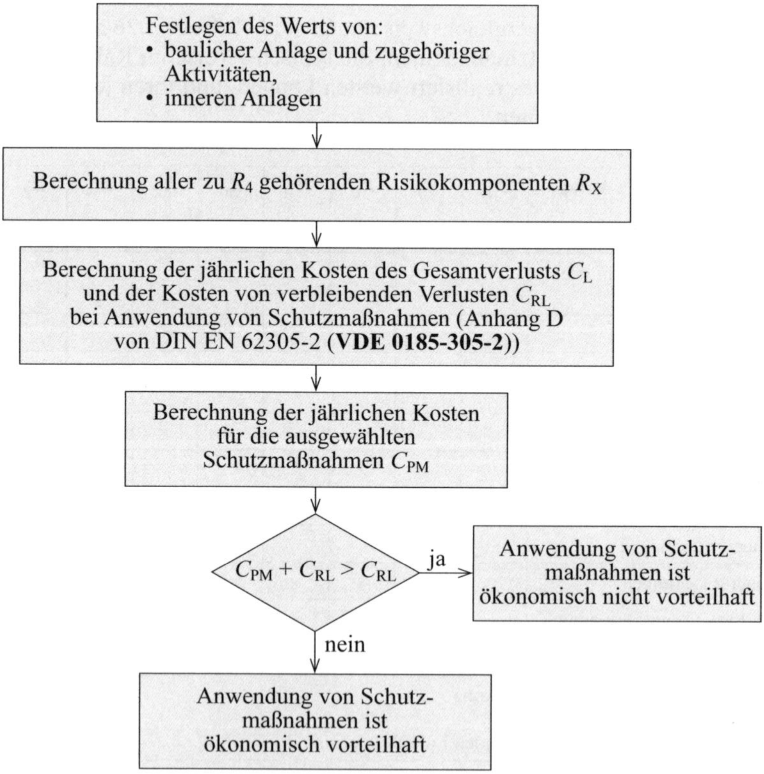

Bild 4.5 Flussdiagramm für die Auswahl von Schutzmaßnahmen bei wirtschaftlichen Verlusten nach DIN EN 62305-2 (**VDE 0185-305-2**) [4.2]

Vergleichsmaßstab ist also keine absolute Größe, wie ein vorgegebenes akzeptierbares Schadensrisiko R_T, sondern eine relative: Verschiedene „Schutzzustände" der baulichen Anlage werden miteinander verglichen und der ökonomisch optimale realisiert, d. h. der mit den geringsten verbleibenden Kosten der Gefährdung durch Blitzeinschläge. Es können und sollen hier also mehrere Varianten untersucht werden. Das grundsätzliche Vorgehen ist in **Bild 4.5** als Flussdiagramm gemäß DIN EN 62305-2 (**VDE 0185-305-2**) dargestellt.

Die Kosten des Gesamtverlusts C_L in der baulichen Anlage ergeben sich aus der Summe der Verluste in den einzelnen Zonen C_{LZ}:

$$C_L = \sum C_{LZ}, \tag{4.42}$$

$$C_{LZ} = R_{4Z} \cdot c_t, \tag{4.43}$$

mit:

R_{4Z} Risiko bezogen auf den Wertverlust in der Zone, ohne die Anwendung von Schutzmaßnahmen,

c_t Gesamtwert der baulichen Anlage, d. h. Tiere, Gebäude, Inhalt und innere Systeme einschließlich deren Funktion in Geldeinheiten (siehe Kapitel 4.5.5).

Wird ein Schutz realisiert, verringern sich zwar die Verluste, sie werden aber nie gänzlich zu null, da ein Restrisiko verbleibt. Die Kosten der gesamten verbleibenden Verluste C_{RL} in der baulichen Anlage trotz angewendeter Schutzmaßnahmen ergeben sich aus der Summe der verbleibenden Verluste in den einzelnen Zonen C_{RLZ}:

$$C_{RL} = \sum C_{RLZ}, \tag{4.44}$$

$$C_{RLZ} = R'_{4Z} \cdot c_t, \tag{4.45}$$

mit:

R'_{4Z} Risiko bezogen auf den Wertverlust in der Zone, mit der Anwendung von Schutzmaßnahmen.

Im Fall nur einer einzigen Zone ergibt sich naturgemäß $C_L = C_{LZ}$ bzw. $C_{RL} = C_{RLZ}$. Die jährlichen Kosten C_{PM} für die Schutzmaßnahmen werden berechnet mit:

$$C_{PM} = C_P \cdot (i + a + m), \tag{4.46}$$

mit:

C_P Kosten für die Schutzmaßnahmen,

i Zinsrate (zur Finanzierung der Schutzmaßnahmen),

a Amortisationsrate, die sich aus der Lebensdauer der Schutzmaßnahmen ergibt,

m Instandhaltungsrate, worin auch die Kosten für Prüfung und Wartung enthalten sind.

Das Vorgehen setzt also voraus, dass schon vor der eigentlichen Planung von Blitz- und Überspannungsschutzmaßnahmen eine (grobe) Abschätzung zu deren Kosten vorgenommen werden kann. Gleichermaßen muss auch eine (grobe) Information zu den Zinssätzen, zur Amortisation der Schutzmaßnahmen und zum Aufwand für Prüfung, Wartung und Instandhaltung vorhanden sein.

Der Schutz ist gerechtfertigt, also wirtschaftlich, wenn die jährliche Geldeinsparung S_M positiv ist:

$$S_M = C_L - \left(C_{PM} + C_{RL}\right). \tag{4.47}$$

Abhängig von Größe, Aufbau, Komplexität und Nutzung der baulichen Anlage und der inneren Systeme sind sehr unterschiedliche Schutzmaßnahmen anwendbar. Damit sind auch mehrere Varianten des Schutzes möglich. Die Untersuchung der Wirtschaftlichkeit von Schutzmaßnahmen kann daher grundsätzlich fortgeführt werden, auch wenn bereits eine ökonomisch sinnvolle Lösung gefunden wurde. Eventuell gibt es noch eine wirtschaftlich bessere Lösung. Man kann und sollte also versuchen, ein wirtschaftliches Optimum zu erreichen (**Bild 4.6**).

Bei der hier dargestellten Untersuchung der Wirtschaftlichkeit von Schutzmaßnahmen ist es erforderlich, die möglichen Schäden, also die Verluste bei Blitzeinwirkungen, abzuschätzen. Dazu sind nach Gln. (4.42) bis (4.45) die Werte des Schadensrisikos R_4 notwendig, die nach Kapitel 4.5.5 ermittelt werden. Dafür wiederum müssen die Werte der baulichen Anlage c_b, des Inhalts c_c, der inneren Systeme (einschließlich ihres Ausfalls) c_s und der Tiere c_a bekannt sein, ggf. auch nach Zonen aufgeteilt. Diese Werte werden üblicherweise vom Planer des Schutzes und/oder vom Eigentümer der Anlage zur Verfügung gestellt.

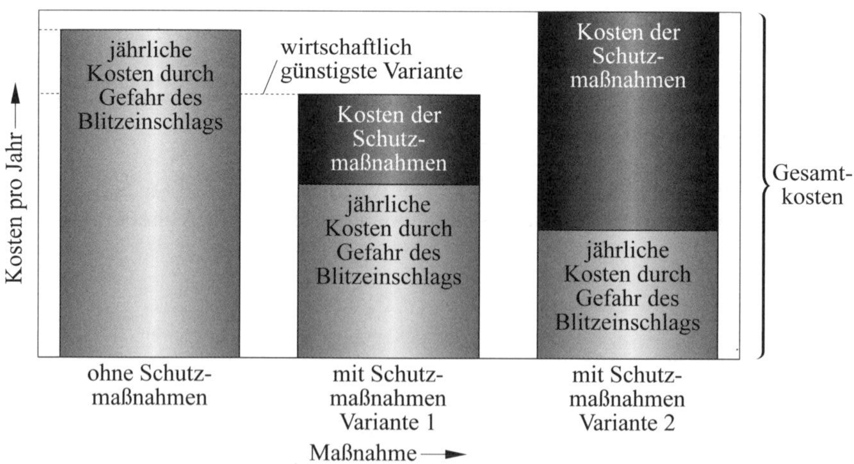

Bild 4.6 Grundsätzliches Vorgehen bei der Untersuchung der Wirtschaftlichkeit von Schutzmaßnahmen

In vielen Fällen sind diese Werte aber vom Planer nicht oder nur sehr schwer zu ermitteln, oder der Eigentümer möchte die Werte nicht zur Verfügung stellen. Im Fall von Industrieanlagen oder von Verwaltungsgebäuden, in denen sensible Produktions- oder Arbeitsprozesse stattfinden, steht häufig der für die sinnvolle Durchführung des Risikomanagements erforderlichen Transparenz die Notwendigkeit der Geheimhaltung sensibler wirtschaftlicher Daten gegenüber. In anderen Fällen ist die Erhebung der Daten schlicht zu aufwendig.

Um nun auch in diesen Fällen, bei denen mögliche Schadenssummen bei Blitzeinwirkung nur schwer ermittelt werden können, die Anwendung des Risikomanagements hinsichtlich der Schadensart L4 zu ermöglichen, ist in der DIN EN 62305-2 (**VDE 0185-305-2**) [4.2] ein vereinfachtes Verfahren implementiert.

Basierend auf dem Volumen der baulichen Anlage (im Fall nicht industrieller Anlagen) und der Anzahl von Vollzeitarbeitsplätzen (im Fall industrieller Anlagen) wird der Gesamtwert c_t der baulichen Anlage nach **Tabelle 4.27** bestimmt. Bei der Aufteilung dieses Gesamtwerts auf die einzelnen Kategorien (Tiere c_a, Gebäude c_b, Inhalte c_c, innere Systeme c_s) werden dann die prozentualen Aufteilungen aus **Tabelle 4.28** verwendet. Es muss bei den Tabellenwerten ggf. berücksichtigt werden, dass der mögliche Funktionsausfall von elektrischen und elektronischen Systemen (innere Systeme) und daraus entstehende Folgekosten nur in den Werten für industrielle Anlagen, nicht aber in den Werten für nicht industrielle Anlagen enthalten sind.

Art der baulichen Anlage	**Referenzwerte**		**Gesamtwert für c_t**	
nicht industrielle Anlage	gesamte Wiederherstellungskosten (schließt mögliche Funktionsausfälle nicht ein)	niedrig	c_t je Volumen (in €/m^3)	300
		normal		400
		hoch		500
industrielle Anlage	Gesamtwert der Anlage, einschließlich Gebäude, Installationen und Inhalt (schließt mögliche Funktionsausfälle ein)	niedrig	c_t je Beschäftigten (in T€/Arbeitsplatz)	100
		normal		300
		hoch		500

Tabelle 4.27 Werte zur Abschätzung des Gesamtwerts c_t

Bedingung	**Anteil für Tiere** c_a/c_t	**Anteil für Gebäude** c_b/c_t	**Anteil für Inhalt** c_c/c_t	**Anteil für innere Systeme** c_s/c_t	**Gesamt für alle Werte** $(c_a + c_b + c_c + c_s)/c_t$
ohne Tiere	0 %	75 %	10 %	15 %	100 %
mit Tiere	10%	70 %	5 %	15 %	100 %

Tabelle 4.28 Anteile zur Abschätzung der Werte c_a, c_b, c_c, c_s

Ist die bauliche Anlage in mehrere Zonen gegliedert, können die entsprechenden Werte c_a, c_b, c_c und c_s nach dem Anteil des Volumens der Zone am Gesamtvolumen (bei nicht industriellen Anlagen) oder dem Anteil der Arbeitsplätze in der Zone an der Gesamtzahl der Arbeitsplätze (bei industriellen Anlagen) aufgeteilt werden.

Der Abschluss der Untersuchung zur wirtschaftlichen Effizienz von Schutzmaßnahmen wird dann wieder mithilfe der Gl. (4.47) vorgenommen. Das vereinfachte Verfahren nach DIN EN 62305-2 (**VDE 0185-305-2**) entspricht damit vollständig der inhaltlich sinnvollen Vorgehensweise für die Untersuchung der Wirtschaftlichkeit von Schutzmaßnahmen, also einem Vergleich, der auf rein ökonomischen Daten beruht. Lediglich die Werte für die bauliche Anlage in der Gesamtheit (c_t) und für die Aufteilung (c_a, c_b, c_c, c_s) werden nach einer stark vereinfachten Methode ermittelt. Natürlich gilt auch hier: Wenn exakte Daten zu den genannten Werten vorhanden sind, sollten diese herangezogen werden; dann erübrigt sich die Anwendung der Tabelle 4.27 und Tabelle 4.28.

Üblicherweise sind bei einer baulichen Anlage neben der Schadensart L4 auch eine oder mehrere der anderen Schadensarten L1 bis L3 relevant. In diesen Fällen ist natürlich zunächst die in Kapitel 4.9 (Bild 4.4) dargestellte Vorgehensweise anzuwenden, d. h., es ist die Notwendigkeit eines Schutzes zu untersuchen, und das Schadensrisiko R muss für die Schadensarten L1 bis L3 jeweils kleiner sein als das akzeptierbare Schadensrisiko R_T. Hat man dies erreicht, wird dann in einem zweiten Schritt die Wirtschaftlichkeit der geplanten Schutzmaßnahmen nach Kapitel 4.10 (Bild 4.5) überprüft. Auch hier sind natürlich wieder mehrere Schutzvarianten möglich, wobei die wirtschaftlich günstigste schließlich realisiert werden sollte, jedoch immer unter der Voraussetzung, dass stets für alle relevanten Schadensarten von öffentlichem Interesse L1 bis L3 gilt: $R < R_T$.

Häufig ist auch der Fall anzutreffen, dass durch ein Blitzschutzsystem nach DIN EN 62305-3 (**VDE 0185-305-3**) der Schutz von Personen in der baulichen Anlage ausreichend sichergestellt ist (Schadensart L1). Handelt es sich beispielsweise um ein Büro- und Verwaltungsgebäude oder eine Industrieanlage, dann sind die Schadensarten L2 und L3 nicht relevant. Nun können weitere Schutzmaßnahmen (z. B. Überspannungsschutz) nur noch über die Untersuchung ihrer Wirtschaftlichkeit begründet werden. Es zeigt sich in diesen Fällen jeweils schnell (siehe auch Anhang A), dass sich durch den Einsatz von koordinierten SPD-Systemen die wirtschaftlichen Verluste noch signifikant reduzieren lassen.

4.11 Berechnungshilfen

Die DIN EN 62305-2 (**VDE 0185-305-2**) [4.2] enthält Verfahren und Daten zur Berechnung des Schadensrisikos bei Blitzeinschlägen in bauliche Anlagen und zur Auswahl von Blitzschutzmaßnahmen.

Die Anwendung der angegebenen Verfahren und Daten in der Praxis ist aufwendig und nicht immer einfach. Dies sollte und darf allerdings die Experten auf dem Gebiet des Blitzschutzes, und dabei insbesondere die Planer, nicht davon abhalten, sich mit dieser Materie eingehend zu befassen. Die quantitative Bewertung des Blitzschadenrisikos für eine bauliche Anlage ist eine wesentliche Verbesserung gegenüber dem früher häufig anzutreffenden Zustand, bei dem Entscheidungen für oder gegen Blitzschutzmaßnahmen häufig allein aus subjektiven und nicht immer für alle Beteiligten nachvollziehbaren Überlegungen heraus getroffen werden.

Eine solche quantitative Bewertung ist also eine wesentliche Voraussetzung für die Entscheidung, ob, in welchem Umfang und welche Blitzschutzmaßnahmen für eine bauliche Anlage vorzusehen sind. Damit wird langfristig auch ein Beitrag zur Akzeptanz des Blitzschutzes und zur Schadensverhütung geleistet.

Eine Anwendung der Verfahren der Norm ohne Hilfsmittel, also ohne Software-Tool, ist praktisch nicht möglich. Die DIN EN 62305-2 (**VDE 0185-305-2**) ist in Aufbau und Inhalt so komplex, dass Hilfsmittel unerlässlich sind, wenn die Norm breit akzeptiert werden soll. Ein solches Software-Tool ist z. B. das Beiblatt 2 zur DIN EN 62305-2 (**VDE 0185-305-2**) [4.12], das eine Berechnungshilfe auf Basis einer Excel-Liste mit Druckfunktion beinhaltet. Daneben sind kommerzielle Programme auf der Basis von Datenbanken verfügbar, die ebenfalls die volle Funktionalität der Norm widerspiegeln und darüber hinaus auch noch die Bearbeitung und Speicherung weiterer Projektdaten und ggf. weitere Berechnungen zulassen.

In Anhang A sind zur Demonstration drei Beispiele für Risikoabschätzungen dargestellt, die mithilfe der Excel-Liste aus dem Beiblatt 2 [4.12] angefertigt wurden:

1. Bürogebäude mit nur einer Zone, die die gesamte bauliche Anlage umfasst,
2. Industrieanlage mit zwei Zonen; die Zone 2 entspricht einer Ex-Schutzzone 1 (das Beispiel entspricht Beiblatt 3 zur DIN EN 62305-2 (**VDE 0185-305-2**) [4.9], Anhang EX, Beispiel EX.2),
3. Krankenhaus mit vier Zonen (das Beispiel entspricht DIN EN 62305-2 (**VDE 0185-305-2**) [4.2], Anhang E, Beispiel 3).

4.12 Möglichkeiten zur Bestimmung der Schutzklasse eines Blitzschutzsystems

Die notwendige Schutzklasse (I bis IV) eines Blitzschutzsystems wird üblicherweise durch eine Risikoanalyse nach DIN EN 62305-2 (**VDE 0185-305-2**) ermittelt, soweit dies nicht durch Vorschriften anderweitig festgelegt ist. Wenn nationale Vorschriften Blitzschutzmaßnahmen fordern, müssen solche installiert werden. Soweit die Vorschriften keine Spezifikation der Blitzschutzmaßnahmen enthalten, wird mindestens ein Blitzschutzsystem der Schutzklasse III nach DIN EN 62305-3 (**VDE 0185-305-3**) empfohlen. Für besondere bauliche Anlagen gibt Beiblatt 2 zur DIN EN 62305-3

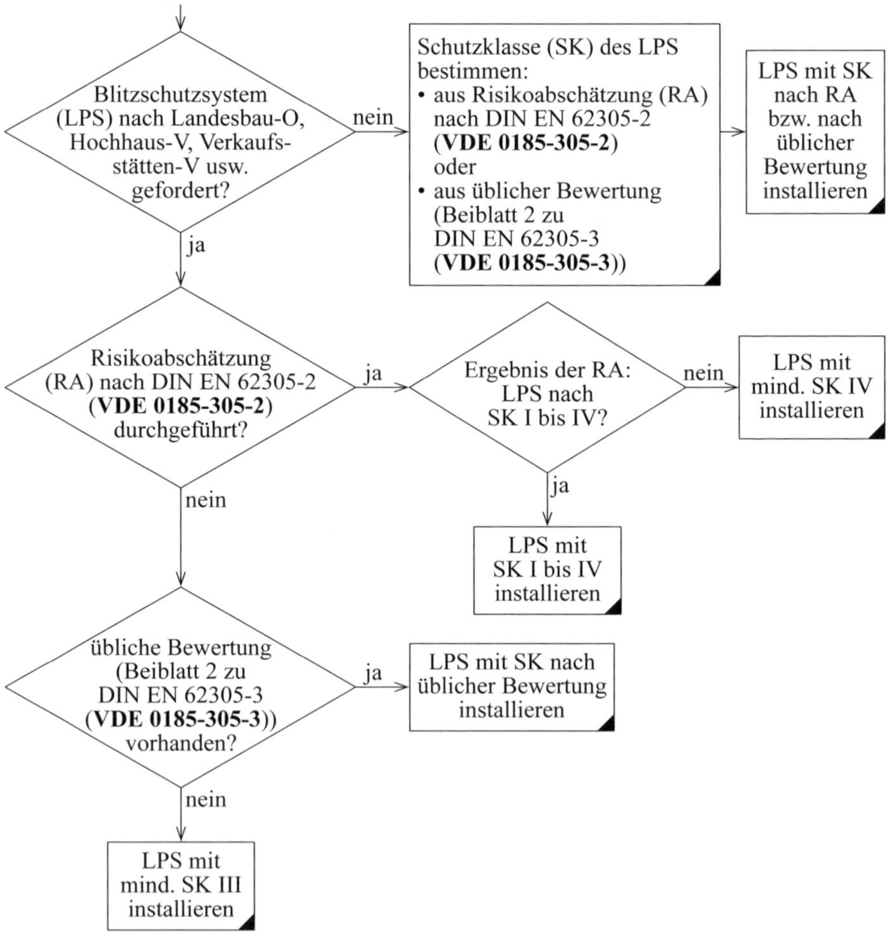

Bild 4.7 Entscheidungshilfe zur Festlegung der Blitzschutzklasse

(**VDE 0185-305-3**) [4.13] ebenfalls bereits Empfehlungen. Das mögliche Vorgehen zur Bestimmung der Schutzklasse stellt **Bild 4.7** dar.

Wird das Schutzziel (Vermindern des Schadensrisikos unter den Wert des akzeptierbaren Schadensrisikos) durch ein Blitzschutzsystem nach DIN EN 62305-3 (**VDE 0185-305-3**) allein nicht erreicht, sind weitere Schutzmaßnahmen nötig, z. B. Schutz gegen die Gefährdung durch Berührungs- oder Schrittspannungen oder Überspannungsschutzmaßnahmen nach DIN EN 62305-4 (**VDE 0185-305-4**).

4.13 Literatur

[4.1] DIN V VDE V 0185-2 (**VDE V 0185-2**):2002-11 Blitzschutz – Teil 2: Risiko-Management: Abschätzung des Schadensrisikos für bauliche Anlagen. Berlin · Offenbach: VDE VERLAG

[4.2] DIN EN 62305-2 (**VDE 0185-305-2**):2013-02 Blitzschutz – Teil 2: Risiko-Management. Berlin · Offenbach: VDE VERLAG

[4.3] DIN EN 62305-3 (**VDE 0185-305-3**):2011-10 Blitzschutz – Teil 3: Schutz von baulichen Anlagen und Personen. Berlin · Offenbach: VDE VERLAG

[4.4] DIN EN 62305-4 (**VDE 0185-305-4**):2011-10 Blitzschutz – Teil 4: Elektrische und elektronische Systeme in baulichen Anlagen. Berlin · Offenbach: VDE VERLAG

[4.5] BLIDS Blitz Informationsdienst von Siemens. Siemens AG, Karlsruhe: www.siemens.de/blids

[4.6] DIN EN 62305-2 Beiblatt 1 (**VDE 0185-305-2 Beiblatt 1**):2013-02 Blitzschutz – Teil 2: Risikomanagement – Beiblatt 1: Blitzgefährdung in Deutschland. Berlin · Offenbach: VDE VERLAG

[4.7] *Cooray, V.* (Hrsg.): Lightning Protection. IET power and energy series, Bd. 58. London/UK: Institution of Engineering and Technology (IET), 2010. – ISBN 978-0-86341-744-3

[4.8] *Thern, St.*: Jährliche und regionale Blitzdichteverteilung in Deutschland. S. 9–17 in VDE-Fachbericht 58: 4. VDE/ABB-Blitzschutztagung. Ausschuss für Blitzschutz und Blitzforschung (ABB) im VDE (Hrsg.). Vorträge und Poster der VDE/ABB-Fachtagung am 8.11.–9.11.2001 in Neu-Ulm. Berlin · Offenbach: VDE VERLAG, 2001. – ISBN 3-8007-2647-5

[4.9] DIN EN 62305-2 Beiblatt 3 (**VDE 0185-305-2 Beiblatt 3**):2013-12 Blitzschutz – Teil 2: Risikomanagement; Beiblatt 3: Zusätzliche Informationen zur Anwendung der DIN EN 62305-2 (VDE 0185-305-2). Berlin · Offenbach: VDE VERLAG

[4.10] DIN EN 60079-10-1 (**VDE 0165-101**):2009-10 Explosionsfähige Atmosphäre – Teil 10-1: Einteilung der Bereiche – Gasexplosionsgefährdete Bereiche. Berlin · Offenbach: VDE VERLAG

[4.11] DIN EN 60079-10-2 (**VDE 0165-102**):2010-03 Explosionsfähige Atmosphäre – Teil 10-2: Einteilung der Bereiche – Staubexplosionsgefährdete Bereiche. Berlin · Offenbach: VDE VERLAG

[4.12] DIN EN 62305-2 Beiblatt 2 (**VDE 0185-305-2 Beiblatt 2**):2013-02 Blitzschutz – Teil 2: Risikomanagement – Beiblatt 2: Berechnungshilfe zur Abschätzung des Schadensrisikos für bauliche Anlagen, mit CD-ROM. Berlin · Offenbach: VDE VERLAG

[4.13] DIN EN 62305-3 Beiblatt 2 (**VDE 0185-305-3 Beiblatt 2**):2012-10 Blitzschutz – Teil 3: Schutz von baulichen Anlagen und Personen – Beiblatt 2: Zusätzliche Informationen für besondere bauliche Anlagen. Berlin · Offenbach: VDE VERLAG

5 Erläuterungen zur DIN EN 62305-3 (VDE 0185-305-3): Schutz von baulichen Anlagen und Personen

Im Rahmen der Normenreihe DIN EN 62305 (**VDE 0185-305**) ist der Teil 3 der umfangreichste Bereich, der auch noch die meisten Beiblätter hat. Insgesamt umfasst der Teil 3 mit den Beiblättern 1 bis 3 über 284 Seiten. Dieses Kapitel 5 berücksichtigt die DIN EN 62305-3 (**VDE 0185-305-3**) [5.1] und das Beiblatt 1 [5.2]. Die Inhalte beider Papiere werden zusammengeführt und nach Erfordernis erläutert. Es gibt daher z. B. nur einen Abschnitt, der sich mit dem Blitzkugelverfahren auseinandersetzt, aber in diesem Abschnitt Inhalte der Norm, des Anhangs A, Anhangs E und des Beiblatts 1 berücksichtigt. Zitate aus der Norm oder den Beiblättern werden kursiv dargestellt.

5.1 Gebrauch der Norm

Die DIN EN 62305-3 (**VDE 0185-305-3**), einschließlich der Beiblätter 1 bis 5 ([5.2–5.6]), enthält normative und informative Aussagen. Informative Aussagen sollen die Anwendung der normativen Inhalte erleichtern. Das zuständige DKE-Komitee K 251 hat beschlossen, zusätzliche Beiblätter zu veröffentlichen, die Erfahrungen und nationale Besonderheiten berücksichtigen. Beiblätter zu einer Norm enthalten also Informationen, jedoch keine zusätzlich genormten Festlegungen. Der aufmerksame Anwender wird den Unterschied zwischen normativen und informativen Teilen durch den unterschiedlichen Gebrauch von Verbformen bemerken. Diese sind in der DIN 820-2 [5.7] definiert. Kommt im normativen Teil z. B. das Verb „muss“ zur Anwendung, findet man im informativen Teil das Verb „sollte“. Hinweise zur Anwendung und Bedeutung der Verbformen geben die **Tabellen 5.1 bis 5.4**.

Verbform	Gleichbedeutende Ausdrücke für die Anwendung in Ausnahmefällen
muss	ist zu ist erforderlich es ist erforderlich, dass hat zu lediglich … zulässig es ist notwendig
darf nicht	es ist nicht zulässig [erlaubt] [gestattet] es ist unzulässig es ist nicht zu es hat nicht zu

Tabelle 5.1 Anforderung (Quelle: DIN 820-2:2012-12, Tabelle H.1)

Verbform	Gleichbedeutende Ausdrücke für die Anwendung in Ausnahmefällen
sollte	es wird empfohlen, dass … ist in der Regel …
sollte nicht	wird nicht empfohlen sollte vermieden werden

Tabelle 5.2 Empfehlung (Quelle: DIN 820-2:2012-12, Tabelle H.2)

Verbform	Gleichbedeutende Ausdrücke für die Anwendung in Ausnahmefällen
darf	ist zugelassen ist zulässig … auch …
braucht nicht	ist nicht erforderlich keine … nötig

Tabelle 5.3 Zulässigkeit (Quelle: DIN 820-2:2012-12, Tabelle H.3)

Verbform	Gleichbedeutende Ausdrücke für die Anwendung in Ausnahmefällen
kann	vermag es ist möglich, dass … lässt sich …, in der Lage (sein) zu …
kann nicht	vermag nicht es ist nicht möglich, dass … … lässt sich nicht …

Tabelle 5.4 Möglichkeiten und Vermögen (Quelle: DIN 820-2:2012-12, Tabelle H.4)

Ergänzend werden in der DIN 820-2 zwei Anmerkungen formuliert:

Anmerkung 1: Die in einem Beiblatt enthaltenen Informationen können Erläuterungen, Beispiele, Anmerkungen, Ratschläge, Anwendungshilfsmittel usw. sein.

Anmerkung 2: „Keine zusätzlich genormten Festlegungen“ bedeutet, dass genormte Festlegungen der Norm, auf die sich das Beiblatt bezieht, wiedergegeben werden dürfen, damit die Informationen darauf bezogen werden können.

Bei der Erarbeitung der Beiblätter wurden neue fachliche Erkenntnisse der Praxis ebenso berücksichtigt, wie die geltenden Regeln der Technik. Die in den Beiblättern beschriebenen Lösungen sind das Ergebnis einer breiten Diskussion in den entsprechenden Fachgremien. Sie sind in vielen Fällen als „Best Practice“ anzusehen. Wählt man eine andere Lösung, weicht man also von den Inhalten der Beiblätter ab, dann ist der Nachweis der Wirksamkeit vom Planer oder Errichter selbst zu erbringen. Im Streitfall bietet daher eine Lösung auf Basis von Beiblättern große Vorteile. Unabhängig davon ist eine rechtliche (vertragliche) Wirksamkeit der Beiblätter durch die Vertragsparteien zu vereinbaren.

5.2 Allgemeines

Aufgabe eines Blitzschutzsystems (Lightning Protection System – LPS) ist es, einen Blitzeinschlag (siehe **Bild 5.1**) in eine bauliche Anlage abzufangen (durch Fangeinrichtungen), den Blitzstrom sicher in Richtung Erde abzuleiten (über Ableitungseinrichtungen) und im Erdreich zu verteilen (unter Verwendung einer Erdungsanlage). Diese drei Maßnahmen werden durch den Begriff „äußerer Blitzschutz" beschrieben.

Zusätzlich muss ein Blitzschutzsystem eine gefährliche Funkenbildung innerhalb der baulichen Anlage verhindern. Hierzu gehören Maßnahmen des Potentialausgleichs oder die Einhaltung eines Trennungsabstands zwischen Bauteilen eines äußeren Blitzschutzsystems und anderen elektrisch leitenden Elementen innerhalb der baulichen Anlage. Diese Maßnahmen werden als „innerer Blitzschutz" bezeichnet.

Ein Blitzschutzsystem umfasst daher Maßnahmen des „äußeren Blitzschutzes" und des „inneren Blitzschutzes" und ist nach der Norm ein „vollständiges System", das zur Vermeidung physikalischer Schäden einer baulichen Anlage durch direkte Blitzeinschläge eingesetzt wird. Betreiber, Planer, Installateure und Prüfer müssen sich dieser Forderung nach einem vollständigen System bewusst sein.

Neben dem Gebäudeschutz und dem Schutz der technischen Infrastruktur muss ein Blitzschutzsystem Schutzmaßnahmen gegen Verletzungen von Lebewesen durch Berührungs- und Schrittspannungen vorsehen, um

1. den gefährlichen Stromfluss durch Körper durch Isolierung freiliegender leitender Teile und/oder durch Erhöhung des spezifischen Widerstands der oberen Bodenschicht zu verringern,
2. das Auftreten gefährlicher Berührungs- und Schrittspannungen durch physikalische Absperrungen und/oder Warnhinweise zu verringern.

Bild 5.1 Blitzentladungen im Raum Krefeld (Quelle: Sunnylight-Photografie, Krefeld)

In der Regel kann ein Blitzschutzsystem am wirkungsvollsten und auch am kostengünstigsten realisiert werden, wenn bereits in der Entwurfsphase einer neuen baulichen Anlage Art und Anordnung eines Blitzschutzsystems sorgfältig berücksichtigt werden. Hierbei müssen insbesondere die elektrisch leitenden Teile in der baulichen Anlage berücksichtigt werden. Die frühzeitige Berücksichtigung dieser Aspekte erleichtert die Planung und die Ausführung eines integrierten Blitzschutzsystems. In der Regel wird damit auch der ästhetische Gesamteindruck verbessert.

Damit das beste Ergebnis bei geringsten Kosten erreicht wird, sind regelmäßige Beratungen zwischen den Planern und Errichtern des Blitzschutzsystems, den Architekten und Bauunternehmern wichtig.

Wenn ein Blitzschutzsystem an einer bestehenden baulichen Anlage nachzurüsten ist, müssen alle Maßnahmen unternommen werden, die sicherstellen, dass der Blitzschutz den Grundsätzen und Zielen dieser Norm entspricht. Planung und Anordnung des Blitzschutzsystems müssen die Gegebenheiten der bestehenden baulichen Anlage berücksichtigen.

5.3 Anwendungsbereich der DIN EN 62305-3 (VDE 0185-305-3)

Die DIN EN 62305-3 (**VDE 0185-305-3**) enthält Anforderungen für den Schutz einer baulichen Anlage gegen physikalische Schäden mithilfe eines Blitzschutzsystems (LPS) und für den Schutz gegen Verletzungen von Lebewesen durch Berührungs- und Schrittspannungen in der Nähe eines Blitzschutzsystems (siehe DIN EN 62305-1 (**VDE 0185-305-1**)). Diese Norm gilt für:

a) die Planung, Errichtung, Prüfung und Wartung von Blitzschutzsystemen für bauliche Anlagen ohne Einschränkung bezüglich ihrer Höhe,
b) das Ergreifen von Schutzmaßnahmen gegen Verletzungen von Lebewesen durch Berührungs- und Schrittspannungen.

Maßnahmen nach DIN EN 62305-3 (**VDE 0185-305-3**) sind zuerst Maßnahmen des vorbeugenden Brandschutzes und haben nicht die Aufgabe, die technische Infrastruktur im Sinne eines EMV-gerechten Blitzschutzes zu schützen. Diese zusätzlichen Maßnahmen werden in der DIN EN 62305-4 (**VDE 0185-305-4**) beschrieben. Ebenso sind Maßnahmen zum Schutz von Windenergieanlagen nicht Bestandteil der DIN EN 62305-3 (**VDE 0185-305-3**). Die besonderen Anforderungen für diese baulichen Anlagen werden in DIN EN 61400-24 (**VDE 0127-24**) [5.8] behandelt.

5.4 Blitzschutz-Fachkraft

Die Anforderungen im Bereich Blitzschutz haben im Gleichschritt mit der technologischen Entwicklung der letzten Jahre kontinuierlich, wenn nicht sogar sprunghaft zugenommen. Neben den eigentlichen Grundlagen des Blitzschutzes werden umfassende Kenntnisse aus den Bereichen Elektro- und Bautechnik benötigt. Durch die Vielzahl der möglichen Einsatzgebiete, z. B. für Privathäuser, Gewerbebauten, öffentliche Gebäude, Industrie- und Chemieanlagen usw., sind zahlreiche Spezialkenntnisse erforderlich. Diese Entwicklung der letzten Jahre hat jedoch nicht dazu geführt, dass es einen Berufszweig Blitzschutz im Handwerk oder beim Studium gibt. Blitzschutz ist immer nur ein Teilaspekt der beruflichen Ausbildung, eher ein Randthema als ein Schwerpunktbereich. Was bleibt, sind die Anforderungen, die sich aus der Praxis ergeben, die nach belegbaren Qualitätskriterien rufen, nach der eine Blitzschutz-Fachkraft beurteilt werden kann.

Die normativen Aussagen der DIN EN 62305-3 (**VDE 0185-305-3**) zu diesem Thema sind nicht wirklich hilfreich. So wird bei den Definitionen unter den Abschnitten 3.32 und 3.33 der Norm der Planer und der Errichter erwähnt, beide müssen demnach kompetent und erfahren in der Auslegung und Errichtung von Blitzschutzsystemen sein. Im Anhang E, Abschnitt E.4.1 der Norm wird es dann schon etwas ausführlicher. Hier wird gefordert, dass Blitzschutzsysteme nur von Planern und Errichtern von Blitzschutzsystemen geplant und installiert werden sollen. Diese müssen in der Lage sein, sowohl die elektrischen als auch die mechanischen Wirkungen der Blitzentladung einzuschätzen und außerdem mit den allgemeinen Grundlagen der elektromagnetischen Verträglichkeit (EMV) vertraut sein. (Hinweis: Aufgrund dieser Anforderung sind daher Kenntnisse aus dem Bereich der Normenreihe VDE 0800 unerlässlich.) Weiter wird ausgeführt: Der Blitzschutzplaner und -errichter sollte für die fachgerechte Errichtung ausgebildet sein. „Sollte“ bedeutet dabei im Normendeutsch nicht möglicherweise oder nach Belieben, sondern von dieser Forderung darf man nur in begründeten Fällen abweichen, und es müssen vergleichbare Alternativen zur Verfügung stehen.

Um hier für mehr Klarheit zu sorgen, hat das für die Normenreihe DIN EN 62305 (**VDE 0185-305**) verantwortliche DKE-Komitee K 251 im nationalen Vorwort eine Reihe von Kriterien definiert, die die Blitzschutz-Fachkraft näher definieren. Unterschieden wird dabei nach den Anforderungsbereichen:

a) *Planung:*
Für den Bereich Planung sind umfassende Kenntnisse über physikalische Zusammenhänge, Einsatz und Anwendung der unterschiedlichen Planungsmethoden und der anzuwendenden normativen Berechnungsverfahren, Installationsrichtlinien von Blitzschutzbauteilen und Überspannungsschutzgeräten sowie der bautechnischen Erfordernisse und der grundlegenden Montagetechniken erforderlich.

b) *Errichtung/Montage:*
Für den Bereich Errichtung und Montage sind umfangreiche Kenntnisse über physikalische Zusammenhänge, detaillierte Kenntnisse der Installationsrichtlinien von Blitzschutzbauteilen und Überspannungsschutzgeräten sowie der bautechnischen Erfordernisse und der Montagetechniken erforderlich.

c) *Prüfung/Wartung:*
Für den Bereich Prüfung sind Kenntnisse über physikalische Zusammenhänge, Einsatz der unterschiedlichen Planungsmethoden und anzuwendende normative Berechnungsverfahren, Installationsrichtlinien von Blitzschutzbauteilen und Überspannungsschutzgeräten, allgemeine bautechnische Erfordernisse und Montagetechniken erforderlich.

Es gilt derjenige als Blitzschutz-Fachkraft, *der aufgrund seiner fachlichen Ausbildung, Kenntnisse und Erfahrungen sowie Kenntnis der einschlägigen Normen Blitzschutzsysteme planen, errichten und prüfen kann und die für die Bereiche Planung, Prüfung und Errichtung erforderlichen unterschiedlichen Kenntnisse besitzt. Die Blitzschutz-Fachkraft verfügt über eine mindestens fünfjährige Berufserfahrung und zeitnahe berufliche Tätigkeiten im Bereich des Blitzschutzes.*

Die Anforderungen an eine Blitzschutz-Fachkraft wurden im Vorwort zur DIN EN 62305-3 (**VDE 0185-305-2**) Ed. 2 für explosionsgefährdete Bereiche erweitert:

Planer, Handwerker und Prüfer von Blitzschutzmaßnahmen in explosionsgefährdeten Bereichen müssen in der Lage sein, ihre Kompetenz zu beweisen, und den Nachweis erbringen, dass sie die nachstehend festgelegten Anforderungen, Kenntnisse und Fachkunde besitzen:

a) *Verständnis der allgemeinen Prinzipien des Explosionsschutzes,*
b) *Verständnis der allgemeinen Prinzipien der Schutzarten und der Gerätekennzeichnung,*
c) *Verständnis von Gesichtspunkten der Gerätekonstruktion, die das Konzept der Blitzschutzmaßnahmen beeinflussen,*
d) *Verständnis des Inhalts von Zertifikaten und der einschlägigen Teile der relevanten Normen (u. a. der Normenreihe DIN EN 60079 (**VDE 0165**) und der DIN EN 62305-3 (**VDE 0185-305-3**) und der Technischen Regeln für betriebliche Sicherheit (TRBS),*
e) *allgemeines Verständnis der Prüf-, Wartungs- und Instandsetzungsanforderungen und Vertrautheit mit den besonderen Techniken und Geräten, die zu berücksichtigen sind,*
f) *Verständnis der zusätzlichen Wichtigkeit von Arbeitserlaubnissystemen und sicherer elektrischer Trennung hinsichtlich des Explosionsschutzes.*

Der Nachweis kann durch eine nationale Weiterbildungsmaßnahme erfolgen, die die Inhalte der Punkte a) bis f) enthält, und sollte durch geeignete Maßnahmen bewertet und dokumentiert werden (siehe DIN EN 60079-14 (**VDE 0165-1**):2009-05 Anhang F, insbesondere F.3 und F.4) [5.9]. Vergleichbare Qualifikationen sind möglich.

Mit der Definition dieser Anforderungen für explosionsgefährdete Bereiche wurde die Verbindung zur Normenreihe VDE 0165 hergestellt.

Da sich der Stand der Technik und der Normung ständig weiterentwickelt, muss sich eine Blitzschutz-Fachkraft laufend über die örtlich geltenden bauaufsichtlichen Vorschriften und die einschlägigen allgemein anerkannten Regeln der Technik informieren. Der Nachweis kann durch die regelmäßige Teilnahme an nationalen Weiterbildungsmaßnahmen geführt werden. Mittlerweile bieten verschiedene Organisationen und Verbände hierzu Weiterbildungsseminare an. Blitzschutz-Fachkräfte müssen diese Nachweise spätestens nach drei bis fünf Jahren durch Weiterbildungsmaßnahmen aktualisieren, insbesondere dann, wenn sich wichtige gesetzliche und normative Änderungen ergeben haben (siehe DIN EN 62305-3 (**VDE 0185-305-3**), nationales Vorwort).

5.5 Planung von Blitzschutzsystemen

Den für die Entwicklung und Weiterführung verantwortlichen Komitees bei IEC (TC 81) und bei DKE (K 251) ist bewusst, dass die Wirksamkeit eines Blitzschutzsystems maßgeblich von der Planung der erforderlichen Maßnahmen abhängt. Aus diesem Grund enthält die Norm im Anhang E.4. umfangreiche Hinweise, welche Punkte im Rahmen einer Planung zu beachten sind (**Bild 5.2**).

Bevor überhaupt eine Planung erfolgreich beginnen kann, müssen folgende Voraussetzungen gegeben sein:

- alle relevanten Daten zur baulichen Anlage müssen bekannt sein,
- die erforderlichen Abstimmungen müssen im Vorfeld erfolgen.

Im Rahmen einer Planung kann es vorkommen, dass sich wichtige Parameter bis kurz vor Baubeginn noch ändern. Aus diesem Grund müssen Abstimmungen kontinuierlich im gesamten Projektverlauf erfolgen.

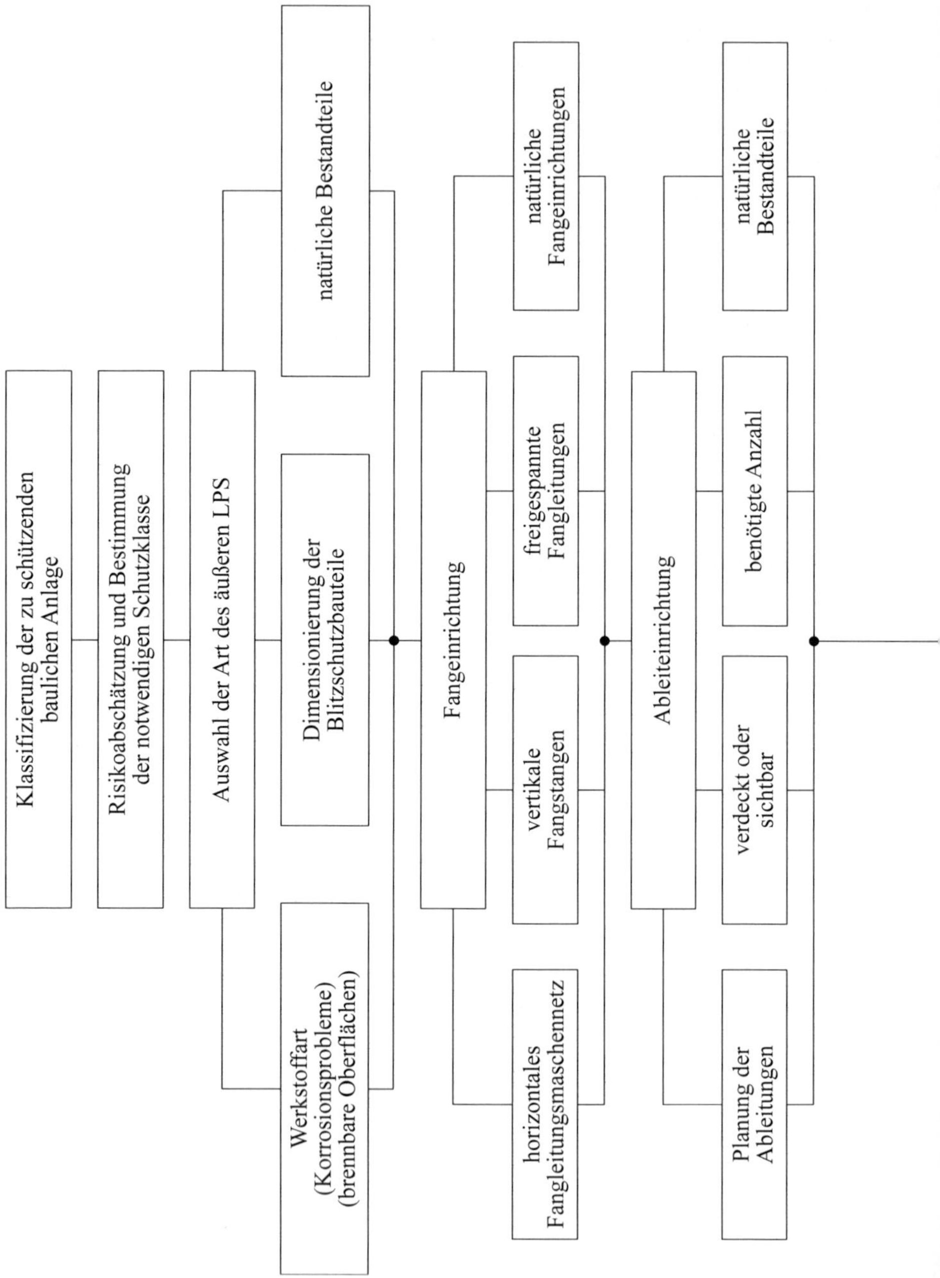
Klassifizierung der zu schützenden baulichen Anlage
Risikoabschätzung und Bestimmung der notwendigen Schutzklasse
Auswahl der Art des äußeren LPS
Werkstoffart (Korrosionsprobleme) (brennbare Oberflächen)
Dimensionierung der Blitzschutzbauteile
natürliche Bestandteile
Fangeinrichtung
horizontales Fangleitungsmaschennetz
vertikale Fangstangen
freigespannte Fangleitungen
natürliche Fangeinrichtungen
Ableiteinrichtung
Planung der Ableitungen
verdeckt oder sichtbar
benötigte Anzahl
natürliche Bestandteile

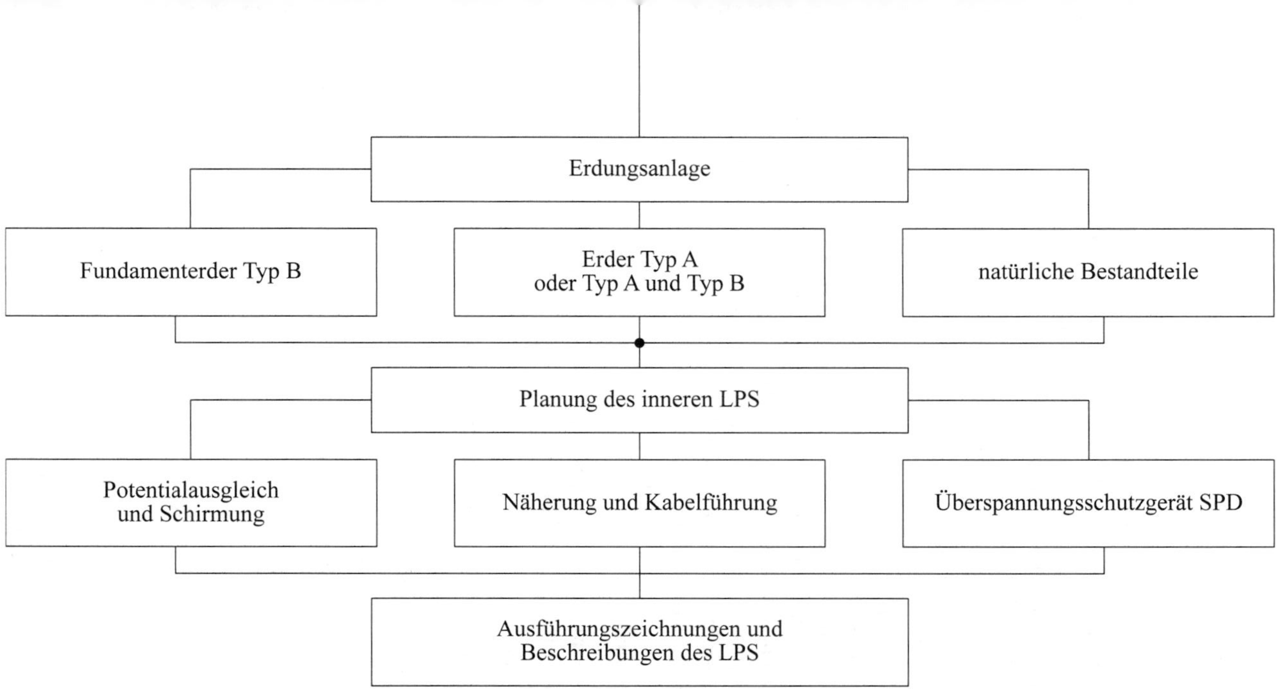

Anmerkung: Schnittpunkte • erfordern die umfassende Zusammenarbeit zwischen Architekten, Ingenieuren und den Planern des Blitzschutzsystems.

Bild 5.2 Flussdiagramm zur Auslegung eines Blitzschutzsystems
(Quelle: DIN EN 62305-3 (**VDE 0185-305-3**) Ed.2, Bild E.1)

Beispiel 1:

*Es soll eine bauliche Anlage errichtet werden mit umfangreichen energie- und informationstechnischen Systemen und wichtigen Serverbereichen mit sehr hohen Verfügbarkeitsanforderungen. Ursprünglich wird eine bauliche Anlage aus bewehrtem Ortbeton geplant. Unter Beachtung der Verfügbarkeitsanforderungen wird ein Blitzschutzsystem geplant, das neben den Anforderungen der DIN EN 62305-3 (**VDE 0185-305-3**) auch EMV-Schirmungsmaßnahmen nach DIN EN 62305-4 (**VDE 0185-305-4**) vorsieht (Maschenweite in Decken und Wänden max. 5 m × 5 m). Im Rahmen des Ausschreibungsverfahrens erhält eine Baufirma als Mindestbietender den Zuschlag. Beauftragt wird aus Kostengründen eine Ausführungsvariante, die Fertigbetonelemente vorsieht. In diesem Fall muss der Blitzschutzplaner rechtzeitig informiert werden und Ersatzmaßnahmen vorsehen, die es ermöglichen, den Verfügbarkeitsanforderungen gleichwertig gerecht zu werden.*

Hinweis: In der Praxis konzentrieren sich bei einem Neubau planerische Aktivitäten und Fragen der Bauausführung schwerpunktmäßig auf die Hochbautätigkeiten. Nach Fertigstellung einer baulichen Anlage wird jedoch die weitere zukünftige Nutzung einer baulichen Anlage wesentlich von den energie-, informations- und klimatechnischen Systemen bestimmt. Das gilt insbesondere unter dem Aspekt des technischen Fortschritts. Je vorausschauender diese Maßnahmen umgesetzt werden, umso größer ist der Nutzen in den Folgejahren. Ein besonderes Augenmerk gilt dabei der Dachfläche, die in zunehmendem Maße als letzte Installationsebene genutzt wird. Fangeinrichtungen sollten daher so geplant werden, dass eine Nutzung der Dachfläche nicht eingeschränkt wird.

Die Norm listet im Abschnitt E.4.2.2 beispielhaft die wichtigsten Teilnehmer für Abstimmungsgespräche auf, hierzu gehören:

- Architekt (E. 4.2.2.2.1),
- Träger öffentlicher Belange (öffentliche Einrichtungen, E.4.2.2.2.2),
- Brandschutz- und Sicherheitsbehörden (E.4.2.2.2.3),
- Errichter von elektronischen Systemen und Außenantennen (E.4.2.2.2.4),
- Baufirma und Errichter (E.4.2.2.2.5).

Anhand eines Fragenkatalogs sollte der Planer von Blitzschutzmaßnahmen u. a. folgende Fragen klären:

- Gebäudenutzung,
- Lage des Gebäudes,
- Art der Bebauung in der Nachbarschaft,
- Bodenverhältnisse,
- Gebäudekonstruktion,
- Ausführung der Fundamente,
- Ausführung der externen Stromversorgung,
- Ausführung der internen Stromversorgung,

- mitgeltende Normen (z. B. DIN VDE 0100, DIN EN 50522 (**VDE 0101-2**), DIN EN 60079 (**VDE 0165**), DIN VDE 0800 und DIN EN 50083 (**VDE 0855**),
- Sondertechniken, z. B. Geothermie, PV-Systeme,
- Art, Abmessungen, Ausführung und Zahl von Dachaufbauten,
- Nutzung von natürlichen Bauteilen (Bewehrungen, Fassaden, Stahlkonstruktionen),
- Lage und Zahl der Technikräume,
- Erfordernis von Anschlussfahnen für den Potentialausgleich,
- Festlegung der Schutzklasse eines Blitzschutzsystems,
- Festlegung der Blitzschutzzonen (siehe Bild 5.3),
- Umfang und Details der Entwurfsplanung,
- Umfang, Details und Prüfung der Ausführungsplanung,
- Dokumentation während der Bauphase,
- Umfang der Schlussdokumentation.

Besondere Aufmerksamkeit muss der Planer den Fragen des Potentialausgleichs und des Überspannungsschutzes widmen. Im Rahmen eines Projekts könnte sich beispielsweise folgende Aufgabenverteilung ergeben:

- Ausführung der Erdungsanlage und des äußeren Blitzschutzes (Blitzschutz-Fachfirma, Auftragsvergabe durch die Baufirma),
- Ausführung des Potentialausgleichs und des Überspannungsschutzes für die NSHV und Unterverteilungen (Elektro-Fachfirma),
- Ausführung des Potentialausgleichs und der Erdungsmaßnahmen für die Mittelspannung (Fachfirma für Mittelspannung),
- Überspannungsschutz für Klimatechnikzentralen (Fachfirma für Kälte- und Klimatechnik),
- Überspannungsschutzmaßnahmen für Brandmeldeanlage (in der Regel eine VdS-zertifizierte Fachfirma),
- Überspannungsschutzmaßnahmen für Kommunikationstechnik (Fachfirma für Kommunikationstechnologie).

Diese Auflistung lässt sich erweitern. Deutlich wird jedoch, bedingt durch die Vielzahl der Akteure muss es einen Verantwortlichen geben, der für das gesamte Blitzschutzsystem verantwortlich ist. Die Fragen des Potentialausgleichs und Art sowie Umfang des Überspannungsschutzes müssen verbindlich festgelegt und koordiniert werden. Beim Thema Überspannungsschutz müssen z. B. Fragen der energetischen Koordination von Überspannungsschutzgeräten berücksichtigt werden. In der Praxis bedeutet dies, dass nur Überspannungsschutzgeräte gemäß Planungsvorgabe eingesetzt werden dürfen. Es hat sich von Vorteil erwiesen, nur Überspannungsschutzgeräte einer Produktfamilie einzusetzen. Diese Punkte müssen im Rahmen der Planung vor Beginn der Ausschreibungsphase gewerkübergreifend festgelegt werden.

5.6 Planungsverfahren zur Festlegung von Fangeinrichtungen

Nach DIN EN 62305-3 (**VDE 0185-305-3**) sind drei Verfahren zulässig, um die Lage der Fangeinrichtung festzulegen:

- Blitzkugelverfahren,
- Schutzwinkelverfahren,
- Maschenverfahren.

5.6.1 Blitzkugelverfahren

5.6.1.1 Allgemeines

Das universelle und physikalisch begründete Verfahren ist das Blitzkugelverfahren. Mithilfe dieses Verfahrens kann man sehr gut herausfinden:

- Wo kann der Blitz einschlagen?
- Welche Flächen sind gefährdet?
- Wo sind die Grenzen der Blitzschutzzonen 0_A, 0_B oder 1 (siehe **Bild 5.3**)

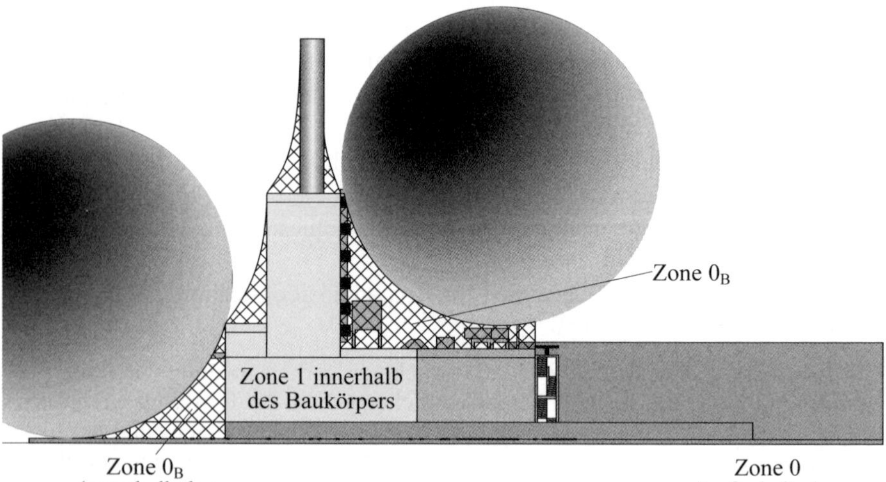

Bild 5.3 Festlegung der Blitzschutzzonen mithilfe des Blitzkugelverfahrens

Der Radius r der Blitzkugel steht in Wechselbeziehung zum Stromscheitelwert I des Blitzes und ergibt sich gemäß dem elektrogeometrischen Modell (siehe Kapitel 3.5 und [5.10]):

$$r = 10 \cdot I^{0,65}. \tag{5.1}$$

r Radius der Blitzkugel in m,

I Blitzstromscheitelwert in kA.

Bild 5.4 zeigt die Ermittlung einschlaggefährdeter Bereiche für eine komplexe bauliche Anlage. Die Blitzkugel mit dem Radius r wird um und über die bauliche Anlage gerollt. Wo die bauliche Anlage berührt wird, kann ein Einschlag auftreten. An diesen Bereichen sind dann Schutzmaßnahmen durch Fangeinrichtungen erforderlich.

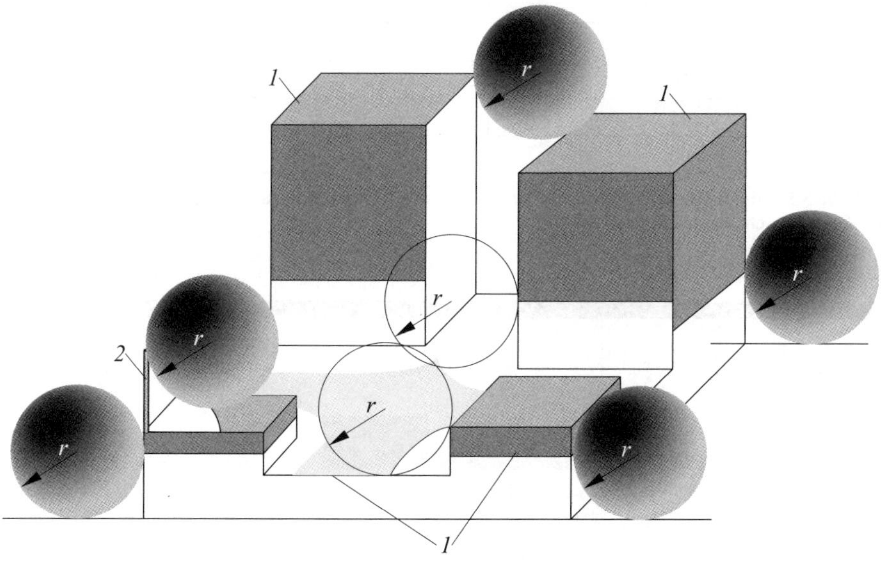

1 Die schraffierten Flächen können vom Blitz getroffen werden und benötigen einen Schutz entsprechend der Schutzklasse des Blitzschutzsystems.

2 Mast auf der baulichen Anlage.

r Radius der Blitzkugel, entsprechend der Schutzklasse des Blitzschutzsystems.

Bild 5.4 Ermittlung der einschlaggefährdeten Bereiche einer baulichen Anlage mithilfe des Blitzkugelverfahrens

Tabelle 5.5 enthält die Einfangwahrscheinlichkeit für die jeweilige Schutzklasse. Der Radius der Blitzkugel für die Planung der Fangeinrichtung hängt dabei vom minimalen Scheitelwert des Blitzstroms ab. Die Einfangwahrscheinlichkeit gilt deshalb für alle Blitze mit Scheitelwerten größer als dieser minimale Scheitelwert. Blitze mit kleineren Scheitelwerten können trotz der Fangeinrichtung direkt in die zu schützende bauliche Anlage einschlagen. Der Bereich, der für die jeweilige Schutzklasse nicht berücksichtigt wird, ist in **Bild 5.5** dargestellt. Das Restrisiko wird jedoch von der Amplitudenhäufigkeit bestimmt (**Bild 5.6**), sodass auch bei der in der Regel angewandten Schutzklasse III ein sehr wirkungsvoller Schutz gegeben ist. **Tabelle 5.6** zeigt einige Beispiele für den jeweiligen Radius der Blitzkugel in Abhängigkeit vom Blitzstromscheitelwert. Grundsätzlich kann gesagt werden: Je stromstärker der Blitz ist, umso größer ist die Wahrscheinlichkeit, dass dieser in das Fangeinrichtungssystem einschlägt.

Gefährdungspegel/ Schutzklasse	**Radius der Blitzkugel** ***r*** **in m**	**Minimaler Scheitelwert** ***I*** **in kA**	**Einfangwahrscheinlichkeit in %**
I	20	3	99
II	30	5	97
III	45	10	91
IV	60	16	84

Tabelle 5.5 Minimalwerte der Blitzstromparameter, zugehörigen Blitzkugelradien und Einfangwahrscheinlichkeit

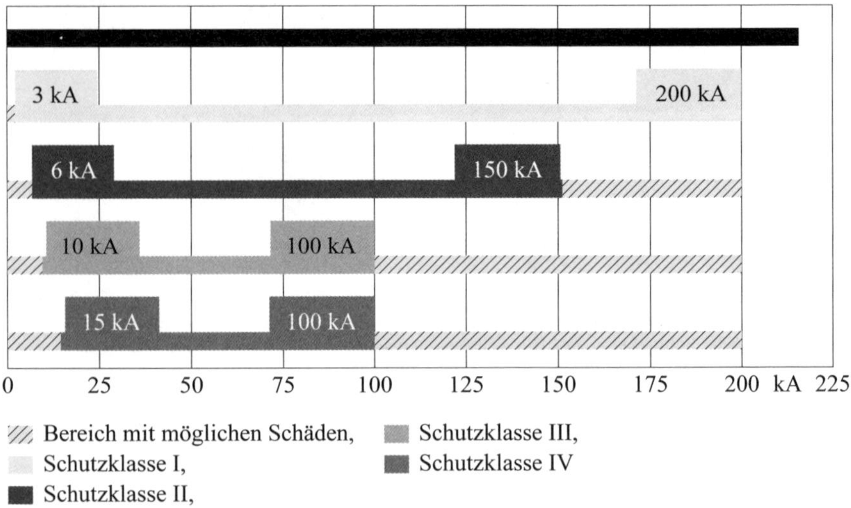

Bild 5.5 Zusammenhang zwischen Schutzklasse, Blitzstromscheitelwert und Radius der Blitzkugel

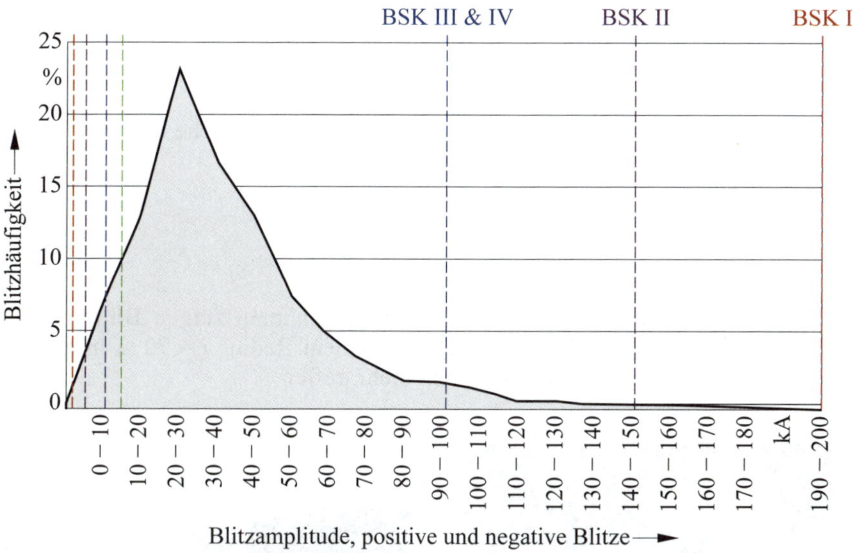

Bild 5.6 Häufigkeitsverteilung der Blitzamplituden gemäß DIN EN 62305-1 (**VDE 0185-305-1**) (Quelle: OBO Bettermann, Menden)

Blitzstromscheitelwert *I* **in kA**	**Radius der Blitzkugel** *r* **in m**	**Bemerkungen**
3	20	unterer Blitzstromscheitelwert für Schutzklasse I
5	28	unterer Blitzstromscheitelwert für Schutzklasse II
10	45	unterer Blitzstromscheitelwert für Schutzklasse III
15	58	unterer Blitzstromscheitelwert für Schutzklasse IV
20	70	
30	91	
40	110	
50	127	
60	143	
70	158	
80	173	
90	186	
100	200	oberer Blitzstromscheitelwert für Schutzklasse III und IV
150	260	oberer Blitzstromscheitelwert für Schutzklasse II
200	313	oberer Blitzstromscheitelwert für Schutzklasse I

Tabelle 5.6 Radien der Blitzkugel für verschiedene Blitzstromscheitelwerte

5.6.1.2 Anwendung des Blitzkugelverfahrens

In der Praxis erfolgt die Anwendung des Blitzkugelverfahrens mithilfe von CAD-Programmen (**Bild 5.7** und **Bild 5.8**).

Stellt man die Gl. (5.1) um, dann kann man auch ermitteln, welche Blitze eine bauliche Anlage nicht mehr treffen können (Gl. (5.2)):

$$I = \sqrt[0{,}65]{\frac{r}{10}}, \quad \text{in kA; für } r \text{ in m.} \tag{5.2}$$

Den Nutzen für die Planung von Blitzschutzmaßnahmen zeigen **Bild 5.9** und **Bild 5.10**. Demnach kann eine Blitzkugel mit einem Radius $r = 70$ m in diesem Beispiel das Mittelspannungsgebäude nicht mehr treffen.

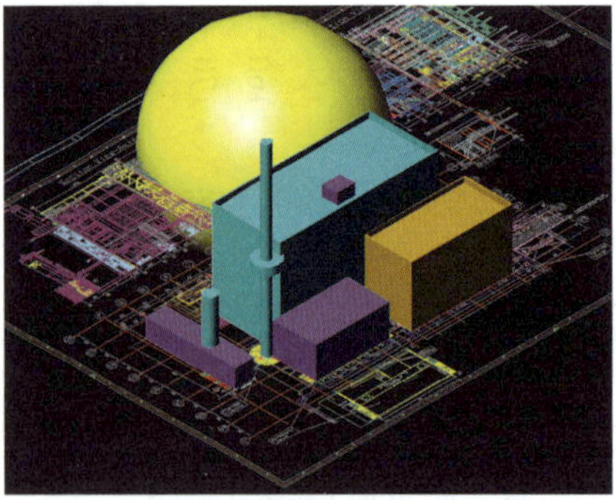

Bild 5.7 Entwicklung eines CAD-Modells für die Anwendung des Blitzkugelverfahrens

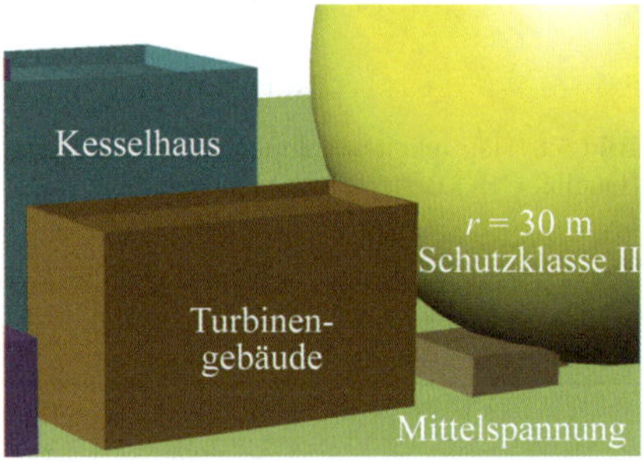

Bild 5.8 Ermittlung der einschlaggefährdeten Bereiche für Schutzklasse II

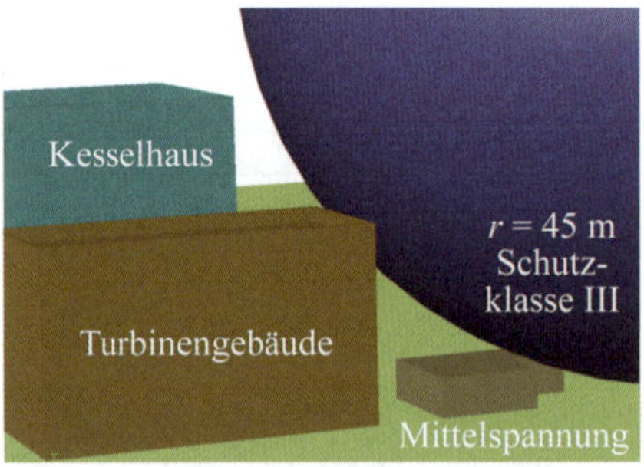

Bild 5.9 Ermittlung der einschlaggefährdeten Bereiche für Schutzklasse III

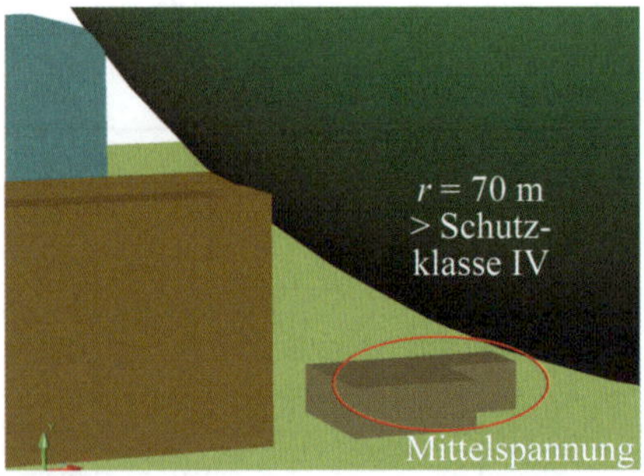

Bild 5.10 Ermittlung der einschlaggefährdeten Bereiche für Blitzstromscheitelwerte > Schutzklasse IV

Rechnet man den Radius r in den dazugehörenden Blitzstromscheitelwert um, dann erhält man nach Gl. (5.2):

$$I = \sqrt[0,65]{\frac{r}{10}} = \sqrt[0,65]{\frac{70}{10}} = 19{,}96\ \text{kA}.$$

Die Bandbreite möglicher Blitzstromscheitelwerte für das Mittelspannungsgebäude liegt demnach zwischen 3 kA … 19,96 kA.

Mithilfe des Blitzkugelverfahrens kann auch die Wahrscheinlichkeit des Auftretens eines Einschlags an jeder Stelle des Gebäudes ermittelt werden. Ecken, Kanten und höhere Dachaufbauten sind dabei am meisten gefährdet und müssen besonders sorgfältig bei Planung der Fangeinrichtungen berücksichtigt werden (**Bild 5.11** und **Bild 5.12**). In diesem Beispiel kann ein Blitzstromscheitelwert von 3 kA den Dachaufbau gefährden und in die Dachkanten einschlagen. Berücksichtigt man dagegen nur einen Blitzstromscheitelwert von 10 kA (Schutzklasse III), dann sind die Dachkanten immer noch gefährdet, aber nicht mehr der Dachaufbau. Im dargestellten Beispiel kann dieser Dachaufbau einfach durch eine Fangstange geschützt werden, und der Schutz ist auch für den unteren Blitzstromscheitelwert der Schutzklasse I gegeben.

Nach dem Blitzkugelverfahren (**Bild 5.13**) ermittelte einschlaggefährdete Flächen, Kanten und/oder Ecken (**Bild 5.14**) können in einer Kombination aus vermaschten Fangleitungen und gezielt angeordneten Fangstangen geschützt werden (**Bild 5.15**).

Die Planung der Fangeinrichtung nach dem Blitzkugelverfahren für ein größeres Produktionsgebäude (im Beispiel handelt es sich um eine Schreinerei mit Holzspänesilo) zeigen die nachfolgenden Bilder. **Bild 5.16** verdeutlicht, dass ein Blitzeinschlag nur in die Fangstangen möglich ist. Der Blitzstrom wird auf direktem Weg über die Metallfassade zur Erdungsanlage abgeleitet. **Bild 5.17** zeigt, wie die Anordnung der Fangstangen mithilfe der Blitzkugelmethode wirksam überprüft werden kann. **Bild 5.18** und **Bild 5.19** zeigen die Realisierung in der Praxis.

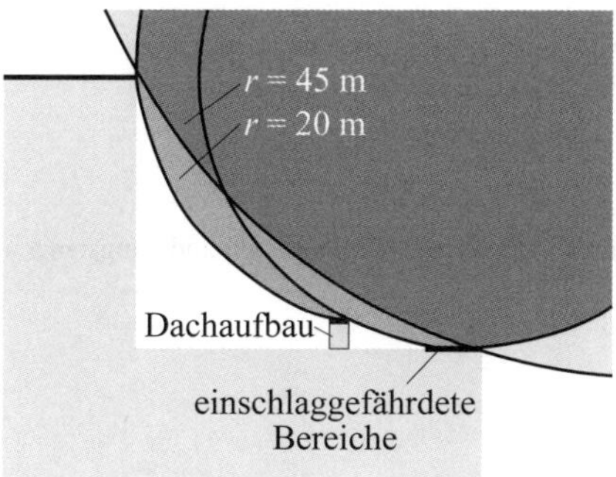

Bild 5.11 Einschlaggefährdete Bereiche für Schutzklasse I und III

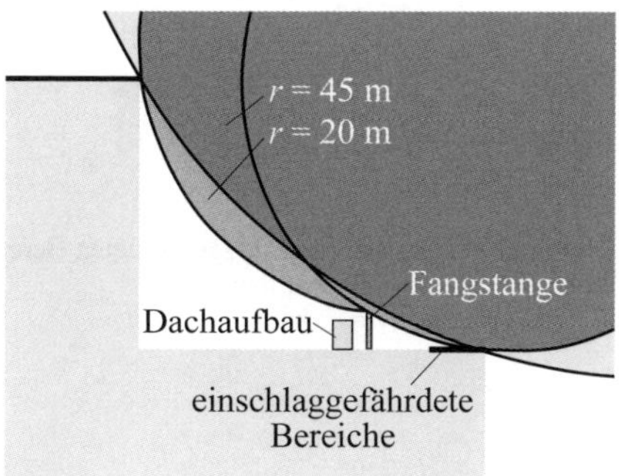

Bild 5.12 Einschlaggefährdete Bereiche für Schutzklasse I und III mit Schutzmaßnahmen

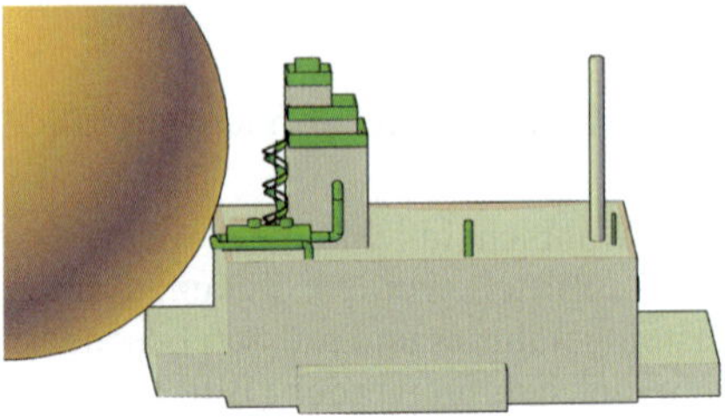

Bild 5.13 Einschlaggefährdete Bereiche nach dem Blitzkugelverfahren ermitteln

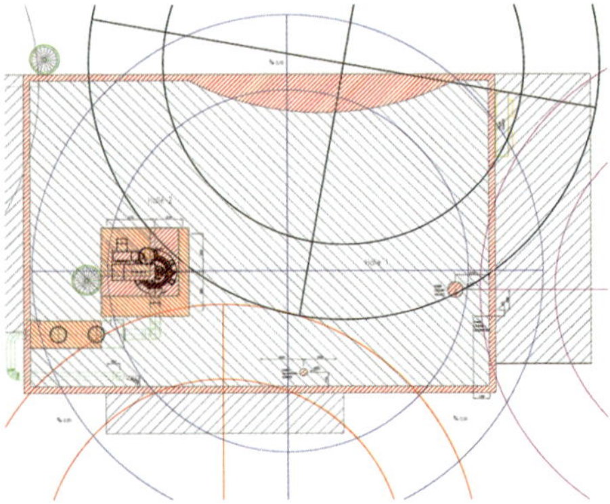

Bild 5.14 Einschlaggefährdete Bereiche (rote Schraffierung)

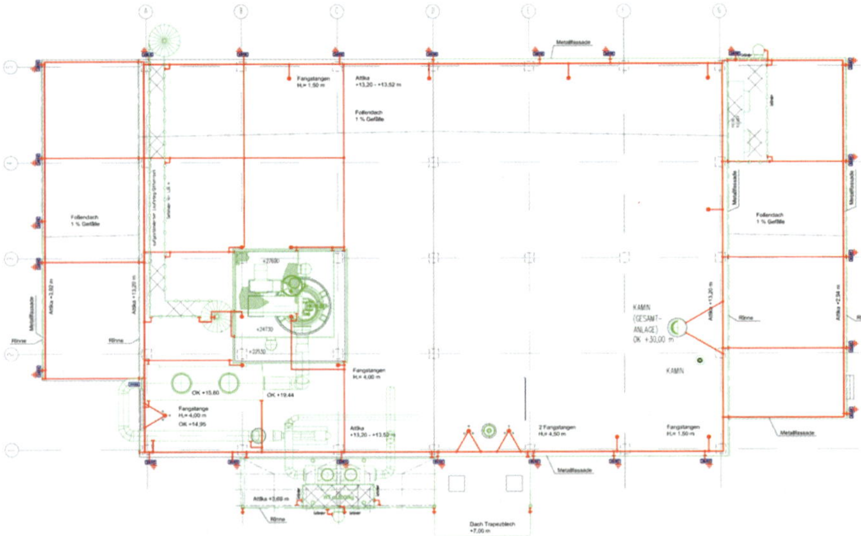

Bild 5.15 Schutz der einschlaggefährdeten Bereiche durch vermaschte Fangleitungen und Fangstangen an herausragenden Dachaufbauten

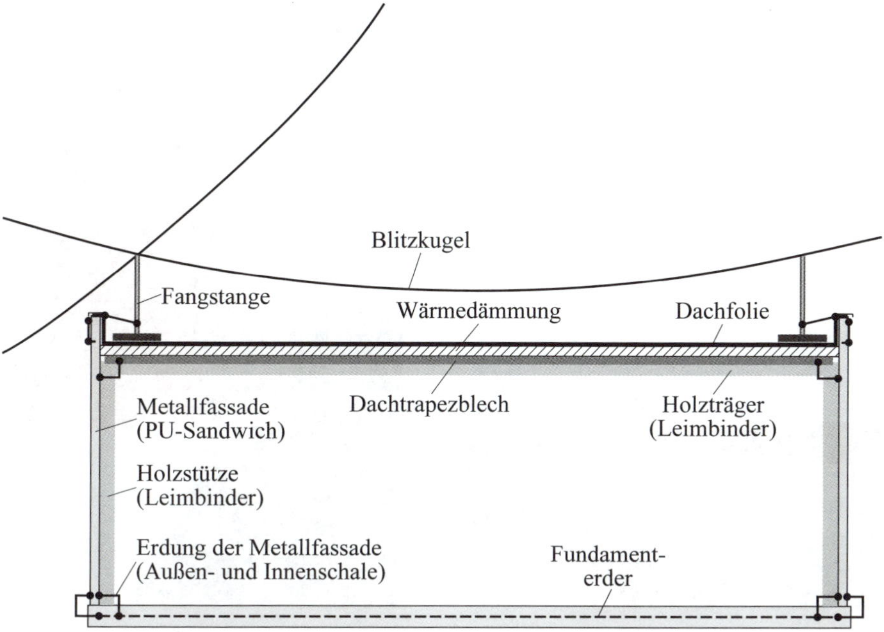

Bild 5.16 Anwendung des Blitzkugelverfahrens

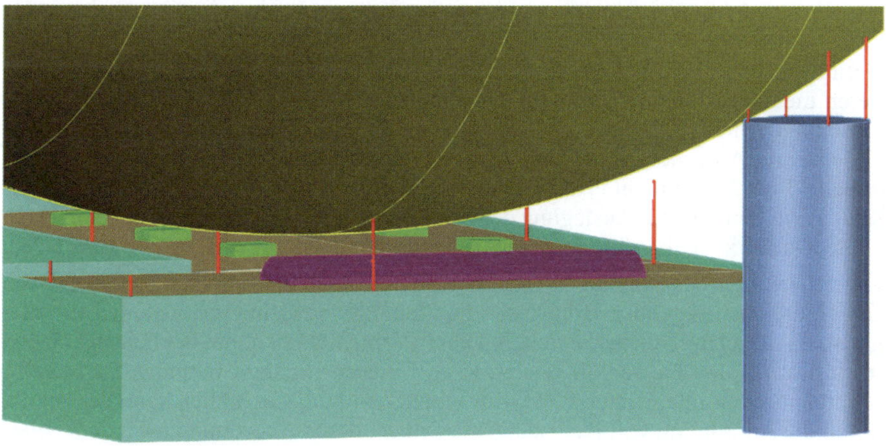

Bild 5.17 Überprüfung der Anordnung von Fangstangen mithilfe des Blitzkugelverfahrens

Bild 5.18 Anordnung von Fangstangen nach dem Blitzkugelverfahren

Bild 5.19 Fangstangen mit zwei Verbindungen zur Metallfassade als Ableitungssystem

5.6.1.3 Anwendung des Blitzkugelverfahrens für Dachaufbauten

Befinden sich auf dem Dach der zu schützenden baulichen Anlage Dachaufbauten, deren metallene leitende Teile eine ungenügende Werkstoffdicke haben, die Blitzeinschlägen nicht standhalten können oder leitende Dachdeckungen und andere Teile, die die Anforderung an natürliche Fangeinrichtungen nach Abschnitt 5.2.5 und Tabelle 3 der Norm nicht erfüllen, dann sollten diese durch Fangeinrichtungen geschützt werden. Für die Auslegung des Blitzschutzes für leitende Teile auf dem Dach sollte das Blitzkugelverfahren angewendet werden (siehe **Bild 5.20** und **Bild 5.21**).

Die Anwendung des Blitzkugelverfahrens für metallene Einrichtungen auf dem Dach zeigen die nachfolgenden Bilder, die die Planung von Schutzmaßnahmen für lang gestreckte Dachaufbauten darstellen. Diese Problematik tritt bei baulichen Anlagen im Industrie- und Gewerbebereich auf. Auf diesen Dächern befinden sich häufig Lichtbänder mit integrierten RWA-Einrichtungen. In diesen Fällen kann der Schutz durch die Anordnung von Fangstangen erfolgen, deren Anordnung nach dem Blitzkugelverfahren geplant wird (siehe **Bild 5.22** und **Bild 5.23**).

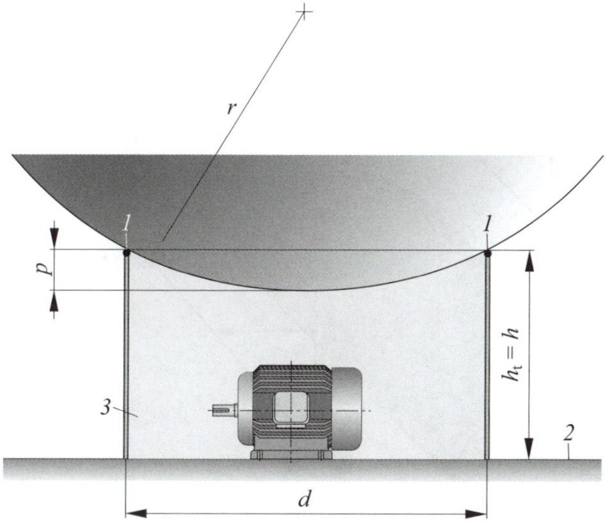

Bild 5.20 Schutz metallener Einrichtungen auf einem Dach gegen direkten Einschlag (Quelle: DIN EN 62305-3 (**VDE 0185-305-3**), Bild E.20)

Bild 5.21 Fangstangen zum Schutz von metallenen Einrichtungen (Quelle: Dehn + Söhne, Neumarkt)

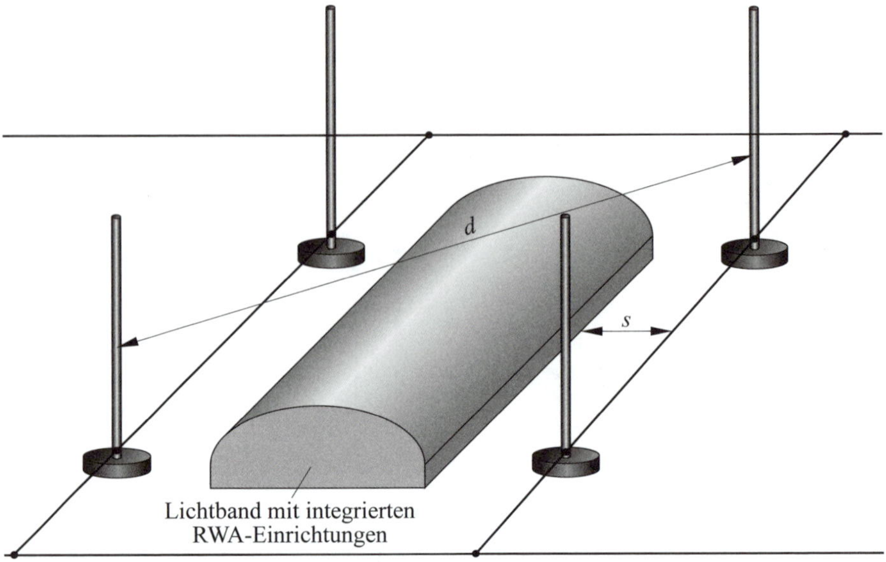

Bild 5.22 Schutz eines Lichtbands nach dem Blitzkugelverfahren

Bild 5.23 Schutz eines Lichtbands mit integrierten RWA-Einrichtungen unter Berücksichtigung des Trennungsabstands *s*

Die erforderliche Höhe der Fangstangen kann nach Gl. (5.3) ermittelt werden, mit deren Hilfe man den Durchhang einer Blitzkugel berechnet:

$$p = r - \sqrt{r^2 - \left(\frac{d}{2}\right)^2}, \tag{5.3}$$

mit:

p Durchhang der Blitzkugel in m,

r Radius der Blitzkugel in Abhängigkeit von der Schutzklasse,

d größter Abstand zwischen zwei Fangstangen, bei vier Fangstangen – im Rechteck angeordnet – ist dies die Diagonale.

Wird das Blitzkugelverfahren zeichnerisch angewendet, dann muss die bauliche Anlage von allen Richtungen betrachtet werden, um sicherzustellen, dass kein Teil in den ungeschützten Bereich vorragt. Erfolgt die zeichnerische Analyse nur unter Berücksichtigung des Grundrisses und der Vorder- und Seitenansicht, können kritische Bereiche leicht übersehen werden. Dies kann zu einer fehlerhaften Konzeption der Fangeinrichtung führen. Verdeutlicht wird dies bei der Anwendung des Blitzkugelverfahrens, um einen Antennenträger und die Richtfunkantennen gegen direkten Blitzeinschlag zu schützen (siehe **Bild 5.24** und **Bild 5.25**). Im vorliegenden Beispiel erfolgt der Schutz des Antennenmasts durch zwei Fangmaste.

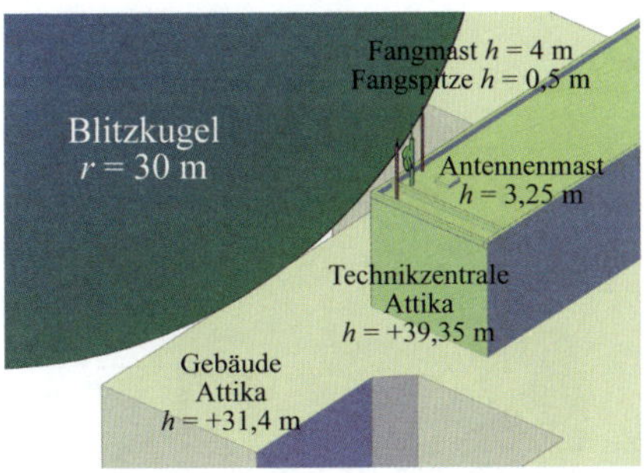

Bild 5.24 Schutz eines Antennenträgers nach dem Blitzkugelverfahren

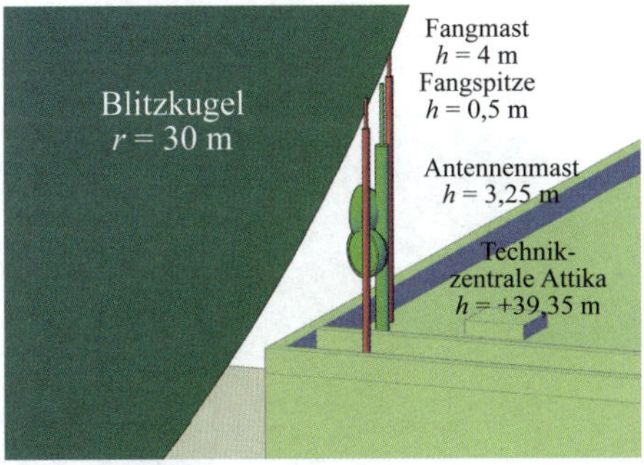

Bild 5.25 Schutz eines Antennenträgers – Detail

5.6.1.4 Anwendung des Blitzkugelverfahrens für hohe Gebäude

Geht man vom Blitzstromscheitelwert der Schutzklasse IV aus, dann können seitliche Blitzeinschläge mit einem Blitzstromscheitelwert von 15 kA ab einer Höhe von 60 m auftreten. Die Norm unterscheidet daher Gebäude, deren Höhe kleiner 60 m ist, von höheren Gebäuden. Da die Wahrscheinlichkeit von Seiteneinschlägen mit geringeren Amplituden (also < 15 kA) generell gering ist, müssen Seiteneinschläge von baulichen Anlagen unter 60 m nicht berücksichtigt werden; Schutzmaßnahmen müssen nur für Dächer und horizontale Gebäudevorsprünge vorgesehen werden. „Hohe Gebäude“ beginnen daher ab 60 m Höhe aufwärts.

Bei baulichen Anlagen, die höher als 60 m sind, können Seiteneinschläge, besonders an Punkten, Ecken und Kanten von Oberflächen, auftreten. Zusätzlich ist zu berücksichtigen, dass elektrische und elektronische Ausrüstungen, die sich an den Außenwänden des Gebäudes befinden, auch durch Blitze mit geringem Blitzstromscheitelwert zerstört werden können.

Eine Fangeinrichtung für hohe bauliche Anlagen muss so angebracht sein, dass sie den oberen Teil hoher Gebäude (d. h. im Normalfall die oberen 20 % der Höhe der baulichen Anlage, soweit dieser Teil höher als 60 m ist) schützt. Die Betonung liegt dabei auf der Anordnung von Fangeinrichtungen an Ecken, Kanten und bedeutenden Vorsprüngen (z. B. Balkone, Aussichtsplattformen usw.).

Das Blitzkugelverfahren wird daher nur zur Anordnung von Fangeinrichtungen am oberen Teil der baulichen Anlage genutzt (**Bild 5.26**).

Bild 5.26 Auslegung von Fangeinrichtungen nach dem Blitzkugelverfahren (Quelle: DIN EN 62305-3 (**VDE 0185-305-3**), Bild A.6)

Die Anforderungen an die Fangeinrichtung für die Seiten eines hohen Gebäudes können durch das Vorhandensein von äußeren metallenen Materialien, z. B. Metallplatten oder metallenen Bekleidungen, erfüllt werden, sofern diese die Mindestwerte der Tabelle 5.10 einhalten. Die Anforderungen an Fangeinrichtungen können äußere Ableitungen beinhalten, die auf horizontalen Kanten der baulichen Anlage anzuordnen sind, wenn keine natürlichen äußeren metallenen Leitungen vorhanden sind.

5.6.2 Schutzwinkelverfahren

5.6.2.1 Allgemeines

Das Schutzwinkelverfahren ist für Gebäude mit einfacher Form und für einzelne Dachaufbauten geeignet und wurde aus dem Blitzkugelverfahren abgeleitet (siehe **Bild 5.27**).

Mithilfe dieses Verfahrens kann man einfach feststellen, ob ein zu schützendes Objekt durch eine Fangeinrichtung gegen direkte Blitzeinwirkung geschützt ist. Die erforderlichen Schutzwinkel können **Bild 5.28** entnommen werden.

Das Schutzwinkelverfahren hat geometrische Grenzen und kann nicht angewendet werden, wenn die Gebäudehöhe größer ist als der Blitzkugelradius r nach Tabelle 5.5.

Bei der Anwendung des Schutzwinkelverfahrens müssen unterschiedliche Gebäudehöhen, die als Bezugsebene dienen, beachtet werden. Der gültige Schutzwinkel α wird durch die jeweilige Höhe bestimmt (**Bild 5.29**).

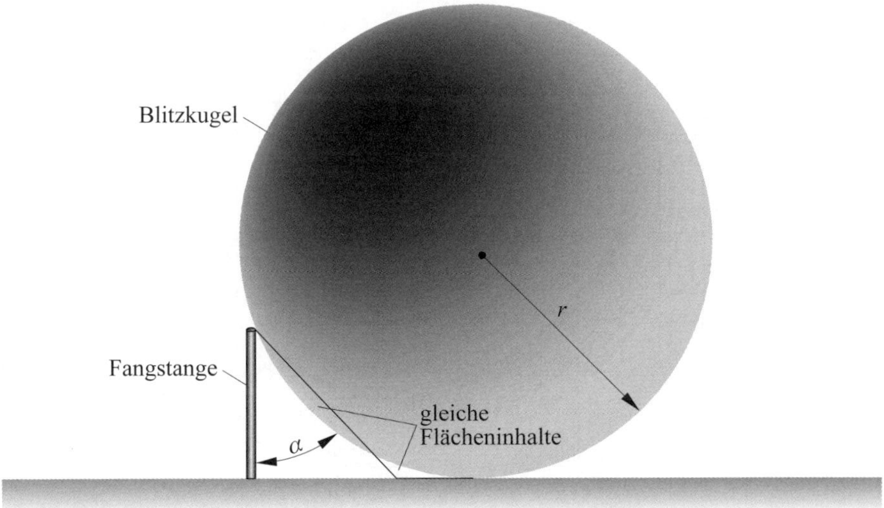

Bild 5.27 Zusammenhang zwischen Schutzwinkel und vergleichbarer Blitzkugel

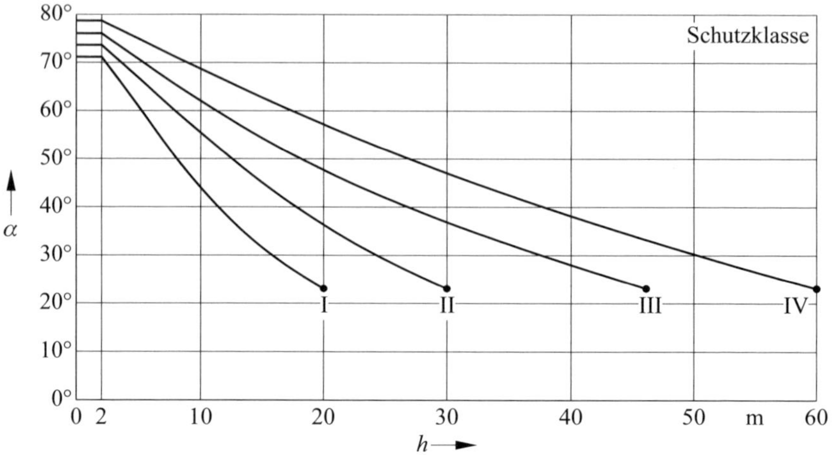

Anmerkung 1: Nicht anwendbar außerhalb der mit • gekennzeichneten Bereiche. In diesen Fällen sind nur das Blitzkugel- und das Maschenverfahren anzuwenden.
Anmerkung 2: *h* ist die Höhe der Fangeinrichtung über die Bezugsebene der zu schützenden Fläche.
Anmerkung 3: Der Winkel ändert sich nicht bei Werten von *h*, die kleiner als 2 m sind.

Bild 5.28 Schutzwinkel, entsprechend der Schutzklasse des Blitzschutzsystems (Quelle: DIN EN 62305-3 (**VDE 0185-305-3**), Bild 1)

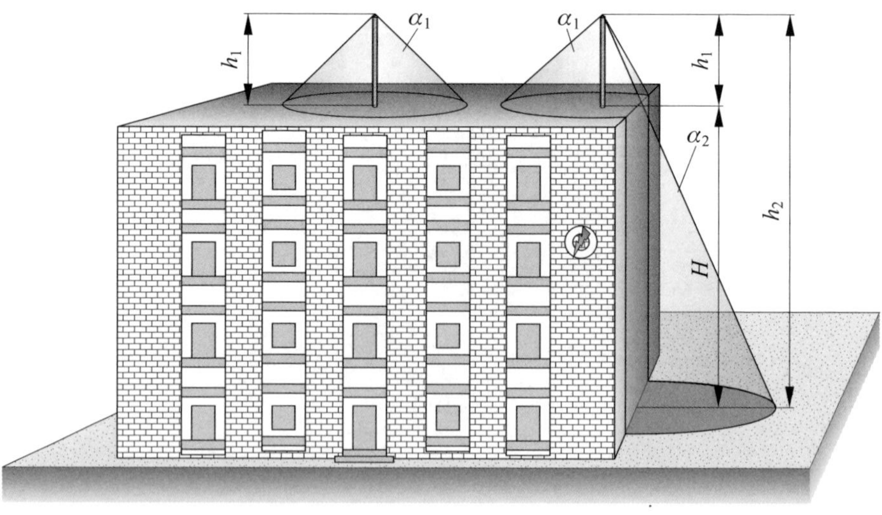

Bild 5.29 Schutzwinkel für verschiedene Höhen (Quelle: DIN EN 62305-3 (**VDE 0185-305-3**), Bild E.12)

5.6.2.2 Typische Anwendungsfälle

Typische Anwendungsfälle für das Schutzwinkelverfahren sind kleinere bauliche Anlagen, z. B. Einfamilienhäuser (**Bild 5.30**) oder Dachaufbauten, wie Kamine (**Bild 5.31** und **Bild 5.32**), Motorlüfter (**Bild 5.33**), Lichtkuppeln (**Bild 5.34** und **Bild 5.35**) oder Antennenanlagen (**Bild 5.36** und **Bild 5.37**).

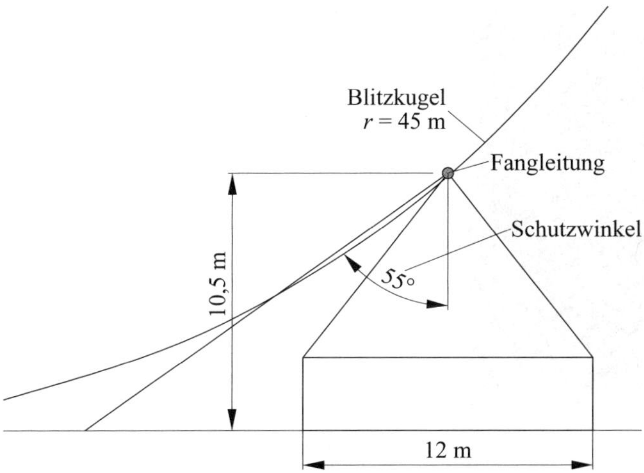

Bild 5.30 Schutz eines Einfamilienhauses

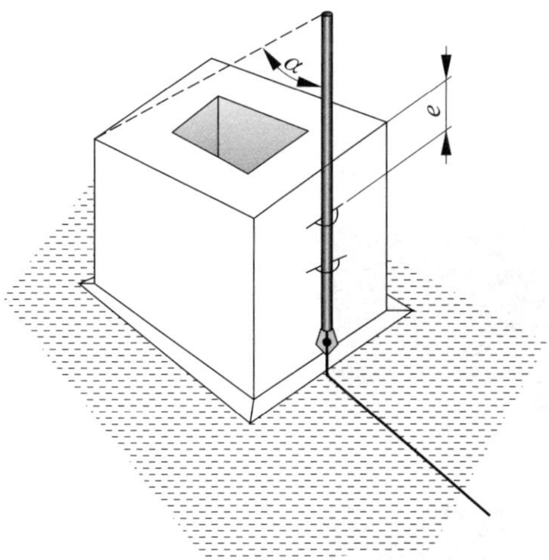

Bild 5.31 Schutz eines Kamins

Bild 5.32 Schutz eines Kamins durch eine Fangstange

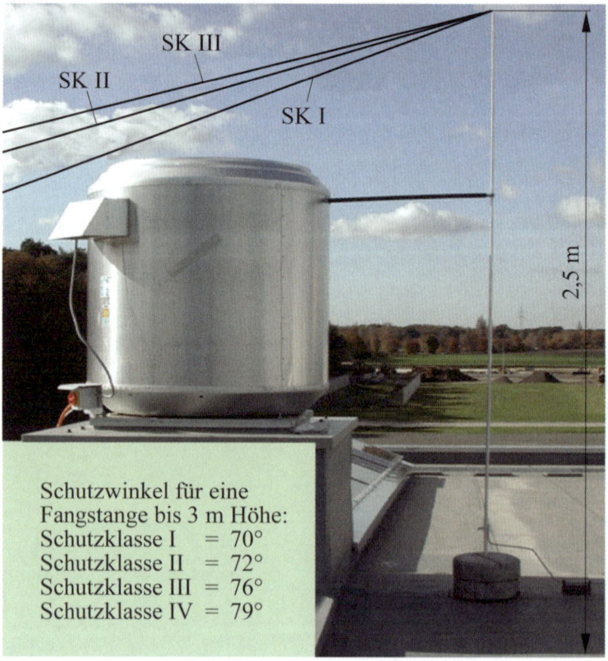

Bild 5.33 Schutz eines Motorlüfters

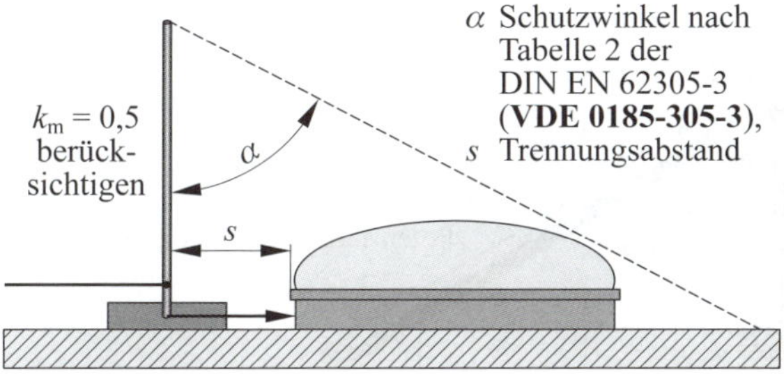

Bild 5.34 Schutz einer Lichtkuppel

Bild 5.35 Schutz von Lichtkuppeln durch Fangstangen

Bild 5.36 Schutz einer Satellitenantenne durch eine getrennte Fangstange

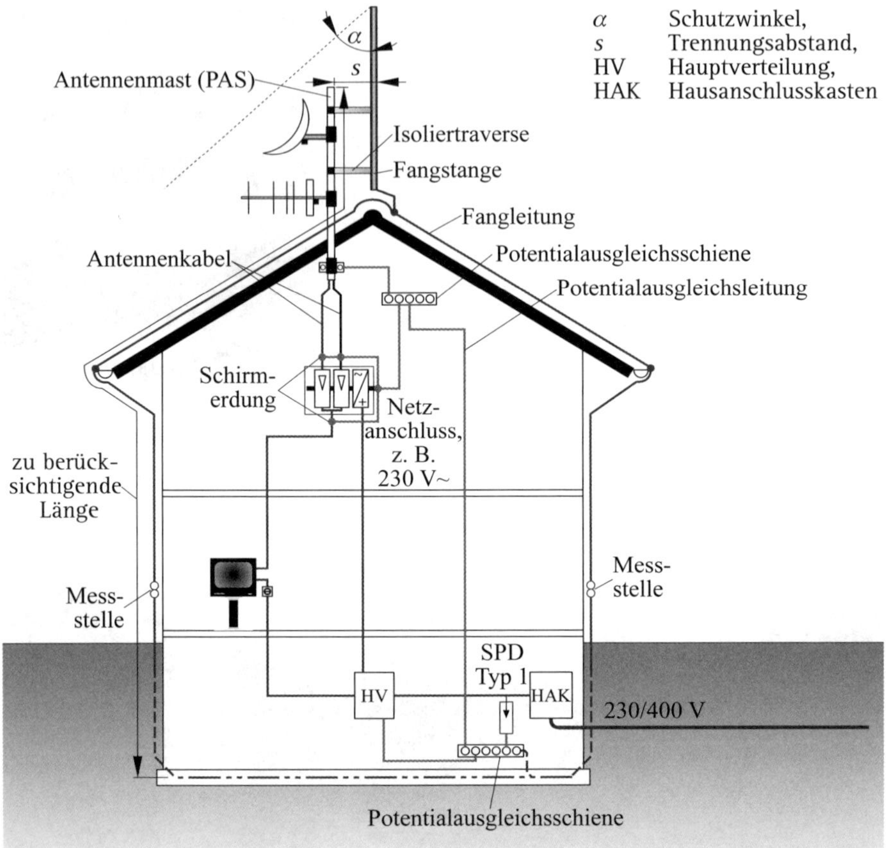

Der Antennenmast und die dazugehörenden Antennen werden durch getrennt angeordnete Fangeinrichtungen nach dem Schutzwinkelverfahren geschützt.

Bild 5.37 Beispiel für die Ausführung eines Blitzschutzsystems eines Gebäudes mit Fernsehantenne (Quelle: DIN EN 62305-3 Beiblatt 1 (**VDE 0185-305-3 Beiblatt 1**), Bild E.117)

5.6.3 Maschenverfahren

5.6.3.1 Allgemeines

Das Maschenverfahren wird zum Schutz ebener Flächen angewendet. Man geht davon aus, dass ein Maschennetz die gesamte Fläche schützt, wenn folgende Bedingungen erfüllt sind:

a) Fangleitungen sind angeordnet an
   - Dachkanten,
   - Dachüberhängen,
   - Dachfirsten, wenn die Neigung des Daches größer als 1/10 ist,
   - den Seitenflächen einer baulichen Anlage über 60 m in einer Höhe über 80 % der Gebäudehöhe;

b) die Maschengrößen des Fangnetzes sind nicht größer als die in **Tabelle 5.7** angegebenen Werte;

c) das Netzwerk der Fangeinrichtungen ist so ausgeführt, dass der Blitzstrom immer wenigstens zwei verschiedene metallene Wege zur Erde hat; keine metallene Installation darf aus der von Fangeinrichtungen geschützten Fläche hervorstehen;

d) die Fangleitungen sind so kurz wie möglich und verlaufen auf direkten Wegen.

Schutzklasse des Blitzschutzsystems	Maschengröße w_m in m
I	5 × 5
II	10 × 10
III	15 × 15
IV	20 × 20

Tabelle 5.7 Höchstwerte der Maschengröße entsprechend der Schutzklasse des Blitzschutzsystems

5.6.3.2 Anhebung der Fangebene

Der Schutz einer ebenen Fläche mit maschenförmigen Fangeinrichtungen ist, wie es im Anhang E der Norm beschrieben wird, eine Annahme, die sich aufgrund der praktischen Erfahrungen bewährt hat, die aber keine physikalische Begründung hat. Insbesondere bei kleineren Stromscheitelwerten ist ein Restrisiko gegeben. Untersucht man ein als Maschennetz ausgebildetes Fangleitungssystem (**Bild 5.38**) nach dem Blitzkugelverfahren, dann wird man schnell feststellen, dass die Blitzkugel Teile der Dachfläche berühren kann (**Bild 5.39**). Die folgenden Darstellungen gelten für Blitzschutzklasse III.

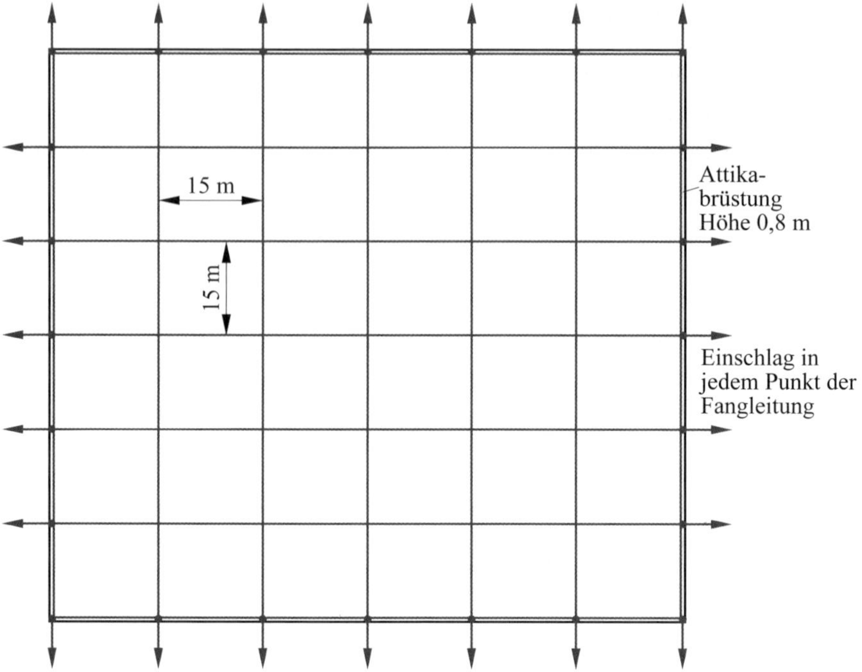

Bild 5.38 Fangleitungssystem nach dem Maschenverfahren

$$p = r - \sqrt{r^2 - \left(\frac{d}{2}\right)^2}\,; \qquad p = 45 - \sqrt{45^2 - \left(\frac{15}{2}\right)^2} = 0{,}63\ \text{m}$$

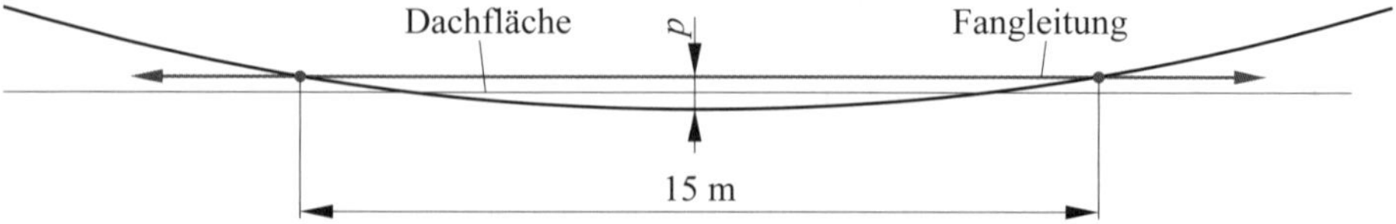

Bild 5.39 Die Blitzkugel berührt Bereiche der Dachfläche, die nach dem Maschenverfahren geschützt werden

Diese Problematik wird auch im Anhang A der Norm dargestellt. Als Lösung wird in **Bild 5.40** ein angehobenes Maschennetz dargestellt. Die praktische Umsetzung zeigt **Bild 5.41**.

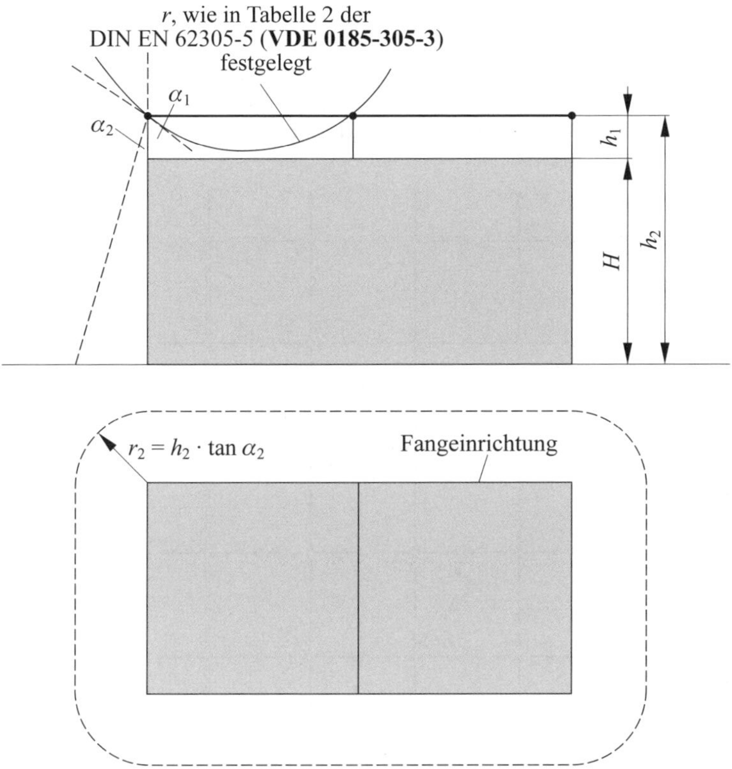

Bild 5.40 Maschenförmige Anordnung von getrennten Fangleitungen (Quelle: DIN EN 62305-3 (**VDE 0185-305-3**), Bild A.4)

Bild 5.41 Angehobene Fangleitung

Die Fangebene kann auch angehoben werden durch die Installation von Fangspitzen oder Fangstangen in den Maschenknoten. Dabei ist die Höhe des Durchhangs der Blitzkugel zu berücksichtigen. Die nachfolgenden Bilder zeigen verschiedene Möglichkeiten für Fangspitzen von 0,8 m (**Bild 5.42** und **Bild 5.43**) und für Fangstangen von 1,5 m (**Bild 5.44** und **Bild 5.45**) und 5 m (**Bild 5.46** und **Bild 5.47**).

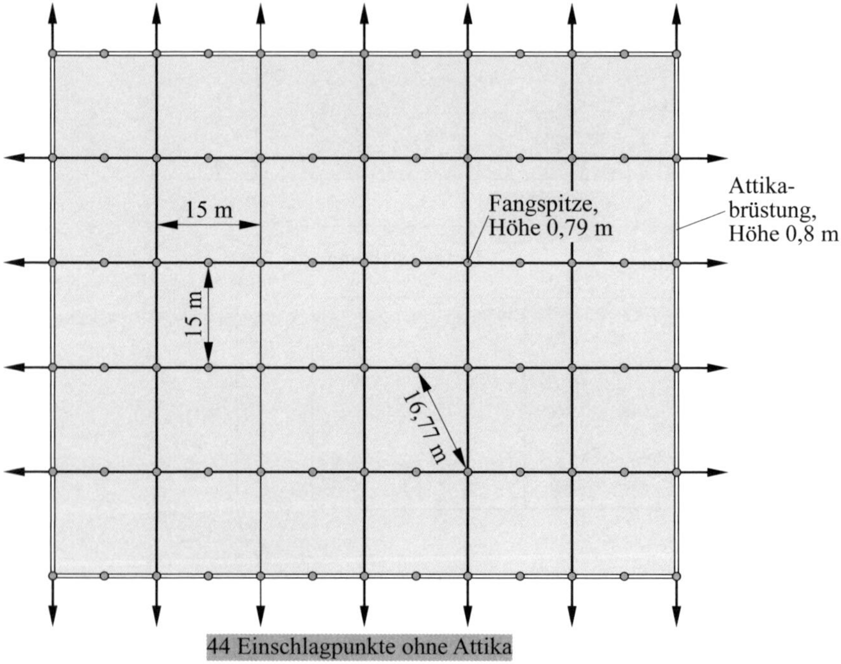

Bild 5.42 Vermaschtes Fangleitungssystem und Fangspitzen von 0,8 m Höhe

$$p = r - \sqrt{r^2 - \left(\frac{d}{2}\right)^2} \; ; \qquad p = 45 - \sqrt{45^2 - \left(\frac{16,77}{2}\right)^2} = 0,79 \text{ m}$$

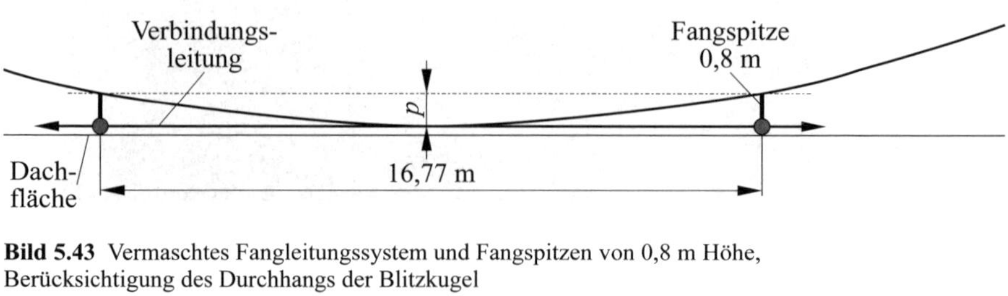

Bild 5.43 Vermaschtes Fangleitungssystem und Fangspitzen von 0,8 m Höhe, Berücksichtigung des Durchhangs der Blitzkugel

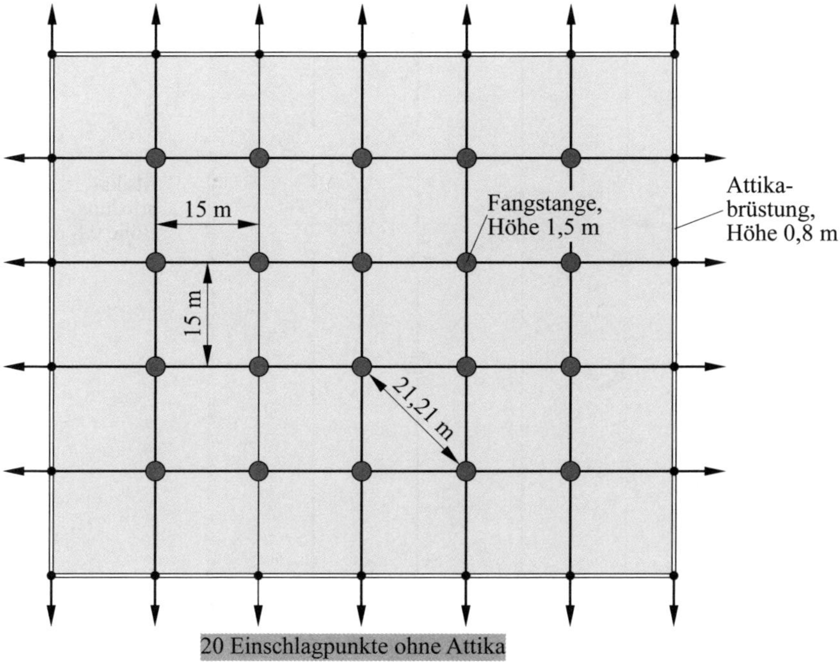

Bild 5.44 Vermaschtes Fangleitungssystem und Fangstangen von 1,5 m Höhe

$$p = r - \sqrt{r^2 - \left(\frac{d}{2}\right)^2}\,; \qquad p = 45 - \sqrt{45^2 - \left(\frac{21{,}21}{2}\right)^2} = 1{,}27\ \text{m}$$

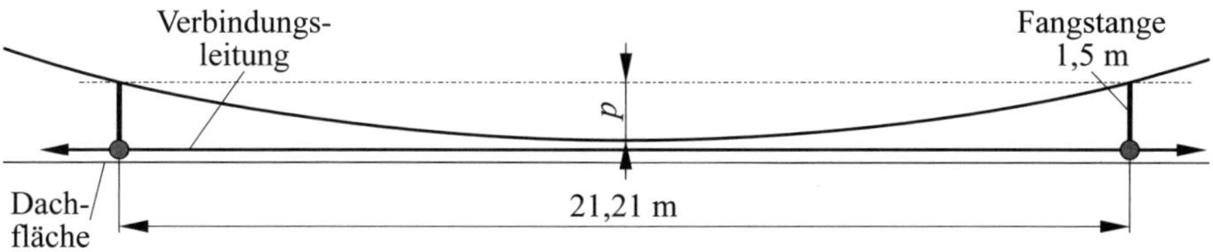

Bild 5.45 Vermaschtes Fangleitungssystem und Fangstangen von 1,5 m Höhe, Berücksichtigung des Durchhangs der Blitzkugel

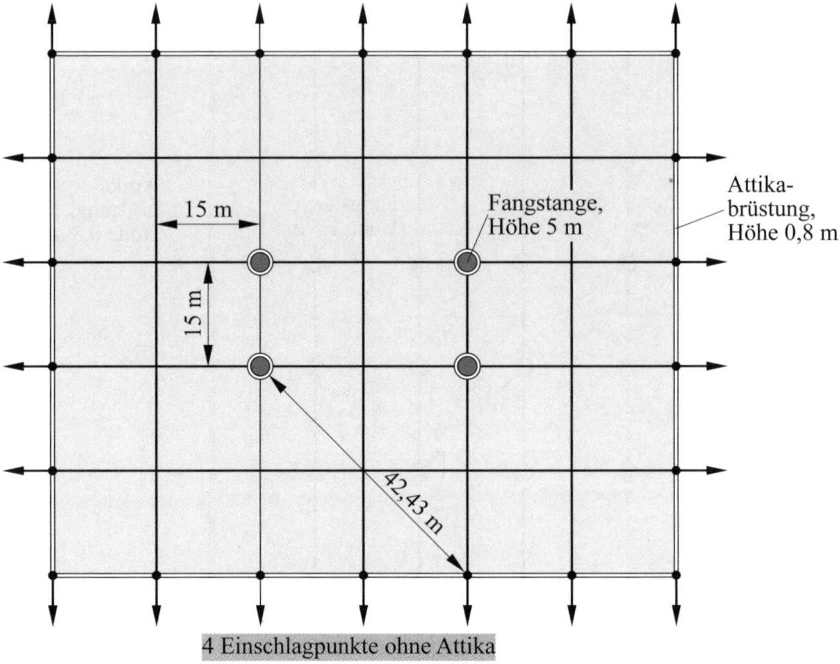

Bild 5.46 Vermaschtes Fangleitungssystem und Fangstangen von 5 m Höhe

$$p = r - \sqrt{r^2 - \left(\frac{d}{2}\right)^2}\,; \qquad p = 45 - \sqrt{45^2 - \left(\frac{42,43}{2}\right)^2} = 5,01\,\text{m}$$

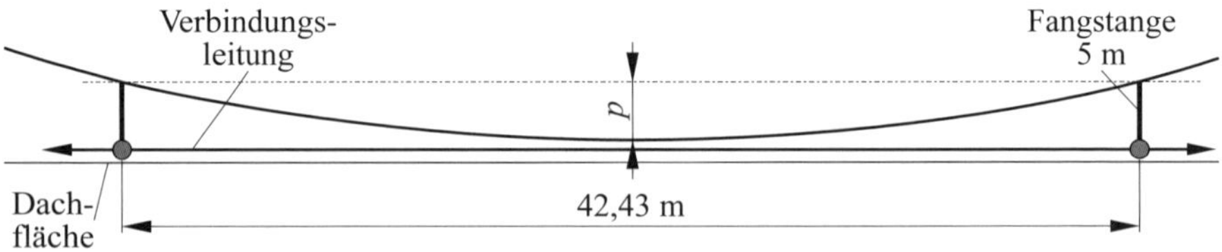

Bild 5.47 Vermaschtes Fangleitungssystem und Fangstangen von 5 m Höhe, Berücksichtigung des Durchhangs der Blitzkugel

Diese Vorgehensweise hat verschiedene Vorteile:

1. Die Einschlagpunkte für den Blitz werden definiert. Je höher die Fangeinrichtung, umso weniger Einschlagpunkte müssen berücksichtigt werden.
2. Die Trennungsabstände können besser eingehalten und überprüft werden, da sich der Blitzstrom in der Regel nach dem Einschlag in die Fangspitze/Fangstange mehrfach aufteilt.
3. Die Anbindung an das Ableitungssystem kann optimiert werden.
4. Das vermaschte Fangleitungssystem hat nur noch die Aufgabe von Verbindungsleitungen.
5. Bei Foliendächern kann der Betonsockel einer Fangstange auch zur Lagefixierung des Maschennetzes genutzt werden; dies ist besonders bei Foliendächern von Vorteil, da hier die Fangleitungen leicht durch Witterungseinflüsse verrutschen können (**Bild 5.48**).
6. Durch die Beibehaltung des vermaschten Fangleitungssystems und eine große Anzahl von Ableitungen wird das elektromagnetische Feld innerhalb des Gebäudes geschwächt, die Spannungseinkopplung in Leiterschleifen wird reduziert.

Bild 5.48 Fangstangen zur Anhebung der Fangebene – die Betonsockel werden zur Lagefixierung genutzt, die Höhe der Fangstange berücksichtigt auch den Schutz von Lichtkuppeln

5.6.3.3 Ausführungsvarianten

Die nachfolgenden **Bilder 5.49 bis 5.55** zeigen verschiedene Möglichkeiten der Realisierung von Fangleitungssystemen nach dem Maschenverfahren.

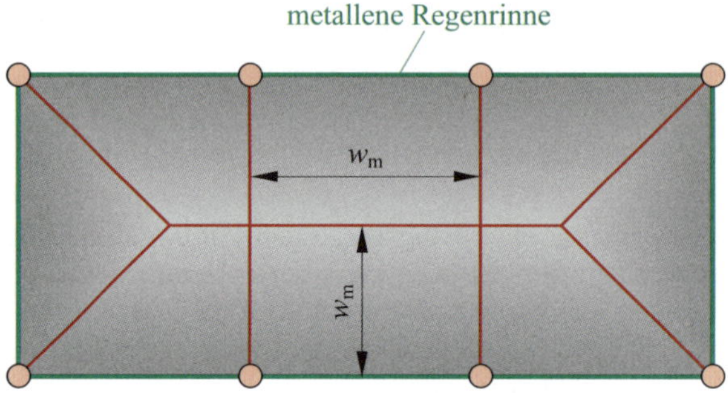

Bild 5.49 Maschenverfahren auf einem Dach mit First
(Quelle: DIN EN 62305-3 Beiblatt 1 (**VDE 0185-305-3 Beiblatt 1**), Bild E.109)

Bild 5.50 Anwendung des Maschenverfahrens

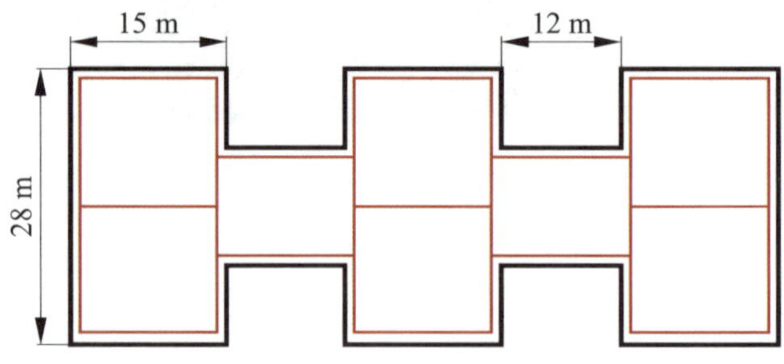

Bild 5.51 Maschenverfahren auf einem Flachdach – Schutz der Dachkanten durch Fangleitungen
(Quelle: DIN EN 62305-3 Beiblatt 1 (**VDE 0185-305-3 Beiblatt 1**), Bild E.110)

Bild 5.52 Anwendung des Maschenverfahrens auf einem Flachdach

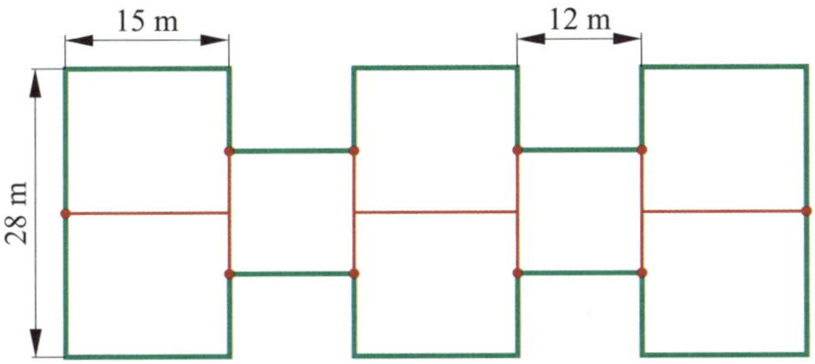

Bild 5.53 Maschenverfahren auf einem Dach mit Attika
(Quelle: DIN EN 62305-3 Beiblatt 1 (**VDE 0185-305-3 Beiblatt 1**), Bild E.112)

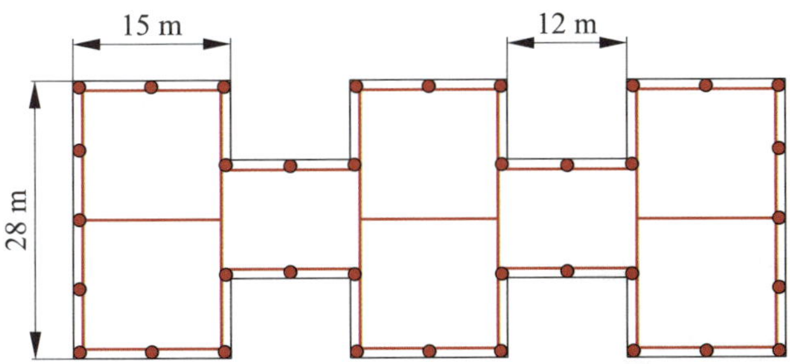

Bild 5.54 Maschenverfahren auf einem Dach mit Betonbrüstung – Schutz durch Fangstangen oder Fangspitzen (Quelle: DIN EN 62305-3 Beiblatt 1 (**VDE 0185-305-3 Beiblatt 1**), Bild E.111)

Bild 5.55 Schutz der Brüstung durch Fangspitzen

Bei Industriebauten gelangt häufig Tageslicht in das Innere der baulichen Anlage über Sheddächer. Den Schutz solcher baulichen Anlagen nach dem Maschenverfahren zeigen **Bild 5.56** und **Bild 5.57**.

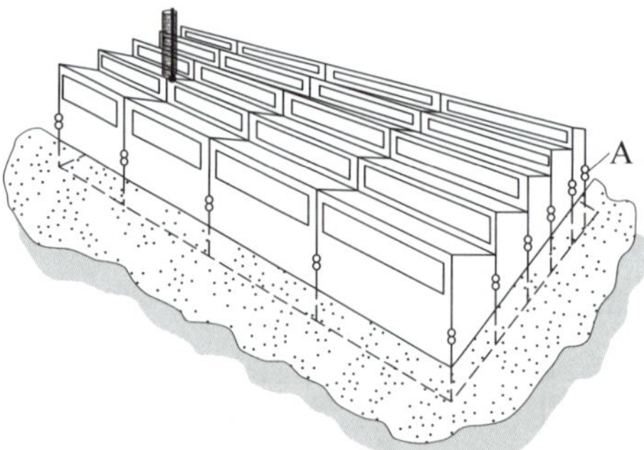

Bild 5.56 Maschenverfahren auf einem Sheddach (Quelle: DIN EN 62305-3 (**VDE 0185-305-3**), Bild E.21c)

Bild 5.57 Vermaschte Fangleitung auf einem Sheddach

5.7 Äußeres Blitzschutzsystem

5.7.1 Auswahl eines äußeren Blitzschutzsystems

Üblicherweise kann der äußere Blitzschutz am zu schützenden Gebäude befestigt werden. In besonderen Fällen kann es sinnvoll sein, einen „getrennten Blitzschutz“ zu realisieren. Dies ist dann der Fall, wenn thermische Effekte an der Einschlagstelle oder in den Blitzstrom führenden Leitern Schäden an der baulichen Anlage oder dem Inhalt verursachen können. In diesen Fällen sollte der Abstand zwischen den Leitungen des äußeren Blitzschutzes und entflammbaren Werkstoffen mindestens 0,1 m betragen.

5.7.2 Nicht getrennter äußerer Blitzschutz

5.7.2.1 Fangeinrichtungen

Die Wahrscheinlichkeit, dass ein Blitzstrom in eine zu schützende bauliche Anlage eindringt, wird durch eine geeignet ausgelegte Fangeinrichtung wesentlich vermindert, wenn es möglich ist, die erforderlichen Trennungsabstände einzuhalten.

Fangeinrichtungen können aus einer beliebigen Kombination folgender Bestandteile zusammengesetzt sein:

a) Stangen (einschließlich frei stehender Masten),

b) gespannte Seile,

c) vermaschte Leitungen.

Voraussetzung:

- Alle Arten der Fangeinrichtungen entsprechen in vollem Umfang der Norm.
- Es dürfen nur die tatsächlichen Abmessungen der metallenen Fangeinrichtungen berücksichtigt werden.
- Einzelne Fangstangen sind auf Dachhöhe miteinander zu verbinden.

Grundsätzlich gilt nach DIN EN 62305-3 (**VDE 0185-305-3**), Abschnitt 5.2.1, dass für den Schutz einer baulichen Anlage nur die tatsächlichen physikalischen Abmessungen einer metallenen Fangeinrichtung gültig sind.

Bei der Planung ist darauf zu achten, dass Fangleitungen und Ableitungen so miteinander verbunden werden, dass eine gleichmäßige Stromverteilung erreicht wird. Die Beachtung dieser Vorgabe erleichtert nicht nur die Einhaltung von Trennungsabständen, sondern reduziert auch die elektromagnetisch eingekoppelte Spannung in Leiterschleifen.

Radioaktive Fangeinrichtungen sind nicht erlaubt.

Gemäß DIN EN 62305-3 (**VDE 0185-305-3**), Anhang E werden Befestigungsabstände und Maße entsprechend **Tabelle 5.8** empfohlen.

Anordnung	**Befestigungsabstände für Flachleiter, Leiterseile und weichgezogene Rundleiter in mm**	**Befestigungsabstände für massive Rundleiter in mm**
waagerechte Leiter auf waagerechten Flächen	1 000	1 000
waagerechte Leiter auf senkrechten Flächen	500	1 000
senkrechte Leiter vom Erdboden bis 20 m	1 000	1 000
senkrechte Leiter ab 20 m und darüber	500	1 000
Anmerkung 1: Diese Tabelle gilt nicht für eingebaute Befestigungen, für die eine besondere Betrachtung erforderlich sein kann. Anmerkung 2: Eine Einschätzung der Umweltbedingungen (d. h. die erwartete Windbelastung) sollte ebenfalls durchgeführt werden, wobei sich von den empfohlenen Befestigungsabständen abweichende Abstände als notwendig zeigen können.		

Tabelle 5.8 Empfohlene Befestigungsabstände
(Quelle: DIN EN 62305-3 (**VDE 0185-305-3**), Tabelle E.1)

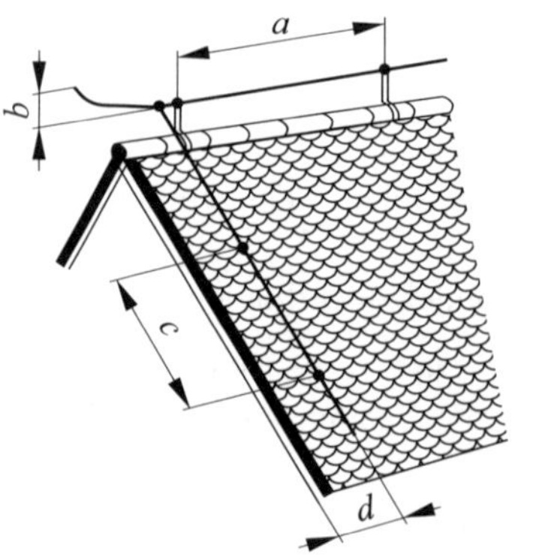

Bild 5.58 Firstleitung mit Fangspitze und Dachableitung (Quelle: DIN EN 62305-3 (**VDE 0185-305-3**), Bild E.22a)

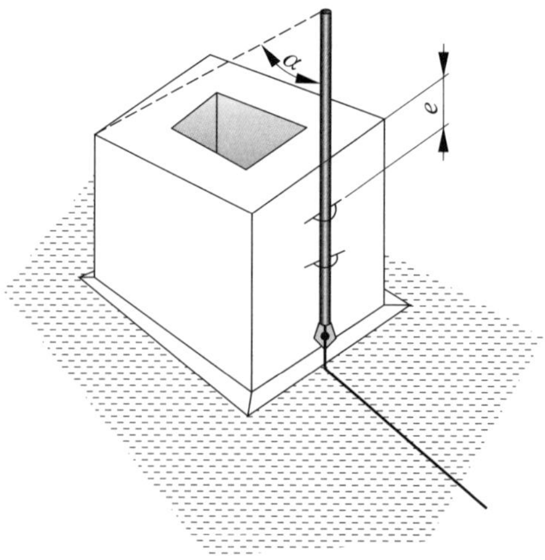

Bild 5.59 Fangstange zum Schutz eines Schornsteins (Quelle: DIN EN 62305-3 (**VDE 0185-305-3**), Bild E.22b)

Beispiele für geeignete Maße sind:
a = 1 m; b = 0,15 m; c = 1 m; d möglichst nahe an der Kante; e = 0,2 m

Fangeinrichtungen müssen insbesondere den Schutz von Ecken, herausragenden Stellen und Kanten (vor allem im oberen Bereich jeder Fassade) sicherstellen. Dabei sind metallene Teile, wie Regenrinnen, Schneefanggitter und Traufenbleche, nach Erfordernis mit in die Fangeinrichtung einzubeziehen und können als natürliche Leitung genutzt werden, wenn sie Tabelle 5.10 entsprechen. Die **Bilder 5.58 bis 5.61** zeigen Ausführungsbeispiele.

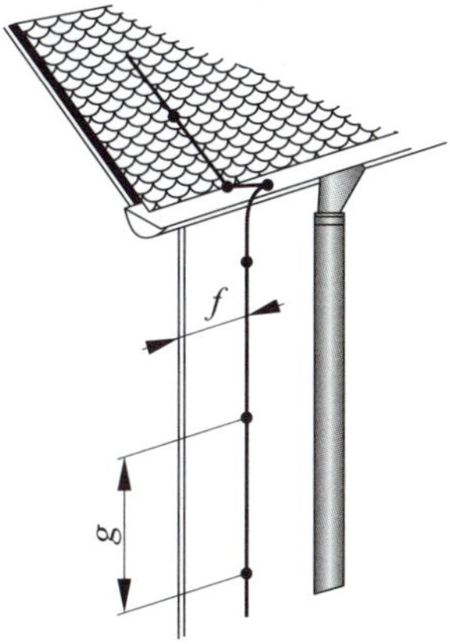

Bild 5.60 Ableitung mit Verbindung zur Regenrinne (Quelle: DIN EN 62305-3 (**VDE 0185-305-3**), Bild E.22c)

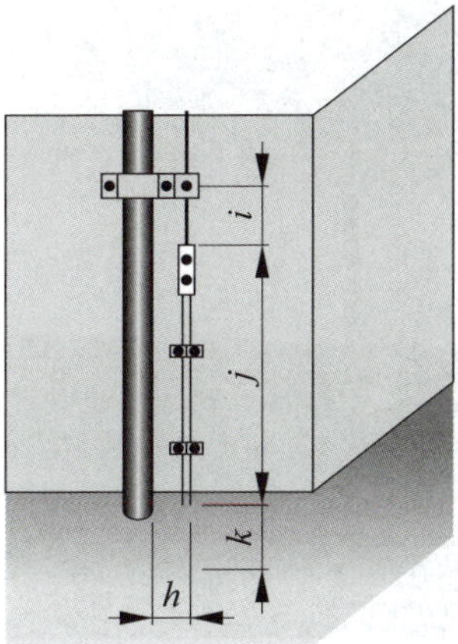

Bild 5.61 Ableitung, Erdeinführung und Verbindung zum Regenfallrohr (Quelle: DIN EN 62305-3 (**VDE 0185-305-3**), Bild E.22d)

Beispiele für geeignete Maße sind:
$f = 0{,}3$ m; $g = 1$ m; $h = 0{,}05$ m; $i = 0{,}3$ m; $j = 1{,}5$ m; $k = 0{,}5$ m; α Schutzwinkel

Die nachfolgenden **Bilder 5.62 bis 5.65** zeigen die Anwendung im praktischen Einsatz.

Bild 5.62 Firstleitung mit Fangspitze

Bild 5.63 Anschluss an Regenrinne und Traufenblech

Bild 5.64 Anschluss an eine Regenrinne

Bild 5.65 Schutz durch Fangstangen

Bei Leitungen, dies gilt für Fang- und Ableitungen, können durch Temperaturschwankungen erhebliche Längenänderungen auftreten. Dieses ist abhängig vom Material und der Gesamtlänge. Typische Abstände für Dehnungsstücke (siehe auch **Bild 5.66** und **Bild 5.67**) liegen zwischen 10 m und 15 m (siehe auch DIN EN 62305-3 Beiblatt 1 (**VDE 0185-305-3 Beiblatt 1**), Tabelle 101).

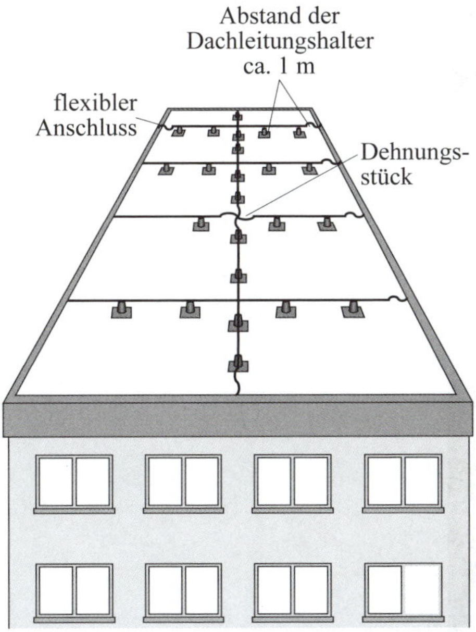

Bild 5.66 Beispiel für die Anordnung von Dehnungsstücken
(Quelle: DIN EN 62305-3 Beiblatt 1 (**VDE 0185-305-3 Beiblatt 1**), Bild E.114)

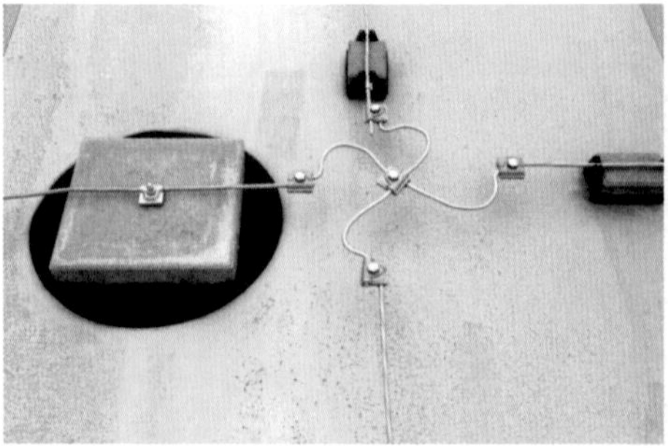

Bild 5.67 Dehnungsstück

Ein wichtiges Bauteil zur Realisierung von Fangeinrichtungen sind Fangstangen, die zum Schutz einzelner Dachaufbauten, herausragenden Bestandteilen der baulichen Anlage oder von Dachflächen genutzt werden können. Diese Fangstangen sind zum Teil erheblichen Windkräften ausgesetzt. Aus diesem Grund kommt der ordnungsgemäßen Befestigung eine erhebliche Bedeutung zu. Dies gilt insbesondere für Fangstangen, die mithilfe von Betonsockeln mechanisch stabilisiert werden (**Bild 5.68**). Umgefallene Fangstangen können die Dachhaut beschädigen (**Bild 5.69**), sodass in diesem Fall erhebliche Schäden möglich sind.

Bild 5.68 Fangstangen mit ungenügender mechanischer Stabilisierung durch eine nicht ausreichende Zahl von Betonsockeln

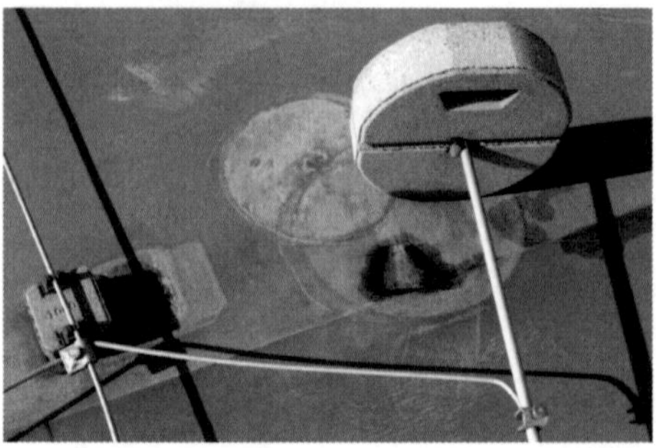

Bild 5.69 Die Dachhaut kann durch umgestürzte Fangstangen beschädigt werden

Aus diesem Grund werden von den Herstellern verschiedene Windlastzonen [5.11] berücksichtigt (**Bild 5.70**) und Hinweise gegeben, mit welchem Aufwand eine Fangstange durch Betonsockel mechanisch zu stabilisieren ist (**Bild 5.71**).

Zone	Windgeschwindigkeit v in km/h
I	127
II	145
III	162
IV	185

Zone I bis IV entspricht Windstärke 12 bis 17
Definition: Orkan

Bild 5.70 Windzonenkarte gemäß DIN 1055-4:2005-03 (Quelle: Dehn + Söhne, Neumarkt)

Bild 5.71 Beispiel für die mechanische Stabilisierung einer 4 m hohen Fangstange

Eine besondere Beachtung erfordern exponierte Tragwerke aus leitenden Stoffen, die die Gebäudehülle durchdringen. Hierzu können Abluftkamine, Stahlkonsolen oder Antennentragwerke gehören. Gelingt es nicht, diese Tragwerke durch getrennte

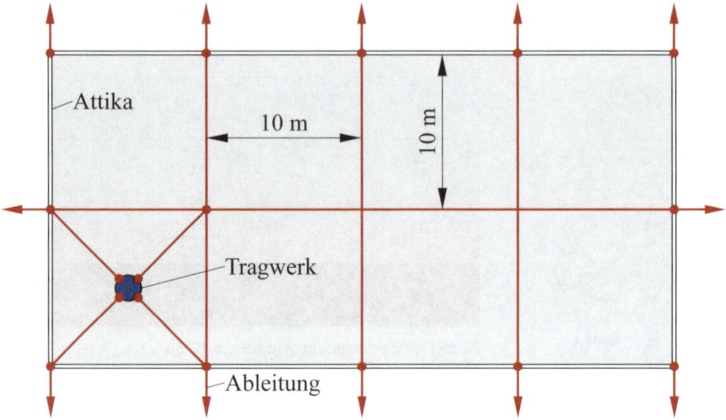

Bild 5.72 Beispiel für die mehrfache Verbindung eines Tragwerks mit dem Fangleitungssystem, wenn getrennte Fangeinrichtungen nicht möglich sind
(Quelle: DIN EN 62305-3 Beiblatt 1 (**VDE 0185-305-3 Beiblatt 1**), Bild E.118)

Bild 5.73 Beispiel für die mehrfache Anbindung eines Tragwerks an das Fangleitungssystem, wenn der Trennungsabstand nicht eingehalten werden kann

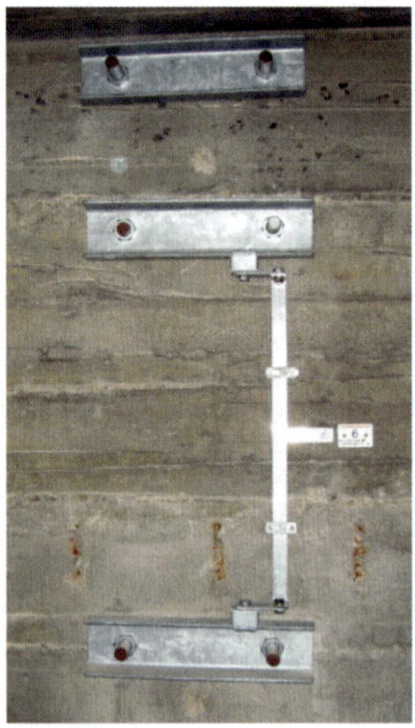

Bild 5.74 Zusätzliche Erdung der Gegenplatten der Befestigungskonstruktion über einen Bewehrungsanschluss

Fangeinrichtungen zu schützen, dann können in die bauliche Anlage Teilblitzströme eingekoppelt werden. Es ist sinnvoll, die Höhe dieser Teilblitzströme zu reduzieren, indem diese Tragwerke mehrfach mit dem Fangleitungssystem verbunden werden (**Bild 5.72** und **Bild 5.73**). Darüber hinaus können weitere Maßnahmen erforderlich sein, die von den örtlichen Verhältnissen abhängen (**Bild 5.74**).

5.7.2.2 Ableitungseinrichtungen

Aufgabe der Ableitungen ist es, den in die Fangeinrichtungen eingekoppelten Blitzstrom zur Erdungsanlage abzuleiten. Hierzu müssen grundsätzlich

a) mehrere parallele Strompfade bestehen,
b) die Länge der Strompfade so kurz wie möglich gehalten werden,
c) ein Potentialausgleich zwischen den leitenden Teilen der baulichen Anlage hergestellt werden.

Die Zahl und Anordnung der Ableitungen beeinflusst den Trennungsabstand.

In **Tabelle 5.9** werden typische Abstände für den Abstand von Ableitungen angegeben. Diese Abstände sind auf die jeweilige Maschengröße der Fangeinrichtung abgestimmt, sodass ein möglichst direkter Strompfad zur Erdungsanlage gegeben ist. Typisch bedeutet aber auch, dass man diese Abstände variieren kann, wenn es die baulichen oder sonstigen Gegebenheiten erfordern.

Schutzklasse des Blitzschutzsystems	Typische Abstände in m
I	10
II	10
III	15
IV	20

Tabelle 5.9 Typische Abstandswerte zwischen Ableitungen entsprechend der Schutzklasse des Blitzschutzsystems (Quelle: DIN EN 62305-3 (**VDE 0185-305-3**), Tabelle 4)

Bei einem nicht getrennten Blitzschutzsystem müssen in jedem Fall mindestens zwei Ableitungen vorhanden sein.

Ableitungen sollten vorzugsweise an den Ecken und dann gleichmäßig auf den Umfang der baulichen Anlage verteilt angeordnet werden. Ist es durch praktische oder architektonische Einschränkungen nicht möglich, Ableitungen an einer Seite oder einem Seitenteil des Gebäudes anzuordnen, sollten die Ableitungen, die eigentlich an dieser Seite angebracht werden müssen, als zusätzliche kompensierende Ableitungen an den anderen Seiten ausgeführt werden. Die Abstände zwischen diesen Ableitungen sollten nicht weniger als ein Drittel der Abstände in Tabelle 5.9 sein. **Bild 5.75** zeigt beispielhaft eine Lösung, wie diese Aussage in der Praxis umgesetzt werden kann.

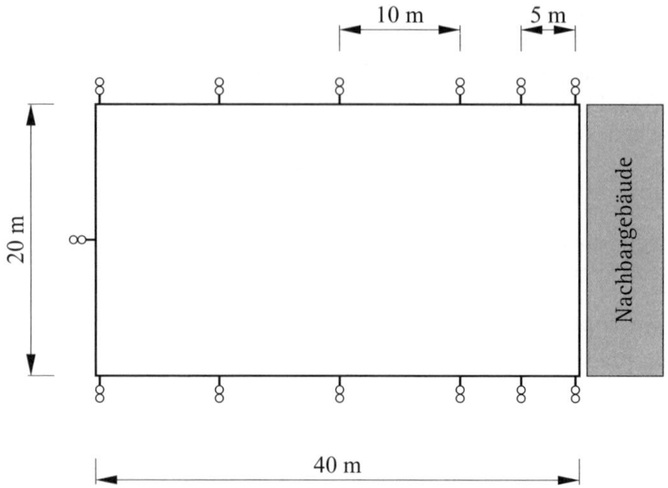

Bild 5.75 Anordnung von Ableitungen (beispielhaft für Schutzklasse I oder II), wenn eine gleichmäßige Anordnung nicht möglich ist
(Quelle: DIN EN 62305-3 Beiblatt 1 (**VDE 0185-305-3 Beiblatt 1**), Bild E.119)

Eine Schwankung der Abstände zwischen den Ableitungen von ± 20 % ist zulässig, solange der mittlere Abstand Tabelle 5.9 entspricht (**Bild 5.76**). Voraussetzung: Die aus dem mittleren Abstand ermittelte Anzahl der Ableitungen gemäß Tabelle 5.9 darf nicht verringert werden.

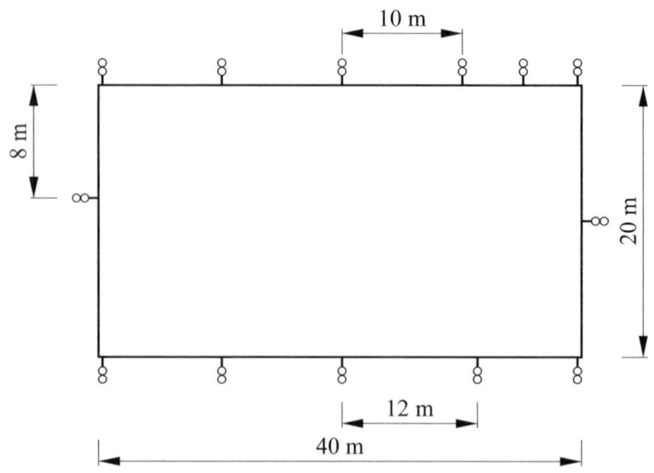

Bild 5.76 Anordnung von Ableitungen (beispielhaft für Schutzklasse I oder II), wenn der Abstand um ± 20 % schwankt
(Quelle: DIN EN 62305-3 Beiblatt 1 (**VDE 0185-305-3 Beiblatt 1**), Bild E.120)

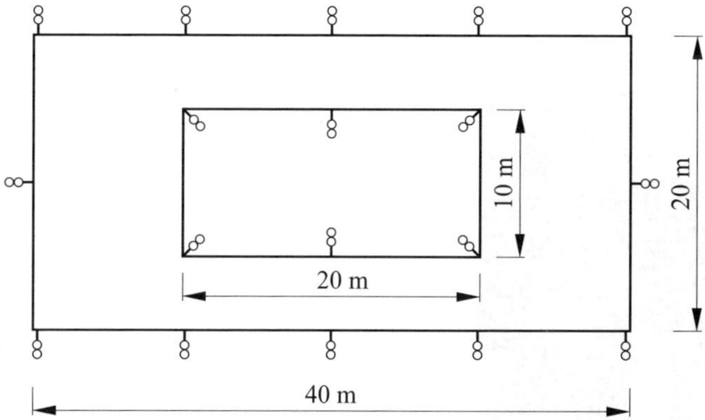

Bild 5.77 Anordnung von Ableitungen bei einer baulichen Anlage mit einem geschlossenen Innenhof (beispielhaft für Schutzklasse I oder II)
(Quelle: DIN EN 62305-3 Beiblatt 1 (**VDE 0185-305-3 Beiblatt 1**), Bild E.101)

In geschlossenen Innenhöfen mit mehr als 30 m Umfang sind Ableitungen erforderlich (siehe **Bild 5.77**).

Ableitungen dürfen nicht in Regenrinnen und Regenfallrohren verlegt werden, auch wenn sie mit Isolierstoff ummantelt sind.

In der Norm wird empfohlen, Ableitungen so anzubringen, dass zu allen Türen und Fenstern ein Trennungsabstand nach Abschnitt 6.3 der Norm eingehalten wird:

Ableitungen eines von der zu schützenden baulichen Anlage nicht getrennten LPS dürfen wie folgt installiert werden:

- *Wenn die Wand aus nicht entflammbarem Werkstoff besteht, dürfen die Ableitungen auf oder in der Wand angebracht werden.*
- *Wenn die Wand aus leicht entflammbarem Werkstoff besteht, dürfen die Ableitungen auf der Wand angebracht werden, sofern die Temperaturerhöhung beim Blitzstromfluss für den Werkstoff der Wand nicht gefährlich ist.*
- *Wenn die Wand aus leicht entflammbarem Werkstoff besteht und die Temperaturerhöhung der Ableitungen gefährlich ist, müssen die Ableitungen so angebracht werden, dass der Abstand zwischen den Ableitungen und der Wand immer größer als 0,1 m ist. Die Befestigungselemente dürfen die Wand berühren.*

Wenn der Abstand zwischen Ableitung und entflammbarem Werkstoff nicht gesichert werden kann, muss der Querschnitt der Ableitung mindestens 100 mm^2 betragen.

Regenfallrohre sind grundsätzlich mit der Erdungsanlage zu verbinden. Werden die Regenfallrohre nicht als vollwertige Ableitung ausgebildet und nur als „indirekte" Ableitung genutzt, dann stellen höhere Übergangswiderstände keinen Mangel dar.

Bild 5.78 Ableitung – Befestigung am Regenfallrohr

Ableitungen werden häufig an Regenfallrohren befestigt. Für die Befestigung werden sogenannte Sickenrohrschellen verwendet, die als Halterung dienen und keine Erdung des Regenfallrohrs darstellen (**Bild 5.78**). Die Erdung eines Regenfallrohrs erfolgt durch eine geprüfte Anschlussschelle.

5.7.3 Nutzung natürlicher Bestandteile einer baulichen Anlage

5.7.3.1 Allgemeines

Natürliche Bestandteile sind alle leitenden Bestandteile, die nicht eigens für den Blitzschutz eingebaut wurden, die aber zusätzlich für das Blitzschutzsystem genutzt werden können. In manchen Fällen können natürliche Bestandteile auch die Funktion eines oder mehrerer Teile eines Blitzschutzsystems übernehmen. Verwendet werden die Begriffe:

- natürliche Fangeinrichtung,
- natürliche Ableitung,
- natürlicher Erder.

Schutzklasse des Blitzschutzsystems	**Werkstoff**	**Dicke**[a)] *t* **in mm**	**Dicke**[b)] *t′* **in mm**
I bis IV	Blei	–	2,0
	Stahl (rostfrei, verzinkt)	4	0,5
	Titan	4	0,5
	Kupfer	5	0,5
	Aluminium	7	0,65
	Zink	–	0,7

a) *t* verhindert Durchlöchern
b) *t′* nur für Metallbleche, wenn die Verhinderung von Durchlöchern, Überhitzung und Entzündung nicht wichtig ist

Tabelle 5.10 Mindestdicke von Metallblechen oder Metallrohren in Fangeinrichtungen (Quelle: DIN EN 62305-3 (**VDE 0185-305-3**), Tabelle 3)

Natürliche Bestandteile müssen mindestens die Vorgaben der **Tabelle 5.10** erfüllen.

Zu den natürlichen Bestandteilen, die immer in/auf der baulichen Anlage verbleiben und nicht geändert werden, gehören z. B. die durchverbundene Stahlbewehrung, das Stahlskelett einer baulichen Anlage usw.

5.7.3.2 Nutzung der natürlichen Bestandteile für Fangeinrichtungen

Als Fangeinrichtung können folgende Teile einer baulichen Anlage als natürliche Fangeinrichtung und Teil eines LPS genutzt werden, wenn sie Tabelle 5.10 erfüllen:

a) Bekleidungen aus Metallblech am zu schützenden Gebäude, sofern:
  - der elektrische Durchgang zwischen den verschiedenen Teilen dauerhaft gewährleistet ist (z. B. durch Hartlöten, Schweißen, Quetschen, Falzen, Schrauben oder Nieten);
  - die Dicke des Metallblechs nicht kleiner ist als der Wert *t′* in Tabelle 5.10 und wenn es nicht notwendig ist, ein Durchschmelzen der Bleche am Einschlagpunkt oder die Entzündung von leicht entflammbarem Werkstoff unter der Bekleidung zu berücksichtigen;
  - die Dicke des Metallblechs nicht kleiner als der Wert *t* in Tabelle 5.10 ist und wenn es notwendig ist, Vorkehrungen gegen Durchschmelzen oder unzulässige Erhitzung am Einschlagpunkt zu treffen;
    Anmerkung: Besteht die Gefahr einer unzulässigen Erwärmung oder die Wahrscheinlichkeit einer Zündung, muss sichergestellt werden, dass der Temperaturanstieg der inneren Oberfläche am Einschlagpunkt keine Gefahr darstellt; diese können außer Acht gelassen werden, wenn sich das Metallblech innerhalb einer Blitzschutzzone 0_B oder höher befindet;
  - sie nicht mit Isolierstoffen beschichtet sind;

b) metallene Bestandteile der Dachkonstruktion (Träger, durchverbundene Bewehrung usw.) unter einer nicht metallenen Dachdeckung, sofern diese Teile der Dachdeckung nicht zu der zu schützenden baulichen Anlage gehören;
c) Metallteile, wie Verzierungen, Geländer, Regenrinnen, Abdeckungen von Brüstungen usw., deren Querschnitt nicht geringer als der für Normbauteile der Fangeinrichtung festgelegte Querschnitt ist;
d) Metallrohre und -behälter auf dem Dach, sofern sie aus Werkstoff hergestellt sind, dessen Dicke und Querschnitt Tabelle 5.13 (siehe Kapitel 5.7.6) entsprechen;
e) Metallrohre und -behälter, die leicht entflammbare oder explosive Stoffe enthalten, sofern sie aus Werkstoff hergestellt sind, dessen Dicke nicht kleiner als der Wert *t* in Tabelle 5.10 ist und die Temperaturerhöhung an der inneren Wandfläche am Einschlagpunkt keine Gefahr darstellt.

Wird die Bedingung für die Dicke nicht erfüllt, müssen die Rohre und Behälter in die zu schützende bauliche Anlage einbezogen werden.

Rohrleitungen mit leicht entflammbarem oder explosivem Inhalt sind als natürlicher Bestandteil der Fangeinrichtung nicht zulässig, wenn die Dichtungen in Flanschkupplungen nicht metallen oder die Flanschseiten nicht anders elektrisch leitend verbunden sind.

Eine dünne Beschichtung mit Schutzfarbe oder etwa 1 mm Bitumen oder 0,5 mm PVC ist nicht als Isolierung zu betrachten.

Auf baulichen Anlagen mit Flachdächern stellen die Attikableche der Dachbrüstung einen typischen natürlichen Bestandteil einer Fangeinrichtung dar, wenn sie den Anforderungen nach Tabelle 5.10 entsprechen. Die Attikableche werden an den Stoßkanten mit entsprechenden Bauteilen überbrückt (**Bild 5.79** und **Bild 5.80**).

Bild 5.79 Überbrückung von Attikablechen

Bild 5.80 Nutzung von Stahlkonstruktionen und Attikablechen als Fangeinrichtung

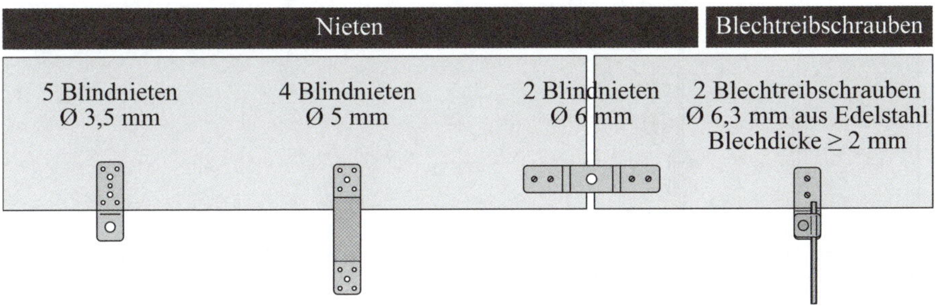

Bild 5.81 Ausführung handwerklich erstellter Verbindungen, wenn die Einblechung nur einseitig zugänglich ist
(Quelle: DIN EN 62305-3 Beiblatt 1 (**VDE 0185-305-3 Beiblatt 1**), Bild 107)

Die Anforderungen für die Ausführung dieser Anschlüsse und Überbrückungen zeigt **Bild 5.81**. Industriell gefertigte und durch den Hersteller freigegebene Bauteile unterliegen nicht den Vorgaben gemäß Bild 5.81, wenn sie nach DIN EN 62561-1 (**VDE 0185-561-1**) [5.12] geprüft und entsprechend den Einbaubedingungen verwendet werden.

Fangleitungen, Leiter auf der Dachfläche und Ableitungen sollten mit der Bekleidung der Dachbrüstung verbunden werden (**Bild 5.82**).

Erfüllen die Attikableche nicht die Anforderungen der Tabelle 5.10, dann kann der Schutz der Attikableche durch zusätzliche Fangspitzen geschehen. Die Befestigung der Fangspitzen muss mit blitzstromtragfähigen Klemmen erfolgen (**Bild 5.83 bis 5.85**).

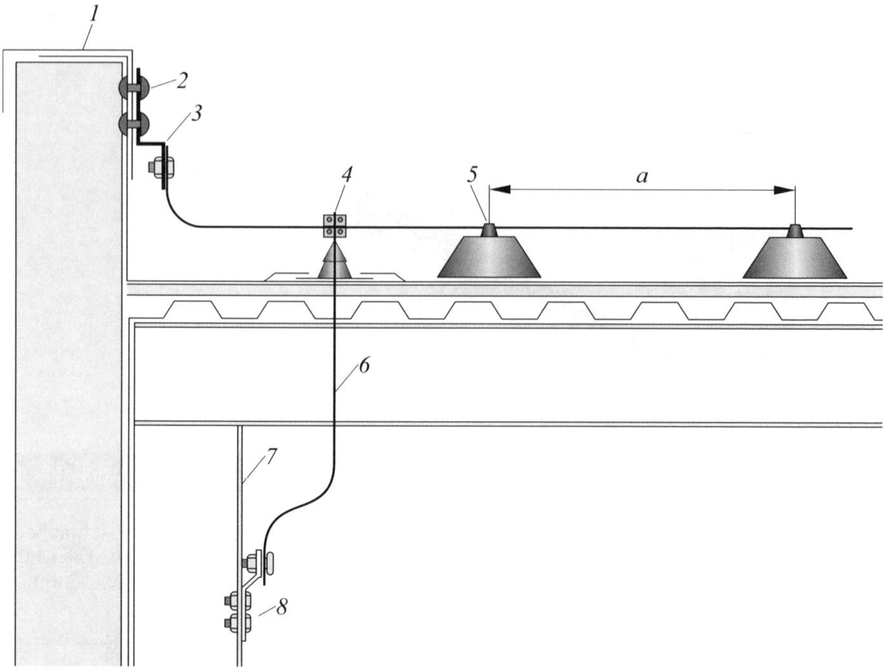

a 500 mm bis 1 000 mm,
1 Dachbrüstung,
2 Verbindung,
3 flexible Leitung,
4 T-Klemme,
5 Halterung der Fangleitung,
6 wasserdichte Dachdurchführung,
7 Stahlträger,
8 Klemme

Bild 5.82 Nutzung der natürlichen Bestandteile auf dem Dach einer baulichen Anlage (Quelle: DIN EN 62305-3 (**VDE 0185-305-3**), Bild E.24)

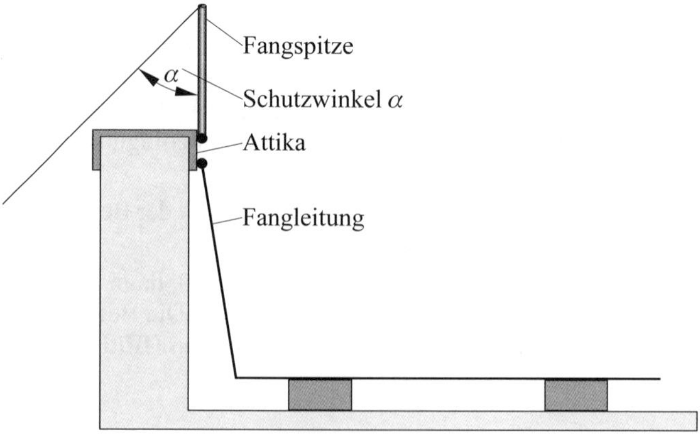

Bild 5.83 Schutz einer metallenen Dachattika, wenn ein Durchschmelzen nicht erlaubt ist (Seitenansicht)

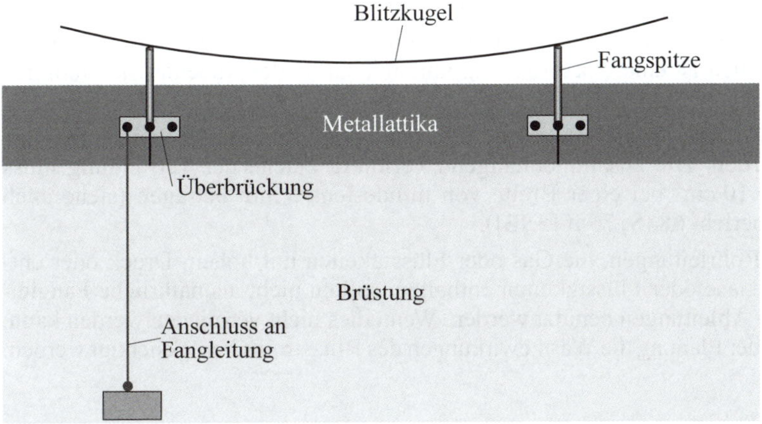

Bild 5.84 Schutz einer metallenen Dachattika, wenn ein Durchschmelzen nicht erlaubt ist (Vorderansicht)

Bild 5.85 Metallene Dachattika mit Fangspitze

In bestimmten Fällen kann die Überbrückung der Attikableche nicht an der Innenseite erfolgen, da sonst die Gefahr einer Beschädigung der Dachfolie besteht (**Bild 5.86**). In diesen Fällen ist eine Überbrückung nur sichtbar an der Außenfassade möglich (**Bild 5.87**).

Durch qualifizierte Fachkräfte können Verbindungen auch durch Weichlöten ausgeführt werden. Die zusammenhängend verlötete Fläche der Verbindung muss mindestens 10 cm^2 bei einer Breite von mindestens 5 mm betragen (siehe auch VDE-Fachbericht 68 (S. 76 ff [5.13]).

Tanks und Rohrleitungen, die Gas oder Flüssigkeiten mit hohem Druck oder entflammbare Gase oder Flüssigkeiten enthalten, sollten nicht als natürliche Fangleitungen oder Ableitungen benutzt werden. Wenn dies nicht vermieden werden kann, müssen bei der Planung die Wärmewirkungen des Blitzstroms berücksichtigt werden.

Bild 5.86 Die metallenen Attikableche können nicht an der Innenseite überbrückt werden

Bild 5.87 Überbrückung der Attikableche an der Außenseite

5.7.3.3 Nutzung von Metalldächern als natürlicher Bestandteil für Fangeinrichtungen

Die Nutzung von Metalldächern als natürliche Fangeinrichtung ist grundsätzlich möglich, wenn die normativen Anforderungen aus DIN EN 62305-3 (**VDE 0185-305-3**), Abschnitt 5.2.5 der Norm (vgl. Kapitel 5.7.3.1 in diesem Buch), die Vorgaben aus Tabelle 5.10 eingehalten und die zusätzlichen Informationen aus DIN EN 62305-3 Beiblatt 4 (**VDE 0185-305-4 Beiblatt 4**) [5.5] und **Tabelle 5.11** berücksichtigt werden.

Unter dem Gesichtspunkt des Brandschutzes ist zu prüfen, ob ein Durchschmelzen der Bleche am Einschlagpunkt oder die Entzündung von leicht entflammbarem Werkstoff zu berücksichtigen ist. Eine Unterkonstruktion der Dacheindeckung, die mindestens der Baustoffklasse B2 nach DIN 4102 [5.14] entspricht, kann die Anforderungen des Brandschutzes erfüllen. Bei einschaligen ungedämmten Dach-

Metalldächer				
	nach DIN EN 62305-3 (VDE 0185-305-3)		**typgeprüfte Dachelemente**	**Abweichungen von typgeprüften Dachelementen**
	Eignung ohne weitere Anforderung		**Eignung ohne weitere Anforderung**	**Eignung nur durch Gutachten von Sachverständigen**[a)]
Oberfläche des Metalls	beschichtet	unbeschichtet	beschichtet	beschichtet
Verbindung	Löten, Schweißen, Schrauben, Nieten	Löten, Schweißen, Schrauben, Nieten, Falzen, Bördeln, Pressen, Klemmen	Einhängen, Bördeln, Falzen, Pressen, Klemmen	Einhängen, Bördeln, Falzen, Pressen, Klemmen und andere Verbindungsarten
Montage nach	Montagerichtlinien der Hersteller bzw. der Verbände		Montagerichtlinien der Hersteller bzw. der Verbände auf der Grundlage bestehender Prüfberichte	Gutachten auf der Grundlage bestehender Montagerichtlinien und Prüfberichte

a) Ein Gutachten kommt nur zur Anwendung bei einer Modifikation der funktionalen Eigenschaften von bereits geprüften Dächern und anderen Verbindungsarten.

Anmerkung: Nach Auffassung der Hersteller von Metalldächern braucht kein Gutachter eingeschaltet zu werden, wenn keine signifikanten, die Funktion betreffenden Änderungen vorliegen. Unterschieden wird zwischen funktionalen und dekorativen Eigenschaften, z. B. Änderung der Schichtdicke oder Farbgebung. Durch einen Gutachter wird festgestellt, ob die Änderungen gegenüber der vorliegenden Typprüfung signifikant sind und eine weitere Typprüfung erforderlich ist.

Tabelle 5.11 Übersicht über die Eignung von Metalldächern als natürlicher Bestandteil des Blitzschutzsystems
(Quelle: DIN EN 62305-3 Beiblatt 4 (**VDE 0185-305-3 Beiblatt 4**), Tabelle 1)

Bild 5.88 Beispiel für eine Ausschmelzung an einem Attikablech durch Blitzeinwirkung (Quelle: Wettingfeld, J.; Müller, K.-P.: Fangeinrichtungen auf Metalldächern [5.16])

konstruktionen über unbelüfteten Dachgeschossräumen ist durch eine geeignete Konstruktion sicherzustellen, dass kein brennbarer Staub eindringen kann. Hinweis: Müssen neuzugelassene Baustoffe berücksichtigt werden, dann gilt die Einstufung gemäß DIN EN 13501-1 [5.15].

Es kann nicht ausgeschlossen werden, dass an der Einschlagstelle eines Blitzes in ein Metalldach durch sehr hohe Stromstärke oder einem Langzeitstrom hoher Ladung die zulässigen Grenzwerte überschritten werden, die zum Durchlöchern der Metallbleche führen (**Bild 5.88**).

Untersuchungen der TU Ilmenau [5.17] an Metallblechen zeigen, dass Ausschmelzungen bei einer Lochbildung zu Perlen flüssigen Metalls führen können. Die heruntertropfenden Metallperlen können brennbares Material entzünden.

Die beschriebenen Schäden können auch bei fachgerechtem Anschluss an das Metalldach und fachgerechter Ausführung der Dacheindeckung auftreten. Der Auftraggeber oder der Betreiber muss auf diese mögliche Auswirkung eines Blitzeinschlags hingewiesen werden. Die nachfolgenden Ausführungen zeigen, durch welche zusätzlichen Maßnahmen diese Schäden verhindert werden können.

Nach DIN EN 62305-3 (**VDE 0185-305-3**) kann eine leitende Dachdeckung durch eine Fangeinrichtung entsprechender Höhe geschützt werden (**Bild 5.89**).

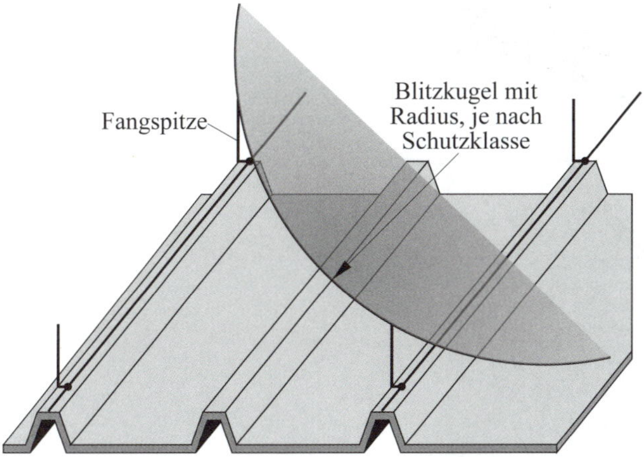

Bild 5.89 Metalldach mit zusätzlicher Fangeinrichtung
(Quelle: DIN EN 62305-3 Beiblatt 1 (**VDE 0185-305-3 Beiblatt 1**), Bild E.104)

Werden blitzstromtragfähige Klemmen für die Befestigung von Fangspitzen verwendet, dann können zusätzliche Fangleitungen entfallen (**Bild 5.90** und **Bild 5.91**).

Bild 5.90 Beispiel für den Schutz von Metalldächern durch Fangspitzen

Bild 5.91 Beispiel für den Schutz von Metalldächern durch Fangspitzen

Bei Metalldächern aus beschichteten Elementen, deren Verbindung miteinander durch Überdeckung/Überlappung hergestellt ist, wird die Eignung als natürlicher Bestandteil des Blitzschutzsystems vom Hersteller durch eine Typprüfung nachgewiesen. Erfolgt die fachgerechte Montage nach der Montage- und Verlegeanleitung des Herstellers, dann gelten typgeprüfte Metalldächer aus beschichteten Blechen als natürlicher Bestandteil des Blitzschutzsystems. Im Falle eines Blitzeinschlags in das beschichtete Metalldach erfolgen die Überschläge an den kleinen Spalten und Durchschläge an den Beschichtungen der Überdeckungsstellen. Ein Blitzstrom verteilt sich daher gleichmäßig über die Metalldachfläche. Damit ist eine niederimpedante Verbindung von der Einschlagstelle über das Metalldach bis zu den Anschlussstellen an das Ableitungssystem gegeben.

Ausschlaggebend für die Nutzung von Metalldächern als natürliche Fangeinrichtung ist die Sicherstellung der Montagequalität. Gemäß DIN EN 62305-3 Beiblatt 4 (**VDE 0185-305-3 Beiblatt 4**) [5.5] trägt die Errichterfirma für das Metalldach die Verantwortung für Montage und Einhaltung der Montagerichtlinie und muss dies dokumentieren, bescheinigen und die entsprechenden Unterlagen dem Errichter des Blitzschutzsystems übergeben. Nach Abschluss der Arbeiten erhält der Auftraggeber zwei Bestätigungen:

- fachgerechte Erstellung des Metalldaches,
- fachgerechte Erstellung der übrigen Teile des Blitzschutzsystems.

Besondere Maßnahmen für den Anschluss der Ableitungen/Verbindungsleitungen an das Metalldach sind zwischen der für die Montage des Metalldaches verantwortlichen Fachfirma und der Errichterfirma des Blitzschutzsystems abzustimmen. Die Eignung der Anschlussbauteile, die zum Anschluss an das Metalldach verwendet werden, wird durch eine Prüfung nach DIN EN 62561-1 (**VDE 0185-561-1**) [5.12] nachgewiesen.

5.7.3.4 Nutzung der natürlichen Bestandteile für Ableitungseinrichtungen

Die Verwendung natürlicher Bestandteile für Ableitungseinrichtungen erhöht in der Regel die Zahl paralleler Stromwege, sodass der Spannungsfall in den Ableitungseinrichtungen und die elektromagnetischen Störungen innerhalb der baulichen Anlage verringert werden. Es ist sicherzustellen, dass eine durchgehende elektrische Verbindung zwischen Fangeinrichtung und Erdungsanlage gegeben ist.

Für die Erstellung einer Ableitungseinrichtung dürfen folgende natürliche Bestandteile genutzt werden:

a) metallene Installationen, sofern
   - ein dauerhafter elektrischer Durchgang zwischen den verschiedenen Teilen besteht,
   - die Maße mindestens den in Tabelle 5.13 (siehe Kapitel 5.7.6) genannten Werten für normierte Ableitungen entsprechen;
     Rohrleitungen mit brennbarem oder explosivem Inhalt sind als natürlicher Bestandteil der Ableitungseinrichtung nicht zulässig, wenn die Dichtungen in Flanschkupplungen nicht metallen oder die Flanschseiten nicht auf andere Weise elektrisch leitend verbunden sind;
     die Umhüllung metallener Installationen mit Isolierstoff ist erlaubt;
b) das metallene oder elektrisch verbundene Stahlbetonskelett der baulichen Anlage;
c) die durchverbundene Bewehrung der baulichen Anlage;
d) Fassadenelemente, Profilschienen und metallene Unterkonstruktionen von Fassaden, unter der Voraussetzung, dass
   - ihre Maße den Anforderungen an Ableitungen entsprechen und dass bei Metallblechen oder -rohren die Dicke mindestens 0,5 mm betragen muss,
   - ihr elektrischer Durchgang in senkrechter Richtung den Anforderungen von Befestigungen entspricht.

Die Stromverteilung in Metallfassaden ist gleichmäßiger als in Stahlbetonwänden. Fassaden aus Metallblech umfassen einzelne Elemente, die eine Breite zwischen 0,6 m und 1 m haben und vertikal oder horizontal installiert werden können (**Bild 5.92** und **Bild 5.93**). Bei höheren baulichen Anlagen entspricht die Länge der Elemente wegen der Transportprobleme nicht der Höhe der baulichen Anlage. Die Fassadenelemente überlappen sich und können bauseits durch eine Vielzahl von Verschraubungen konstruktiv verbunden sein und bestehen dann aus einer Anzahl von Segmenten, die übereinander angebracht sind (**Bild 5.94** und **Bild 5.95**).

Bild 5.92 Metallfassade mit vertikalen Elementen

Bild 5.93 Metallfassade mit horizontalen Elementen

Bild 5.94 Verbindungsstellen zwischen Elementen einer Metallfassade

Bild 5.95 Überlappung von Elementen einer Metallfassade

Die Nutzung einer Metallfassade als natürliche Ableitungseinrichtung zeigt **Bild 5.96**. **Bild 5.97** und **Bild 5.98** zeigen die Umsetzung in der Praxis.

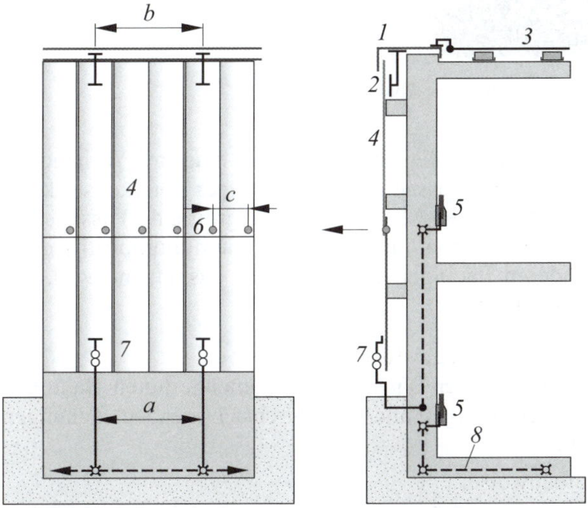

1 Attikableche, *2* Verbindung zwischen Fassadenelementen und Fangeinrichtung, *3* horizontale Fangeinrichtung, *4* Fassadensegmente, *5* Potentialausgleichsschiene, *6* Verbindung zwischen Fassadenelementen, *7* Prüfklemme, *8* Fundamenterder,
typische Maße: $a = 5$ m; $b = 5$ m; $c = 1$ m

Bild 5.96 Nutzung der Metallfassade als natürliche Ableitungseinrichtung

Bild 5.97 Nutzung einer Metallfassade als natürliche Ableitungseinrichtung

Besondere Maßnahmen sind erforderlich, wenn eine bauliche Anlage mit Vorhangfassaden bekleidet wird [5.18]. Die Vorhangfassade wird mittels einer Unterkonstruktion am Tragwerk des Gebäudes aufgehängt. Als geschossübergreifende Fassade hat sie in der Regel eine Rahmenkonstruktion aus Stahl- und Aluminiumprofilen, die großflächig mit Glas oder anderen flächigen Füllelementen ausgefacht wird. Als Ausführungsvarianten unterscheidet man:

- Pfosten-Riegel-Fassaden/Pfosten-Riegel-Konstruktion:
  leichtes Rahmentragwerk aus auf der Baustelle zusammengefügten Bauteilen und mit vorgefertigten undurchsichtigen und/oder durchsichtigen Ausfachungen (nach DIN EN 13830 [5.19]),
- Elementfassaden/Elementbauweise:
  vormontierte, aus miteinander verbundenen Elementen bestehende geschosshohe oder mehrgeschosshohe Baugruppen, vollständig mit Ausfachungen (nach DIN EN 13830).

Bild 5.98 Verbindung einer Metallfassade mit der Erdungsanlage

Eine Vorhangfassade ist nicht mit einer vorgehängten hinterlüfteten Fassade zu verwechseln.

Soll eine Vorhangfassade als natürliche Ableitungseinrichtung genutzt werden, dann muss sichergestellt sein, dass die Anforderungen der Norm und der Tabelle 5.10 erfüllt werden. Einzelne Elemente, die für die Ableitung des Blitzstroms von Bedeutung sind, müssen sicher leitend verbunden sein (siehe auch Bild 5.81 und **Bild 5.99**).

Vorhangfassaden sind im typischen Abstand der Ableitungen entsprechend der Schutzklasse des Blitzschutzsystems in den Potentialausgleich oder an die Erdungsanlage anzuschließen. Aus EMV-Gründen können die Abstände nach DIN EN 62305-4 (**VDE 0185-305-4**) [5.20] auch kleiner sein.

Müssen Fensterbänder berücksichtigt werden, ist zu prüfen, wie diese mit der Unterkonstruktion von Vorhangfassaden oder Metallfassaden verbunden werden. Auch in diesen Fällen muss eine sichere leitende Verbindung gewährleistet sein, die eine durchgängige Verbindung im typischen Abstand für Ableitungen sicherstellt (**Bild 5.100**).

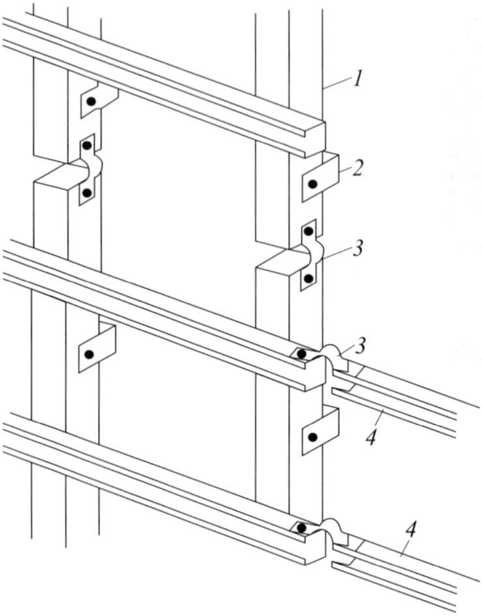

1 senkrechter Träger,
2 Wandbefestigung,
3 Verbindungen,
4 waagerechte Träger

Bild 5.99 Verbindung von Fassadenunterkonstruktionen

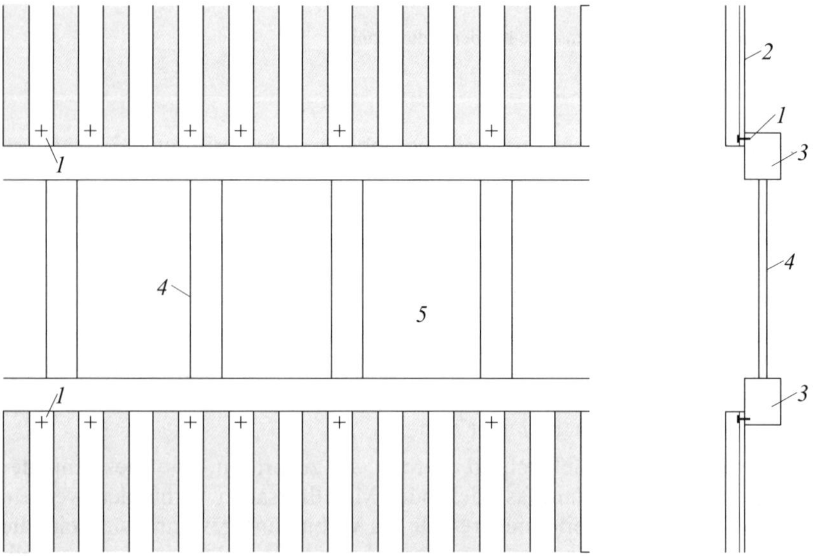

1 senkrechter Träger, *2* Wandbefestigung, *3* Verbindungen, *4* waagerechte Träger

Bild 5.100 Verbindung eines durchgängigen Fensterbands mit einer Metallfassade (Quelle: DIN EN 62305-3 (**VDE 0185-305-3**), Bild E.9)

Bild 5.101 Erdung einer Stahlkonstruktion mit Farbbeschichtung

Bild 5.102 Klemmverbindung zur Erdung der Stahlstütze

Bauliche Anlagen im gewerblichen und/oder industriellen Bereich bestehen häufig aus Stahlskelettkonstruktionen, deren einzelne Elemente miteinander verschraubt sind. Die Stahlträger dieser Konstruktionen eignen sich hervorragend als Ableitungseinrichtung. Gemäß Anhang E der Norm ist es ausreichend, wenn die Verschraubungen mit der Kraft angezogen werden, die zum Erreichen mechanischer Festigkeit erforderlich ist. Sämtliche Stahlteile gelten dann als elektrisch verbunden. Dünne Farbbeschichtungen werden vom Blitzstrom bei der ersten Entladung durchschlagen, sodass sich auch hier leitende Verbindungen bilden (**Bild 5.101**). Aus diesem Grund reicht es aus, die Stahlkonstruktionen am Tiefpunkt mit der Erdungsanlage zu verbinden. Jede Stahlsäule sollte mit der Erdungsanlage verbunden werden. Dies gilt auch für innenliegende Stahlstützen. Grundsätzlich können die Anschlüsse mit Klemmen oder Verschraubungen hergestellt werden (**Bild 5.102**).

5.7.3.5 Nutzung der natürlichen Bestandteile für Erdungen

In der Norm werden als natürliche Erder durchverbundener Bewehrungsstahl oder andere geeignete unterirdische Anlagenteile aus Metall genannt, die den Anforderungen aus Kapitel 5.7.6 dieses Buchs (siehe auch Abschnitt 5.6 der Norm) entsprechen. Für neue bauliche Anlagen muss ein Fundamenterder erstellt werden, sodass über die Verbindungen des Fundamenterders immer die Bewehrung genutzt wird. Folgende unterirdische Anlagenteile können für einen natürlichen Erder genutzt werden:

- Bewehrungen von Pfahlgründungen (**Bild 5.103 bis Bild 5.105**),
- Stahlbleche von Spundwänden, die nach Fertigstellung in der Regel nicht mehr entfernt werden.

Vorteil: Diese Anlagenteile reichen häufig in größere Tiefen und verbessern den Erdungswiderstand einer konventionellen Erdungsanlage erheblich.

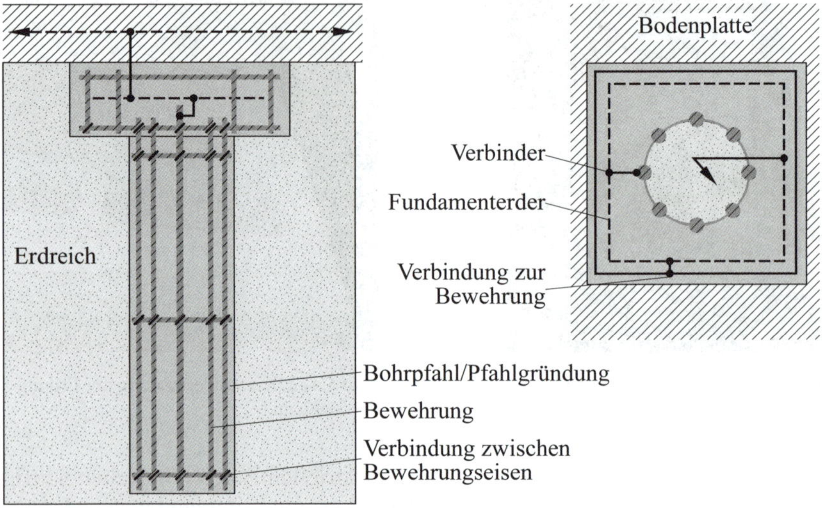

Bild 5.103 Nutzung der Bewehrung einer Pfahlgründung als natürlicher Erder

Bild 5.104 Bewehrung einer Pfahlgründung, geeignet als natürlicher Erder

Bild 5.105 Verbindung der Pfahlgründungen mit dem Fundamenterder

5.7.3.6 Nutzung der Stahlbewehrungen in baulichen Anlagen aus Stahlbeton

Bauliche Anlagen für Industrie, Gewerbe oder Verwaltung werden häufig aus Stahlbeton erstellt. Die Stahlbewehrungen dieser baulichen Anlagen können als natürliche Bestandteile für Ableitungen und Erdungsnetzwerke genutzt werden, wenn folgende Voraussetzung gewährleistet ist:

Eine Stahlbewehrung in einer baulichen Anlage aus Stahlbeton gilt unter der Voraussetzung, dass ein großer Teil der Verbindungen von senkrechten und waagerechten Stäben verschweißt oder auf andere Weise sicher verbunden ist, als elektrisch durchverbunden. Verbindungen senkrechter Stäbe sind zu verschweißen ***(Bild 5.106*** *und* ***Bild 5.107****), miteinander zu verklemmen* ***(Bild 5.108*** *und* ***Bild 5.109****) oder mit mindestens dem 20-Fachen ihres Durchmessers zu überlappen und zu verbinden* ***(Bild 5.110)*** *oder auf andere Weise sicher anzuschließen. Bei neuen baulichen Anlagen muss die Verbindung zwischen den Elementen der Bewehrung vom Planer oder Errichter in Zusammenarbeit mit dem Erbauer und dem Bauingenieur festgelegt werden.*

Bild 5.106 Geschweißte Verbindungen, geeignet für Blitzstrom- und EMV-Zwecke (Quelle: DIN EN 62305-3 (**VDE 0185-305-3**), Bild E.5a)

Bild 5.107 Schweißverbindung zwischen Bewehrung Fundamenterder

Bild 5.108 Klemmverbindungen nach DIN EN 62561-1 (**VDE 0185-561-1**), geeignet für Blitzstrom- und EMV-Zwecke
(Quelle: DIN EN 62305-3 (**VDE 0185-305-3**), Bild E.5b)

Bild 5.109 Klemmverbindung zwischen Bewehrung und Fundamenterder

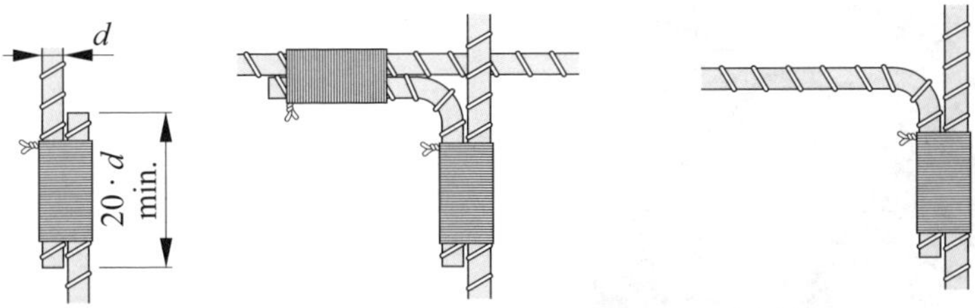

Bild 5.110 Gerödelte Verbindungen, geeignet für Blitzstrom- und EMV-Zwecke (Quelle: DIN EN 62305-3 (**VDE 0185-305-3**), Bild E.5c)

Hinweis: Schweißverbindungen an Bewehrungen sind nur mit Zustimmung des zuständigen Statikers oder Bauingenieurs zulässig und erfordern in der Regel entsprechende Qualifikationen und Nachweise von ausführenden Schweißern. Unkritisch können Schweißverbindungen sein, wenn diese unter dem Gesichtspunkt der Statik ohne oder von untergeordneter Bedeutung sind.

In der Praxis kommt die ausschließliche Nutzung der Bewehrung als natürliche Ableitung oder Erdungsmaßnahmen, wie sie in Bild 5.106 und Bild 5.108 dargestellt sind, so gut wie nicht vor, da die Bauabläufe und die damit verbundenen engen terminlichen Vorgaben dies nicht zulassen. Der Aufwand für Qualitätssicherungsmaßnahmen ist in diesen Fällen erheblich und erfordert eine sorgfältige Dokumentation.

Die Realisierung von gerödelten Verbindungen, die für Blitzstrom- und EMV-Zwecke geeignet sind, ist in Deutschland in der Regel nicht üblich (Bild 5.110). Üblicherweise werden Bewehrungen durch die Verlegung von Fundamenterder und Leitungen in Wänden und Decken mitgenutzt und sind über Klemmverbindungen verbunden (Bild 5.109).

Gerödelte Verbindungen dienen aus baulicher Sicht nur der Lagefixierung von Bewehrungseisen (**Bild 5.111** und **Bild 5.112**). Die Vielzahl dieser Verbindungen und die daraus resultierenden Kontakte zwischen Bewehrungseisen verbessern die Nutzung der Bewehrung für Blitzschutz- und EMV-Zwecke, auch wenn diese Verbindungen eigentlich dafür nicht vorgesehen sind.

Bild 5.111 Gerödelte Verbindungen, nur für EMV-Zwecke geeignet (Quelle: DIN EN 62305-3 (**VDE 0185-305-3**), Bild E.5d)

Bild 5.112 Typische Rödelverbindung zur Lagefixierung der Bewehrungseisen

Wird die Bewehrung ausschließlich genutzt, dann sind zusätzliche Maßnahmen aus Sicherheitsgründen sinnvoll. In der Norm wird daher ausgeführt:

Wenn Verbindungsstellen zwischen den Bewehrungsstäben im Beton und dem Potentialausgleichsleiter durch Klemmverbindung hergestellt werden, sollten aus Sicherheitsgründen immer zwei Potentialausgleichsleiter (oder ein Potentialausgleichsleiter mit zwei Klemmverbindungen zu unterschiedlichen Bewehrungsstäben) verwendet werden, da die Verbindungsstellen nach Einbringen des Betons nicht mehr überprüft werden können.

Die Realisierung eines vermaschten Ableitungssystems aus Bewehrungseisen zeigt **Bild 5.113**.

Bei baulichen Anlagen aus Stahlbeton (einschließlich Betonfertigteile, Spannbetonteile) muss der elektrische Durchgang der Bewehrungsstäbe mit einer Durchgangsprüfung zwischen dem höchsten Teil und dem Erdniveau durchgeführt werden. Der elektrische Gesamtwiderstand sollte bei einer Messung mit einer für diesen Zweck geeigneten Prüfeinrichtung nicht größer als 0,2 Ω sein. Wird dieser Wert nicht erreicht oder kann die Prüfung nicht durchgeführt werden, darf der Bewehrungsstahl nicht als natürliche Ableitung benutzt werden. In diesem Fall wird die Errichtung eines äußeren Ableitungssystems empfohlen. In baulichen Anlagen aus Betonfertigteilen muss der elektrische Durchgang des Bewehrungsstahls der einzelnen Betonfertigteile mit den benachbarten Betonfertigteilen sichergestellt werden.

Im nationalen Vorwort ergänzt und konkretisiert das DKE-Komitee K 251 die normativen Forderungen und gibt folgende Hinweise:

Der Messstrom soll ungefähr 10 A betragen.

Es sind zwei Arten von Messungen durchzuführen:

- Von einem Anschlusspunkt der Bewehrung zum nächsten sollte der Widerstandswert < 10 mΩ sein,
- von den Anschlusspunkten an die Bewehrung gegen H-PAS (Haupterdungsschiene) sollte der Widerstandswert < 10 mΩ pro Meter Gebäudehöhe sein.

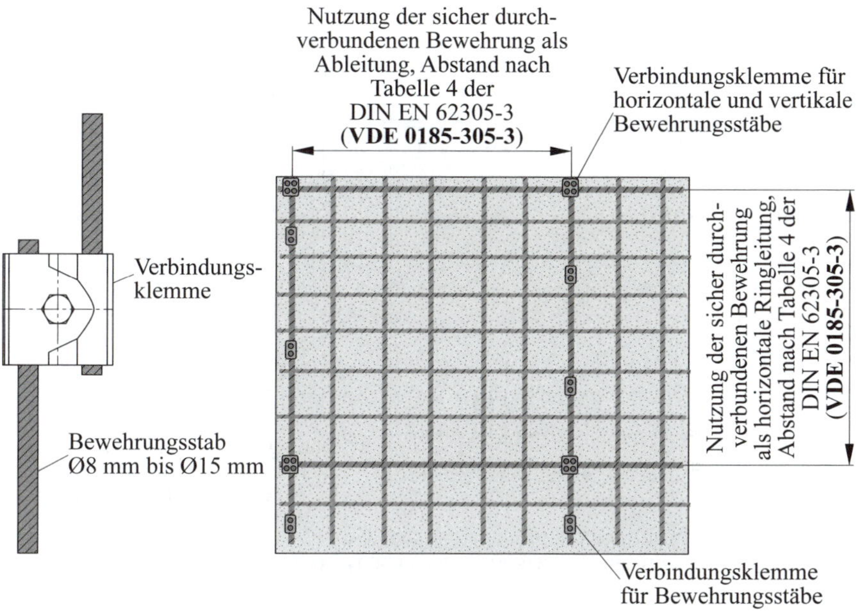

Bild 5.113 Beispiel für die Nutzung der Bewehrung als natürliches Ableitungssystem mit Verbindungsklemmen
(Quelle: DIN EN 62305-3 Beiblatt 1 (**VDE 0185-305-3 Beiblatt 1**), Bild 105)

Der Wert von 10 mΩ pro Meter Gebäudehöhe erlaubt eine „integrale Aussage" der Eignung der Bewehrung für Blitzschutzzwecke und sollte sicher erreicht oder unterschritten werden. Für Messungen ist eine Gleichstromquelle zu verwenden (**Bild 5.114**), damit der ggf. störende Einfluss von „vagabundierenden" Wechselströmen verhindert wird. Beispielhaft werden die Messungen in **Bild 5.115** dargestellt, die Messergebnisse sind entsprechend zu protokollieren (**Bild 5.116**).

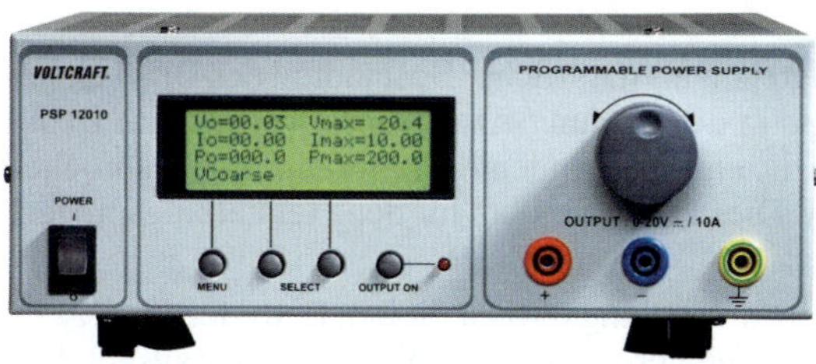

Bild 5.114 Beispiel für eine Gleichstromquelle
(Quelle: Conrad Electronic, Voltcraft)

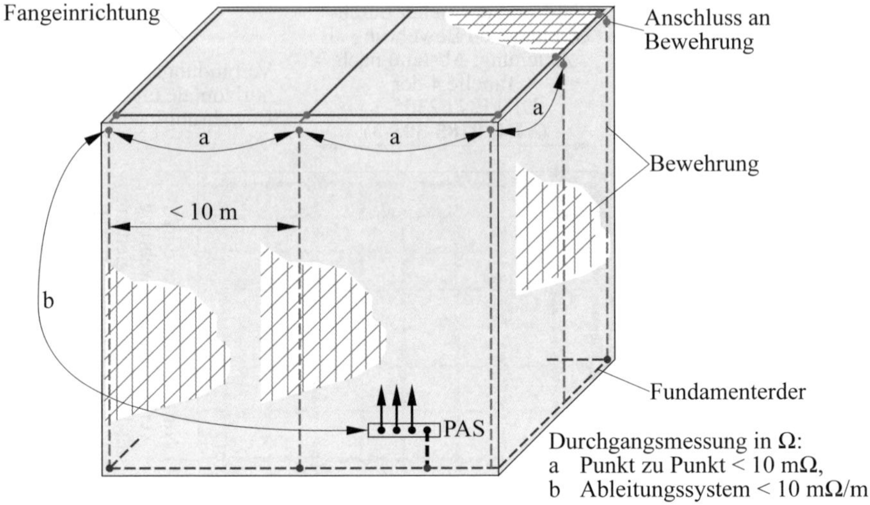

Bild 5.115 Beispiel für Messungen an Bewehrungsanschlüssen (Quelle: DIN EN 62305-3 Beiblatt 1 (**VDE 0185-305-3 Beiblatt 1**), Bild 100)

Strom eingespeist	Spannungsabfall zwischen Messpunkten	Widerstandswert berechnet	Stromart
10,3 A	40,6 mV	3,9 mΩ	DC
10,3 A	40,7 mV	3,9 mΩ	DC

Bild 5.116 Beispiel für ein Messprotokoll

Grundsätzlich kann die Nutzung der Bewehrung bei Neubauten erfolgen in

- Ortbeton (wird auf der Baustelle verarbeitet und erhärtet dort),
- Betonfertigteilen (vorgefertigte Bauteile aus Beton, die im Werk gefertigt, auf die Baustelle transportiert und dort zusammengefügt werden).

Die zuvor gemachten Ausführungen beziehen sich vorzugsweise auf die Nutzung der Bewehrung in Ortbeton.

Soll die Bewehrung von Betonfertigteilen als natürlicher Bestandteil des Blitzschutzsystems genutzt werden, dann muss in der Planungsphase diese Nutzung im Detail festgelegt und mit allen Beteiligten die entsprechenden Anforderungen abgesprochen und verbindlich vereinbart werden. Dies gilt besonders für den Herstellungsprozess im Fertigteilwerk.

Entscheidend für die Nutzung ist der Anwendungszweck. Sollen Betonfertigteile von Wänden und Decken zu einer wirksamen geschirmten Gebäudestruktur ausgebildet werden, dann sind an den jeweiligen Ecken Anschlusspunkte erforderlich, damit die Elemente untereinander zu einem Gesamtsystem verbunden werden (**Bild 5.117**).

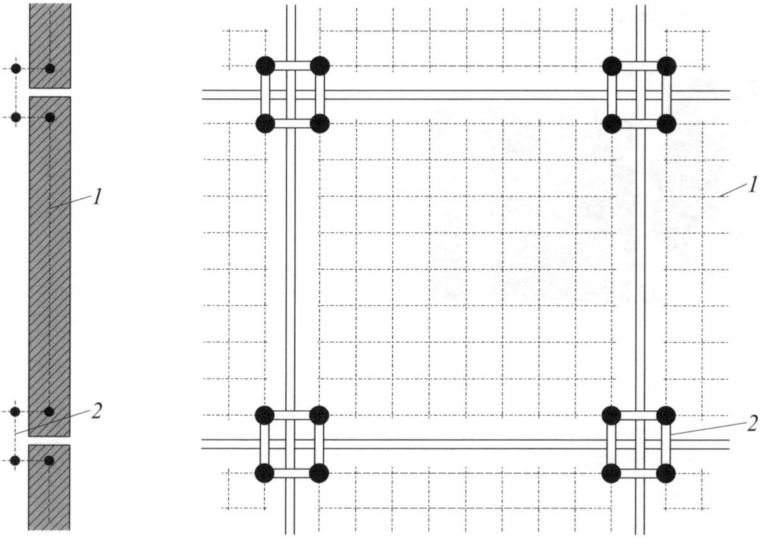

1 Betonfertigteil mit Bewehrung, *2* Potentialausgleichsleiter

Bild 5.117 Montage von Potentialausgleichsleitungen zwischen Fertigbauteilen aus Stahlbeton durch geschraubte oder geschweißte Anschlusspunkte
(Quelle: DIN EN 62305-3 (**VDE 0185-305-3**), Bild E.11a)

Diese Art der baulichen Nutzung der Stahlbewehrung als natürlicher Bestandteil von Blitzschutzmaßnahmen ist aufwendig und wird nur für bauliche Anlagen realisiert, für die Schirmungsmaßnahmen von besonderer Bedeutung sind (z. B. Rechenzentren).

Häufig wird für große Gewerbegebäude (z. B. Logistikzentren, **Bild 5.118**) die Bewehrung der Fertigbetonstützen genutzt oder Ableitungen vor dem Betonieren eingebaut. Anschlüsse aus Fertigbetonstützen können in Form von Anschlussfahnen aus Runddraht 10 mm, V4A, Werkstoff-Nr. 1.4571 oder als Erdungsfestpunkte hergestellt werden (**Bild 5.119**). Die durchgängige Verbindung ist durch entsprechende Messungen zu dokumentieren. Anschlussdetails zeigen **Bild 5.120** und **Bild 5.121**.

Eine Sonderform der Betonfertigteile stellen Halbfertigteilelemente aus Beton dar. Werden Wände aus Halbfertigteilen erstellt, dann werden diese als Hohlwände oder Dreifachwände bezeichnet. Die Elementwände bestehen aus zwei miteinander durch Bewehrungseisen verbundene Schalen, zwischen die auf der Baustelle Beton eingefüllt wird (**Bild 5.122**).

Die Ausführung der Fertigbetonelemente und der Umfang der Bewehrung erfordern die zusätzliche Verlegung von Leitungen, da sonst die Bewehrung in einem Einzelelement nicht zu einem leitenden System ausgebildet werden kann (**Bild 5.123** und **Bild 5.124**).

Bild 5.118 Betonfertigteile für ein Logistikzentrum

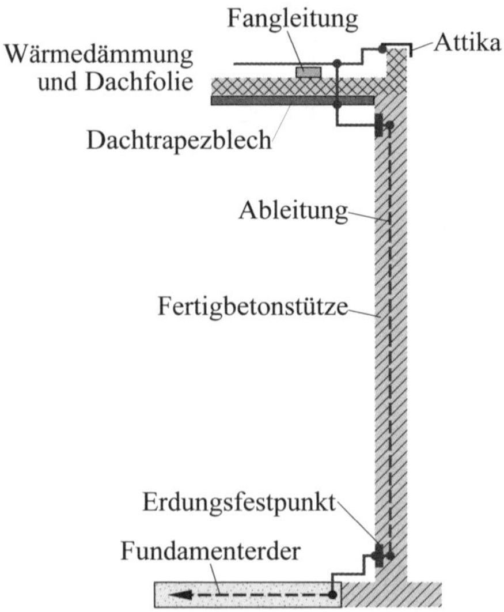

Bild 5.119 Nutzung einer Fertigbetonstütze als Ableitungseinrichtung

Bild 5.120 Fertigbetonstütze, Verbindung zum Fundamenterder

Bild 5.121 Fertigbetonstütze, Anschluss an das Dachtrapezblech und Verbindung zum Fangleitungssystem

Bild 5.122 Halbfertigteil-elemente (Hohlwände)

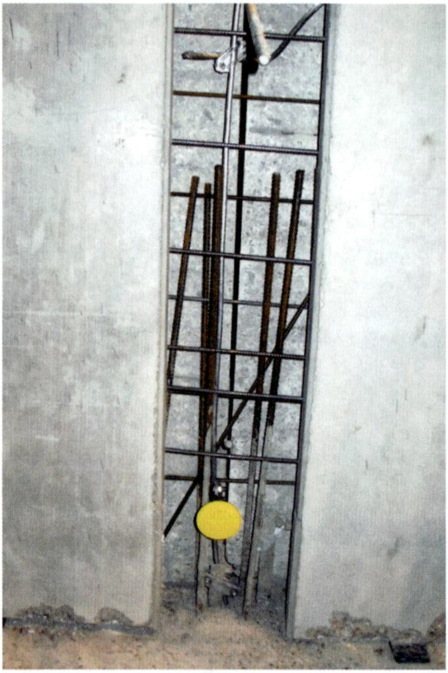

Bild 5.123 Halbfertigteilelement, zusätzliche Leiter zur Nutzung der Bewehrung

Bild 5.124 Halbfertigteilelement, Anschluss der Bewehrung

5.7.4 Getrennter Blitzschutz

5.7.4.1 Allgemeines

In DIN EN 62305-3 (**VDE 0185-305-3**) wird mehrfach darauf hingewiesen, dass die Auswirkungen von Blitzströmen, die in die bauliche Anlage fließen, berücksichtigt werden müssen (siehe insbesondere Abschnitt 6 der Norm). Dieses Problem ist insbesondere dann von Bedeutung, wenn Blitzströme über Dachaufbauten und/oder deren metallene und elektrische Versorgungsleitungen in das Innere der baulichen Anlage eingeführt werden. Diese eingekoppelten Blitzströme können sich induktiv und, wenn Trennungsabstände nicht eingehalten werden, auch direkt in die bestehenden energie- und informationstechnischen Netze einer baulichen Anlage einkoppeln. Eine Auskopplung der Blitzströme erfolgt erst an der Erdungsanlage, die genutzten Strompfade wirken daher wie zusätzliche ungewünschte Ableitungen. Der Einsatz von Überspannungsschutzgeräten kann in diesen Fällen Schäden nur örtlich verhindern.

Aus den zuvor genannten Gründen ist es sinnvoll, bei der Realisierung von Blitzschutzmaßnahmen die Anwendung von getrennten Blitzschutzmaßnahmen zu prüfen. Voraussetzung für die Anwendung getrennter Blitzschutzmaßnahmen ist die Einhaltung von Trennungsabständen (siehe Kapitel 5.8.4).

Getrennte Blitzschutzmaßnahmen können für

- eine bauliche Anlage,
- Teile einer baulichen Anlage (z. B. Klimazentrale) und
- einzelne Dachaufbauten (Motorlüfter)

realisiert werden.

Gemäß Norm gilt für die Anordnung eines getrennten Blitzschutzsystems:

a) *Besteht die Fangeinrichtung aus Fangstangen auf getrennt stehenden Masten (oder einem Mast), die (der) nicht aus Metall oder durchverbundenem Bewehrungsstahl sind (ist), ist für jeden Mast mindestens eine Ableitung erforderlich (**Bild 5.125**). Metallmasten oder Masten aus durchverbundenem Bewehrungsstahl benötigen keine zusätzlichen Ableitungen.*

   Anmerkung: In verschiedenen Ländern ist die Nutzung von Stahlbeton als Teil des LPS nicht zulässig.

b) *Besteht die Fangeinrichtung aus einem oder mehreren gespannten Drähten oder Seilen, ist für jede Stützkonstruktion wenigstens eine Ableitung erforderlich (**Bild 5.126**).*

c) *Bildet die Fangeinrichtung ein vermaschtes Leitungsnetz, ist mindestens eine Ableitung an jedem Endpunkt der Stützkonstruktion für die Drähte oder Seile notwendig (**Bild 5.127**).*

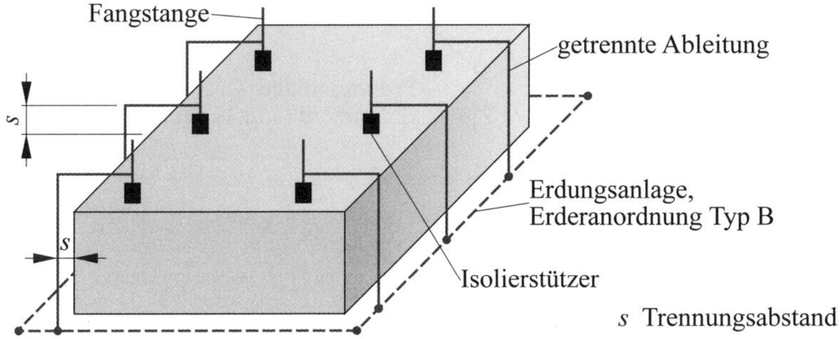

Bild 5.125 Fangeinrichtung aus getrennt montierten Fangstangen

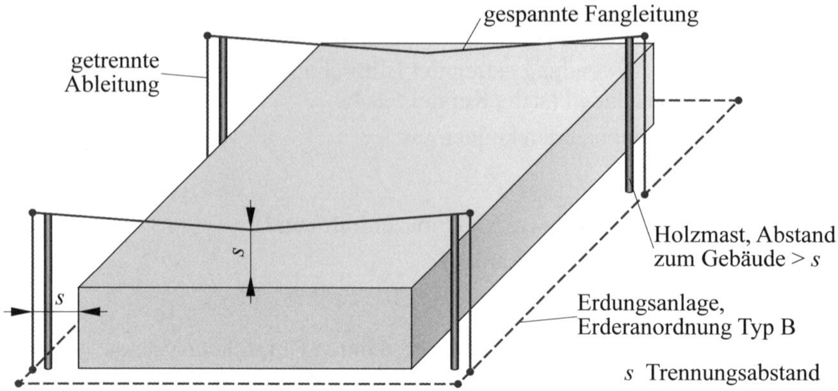

Bild 5.126 Fangeinrichtung aus gespannten Leitungen

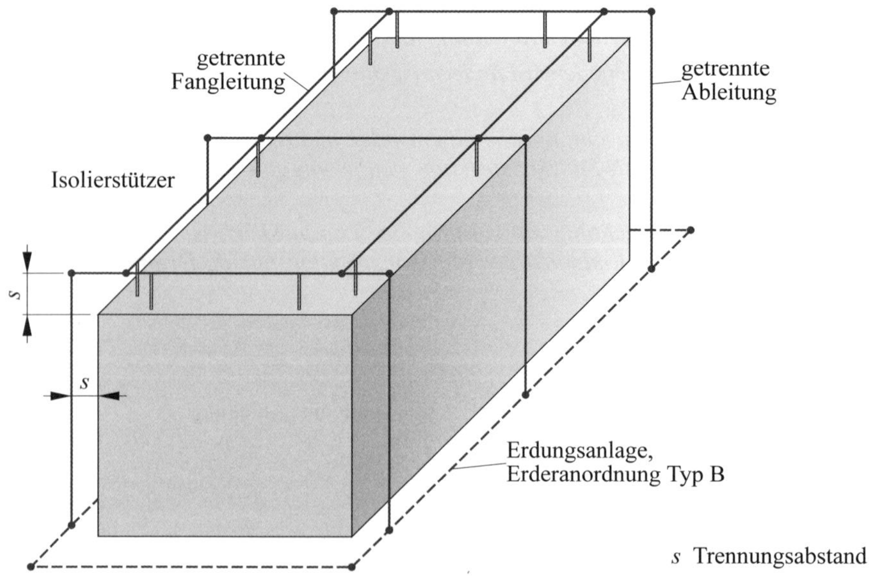

Bild 5.127 Fangeinrichtung aus einem vermaschten Leitungsnetz

5.7.4.2 Getrennter Blitzschutz mit konventionellen Blitzschutzmaßnahmen

Die im vorigen Abschnitt beschriebenen Maßnahmen kommen schwerpunktmäßig bei Sonderbauten mit explosivstoffgefährdeten Bereichen zur Anwendung, hierzu gehören z. B. Munitionslagerstätten. Die Fang- und Ableitungseinrichtungen werden so konzipiert, dass unter Beachtung des Trennungsabstands, in Abhängigkeit von der Schutzklasse, die bauliche Anlage vollständig im Schutzbereich liegt.

Ein weiterer Anwendungsbereich ist der Schutz von Dächern mit weicher Bedachung, Dachaufbauten oder von elektrischen Versorgungsleitungen (**Bild 5.128 bis 5.131**), der mithilfe von Fangstangen, vermaschten Leitungsnetzen, gespannten Leitungen oder Anhebung der Fangleitung erfolgen kann. Für die Anbindung dieser getrennten Fangeinrichtungen gelten dann die zuvor gemachten Angaben. Die Einhaltung des Trennungsabstands wird in der Regel durch den Einsatz von Isolierstützern erreicht, die den erforderlichen Abstand der Fangeinrichtung sicherstellen. Gemäß den Untersuchungen namhafter Hersteller kann für Isolierstützer als elektrischer Isolierstoff die Berechnung des Trennungsabstands mit $k_m = 0{,}7$ erfolgen (siehe Kapitel 5.8.4.1). Die Länge eines Isolierstabs mit einer üblichen Länge von 0,67 m entspricht dann einer Luftstrecke von 0,47 m.

Bild 5.128 Rückkühlanlage, Schutz durch getrennte Fangspitzen

Bild 5.129 Elektrische Versorgungsleitungen, Schutz durch Einhaltung des Trennungsabstands

Bild 5.130 Abluftkamin, Schutz durch eine getrennte Fangstange

Bild 5.131 Gebäude mit weicher Bedachung, getrennte Fangleitung

5.7.4.3 Getrennter Blitzschutz mit hochspannungsfesten isolierten Leitungen

Für die Realisierung getrennter Blitzschutzmaßnahmen stehen seit einigen Jahren hochspannungsfeste isolierte Leitungen zur Verfügung. Voraussetzung für die Anwendung dieser Leitungen sind die Beachtung der physikalischen Rahmenbedingungen und die strikte Einhaltung der Vorgaben aus der Installationsanleitung. Weiterhin muss rechnerisch die Einhaltung eines Trennungsabstands einer äquivalenten Luftstrecke von bis zu 0,9 m nachgewiesen werden. Dieser Wert wird zurzeit von den Herstellern dieser Leitungen vorgegeben. Abweichungen von diesen Vorgaben heben die Schutzeigenschaften auf. Bei richtiger Anwendung wird der Blitzstrom in die isolierten Leitungen über die Fangeinrichtungen eingeleitet, ein Funkenüberschlag und die Einkopplung von Blitzströmen in die bauliche Anlage sind dann nicht möglich.

Die Beachtung folgender Prüfliste für Planung und Installation getrennter Fangeinrichtungen mit hochspannungsfesten isolierten Leitungen (**Bild 5.132** und **Bild 5.133**), die den entsprechenden Informationen der Hersteller entnommen wurde, wird empfohlen:

Bild 5.132 Schutz durch getrennte Fangeinrichtungen und hochspannungsfeste isolierte Leitungen

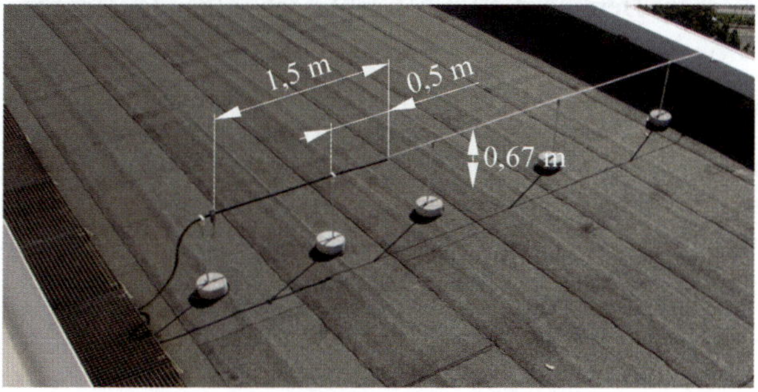

Bild 5.133 Beispiel für die Einhaltung der Vorgaben der Installationsanleitung

a) Ist es zweckmäßig, hochspannungsfeste isolierte Leitungen zu verwenden, oder kann der Trennungsabstand auch mit blanken Ableitungen eingehalten werden?

b) Stehen für Planung, Prüfung und/oder Installation erfahrene und qualifizierte Fachkräfte zur Verfügung, die mit den Prinzipien und den Rahmenbedingungen vertraut sind?

c) Steht für Planung, Prüfung und/oder Installation die neueste Einbauanleitung zur Verfügung?

d) Wurde der Trennungsabstand gemäß den normativen Vorgaben für die erforderliche Anwendung rechnerisch ermittelt und dokumentiert?

e) Wird der spezifizierte äquivalente Trennungsabstand, der im Datenblatt des Herstellers ausgewiesen wird, sicher eingehalten?

f) Liegen alle hochspannungsfesten isolierten Leitungen im einschlaggeschützten Bereich?

g) Ist sichergestellt, dass die hochspannungsfeste isolierte Leitung nicht von blitzstromdurchflossenen metallenen Einrichtungen berührt wird?

h) Wird im Bereich des Endverschlusses der errechnete Trennungsabstand zu metallenen Einrichtungen sicher eingehalten?

i) Hält das PA-Element (Anschlusselement für den Potentialausgleich) den vorgeschriebenen Abstand zum Endverschluss ein und ist korrekt nur mit dem Potentialausgleich/der Blitzschutzpotentialausgleichsebene der Anlage verbunden?

j) Wird bei parallel geführten hochspannungsfesten isolierten Leitungen ein Mindestabstand von 0,2 m zueinander eingehalten und erfolgt der Anschluss an gegenüberliegenden Ableitungen?

k) Wird der in der Einbauanleitung des Herstellers vorgegebene Biegeradius eingehalten?

l) Ist sichergestellt, dass bei einem Anschluss einer hochspannungsfesten isolierten Leitung an eine getrennte, aufgeständerte Ringleitung und unter Verwendung eines zusätzlichen Distanzhalters im Bereich des Endverschlusses folgende Vorgaben erfüllt werden?:
   - Verwendung eines Distanzhalters ganz aus Kunststoff,
   - Verwendung eines Distanzhalters, der den maximal zulässigen Trennungsabstand an der Anschlussstelle der Ringleitung berücksichtigt,
   - Positionierung des Distanzhalters gemäß Einbauanleitung des Herstellers.

m) Erfolgt eine sichere Kontaktierung des Endverschlusses mit der halbleitenden Schicht der hochspannungsfesten isolierten Leitung?

n) Wird der Endverschluss durch einen Schrumpfschlauch sicher gegen äußere Einflüsse geschützt?

o) Werden bei der Verlegung in explosionsgefährdeten Bereichen die speziellen Vorgaben aus der Einbauanleitung eingehalten?

5.7.5 Erdungsanlage

5.7.5.1 Allgemeines

Aufgabe der Erdungsanlage ist es, den Blitzstrom im Erdreich zu verteilen und dabei gefährliche Überspannungen zu reduzieren. Um diese Ziele zu erreichen, sind Form und Abmessungen der Erdungsanlage die wichtigsten Kriterien. Im Allgemeinen wird ein niedriger Erdungswiderstand (< 10 Ω) empfohlen. Unter dem Gesichtspunkt des Blitzschutzes ist eine einzige in der baulichen Anlage integrierte Erdungsanlage zu bevorzugen, die für alle Zwecke geeignet ist (z. B. Personenschutz, Blitzschutz, Energieversorgung und Telekommunikationsanlagen).

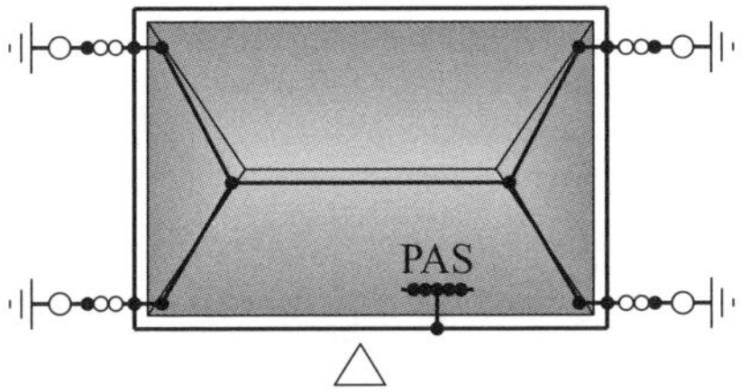

Bild 5.134 Verbindung von Einzelerdern außerhalb der baulichen Anlage, Verlegung oberhalb Erdniveau (Quelle: DIN EN 62305-3 Beiblatt 1 (**VDE 0185-305-3 Beiblatt 1**), Bild 106a)

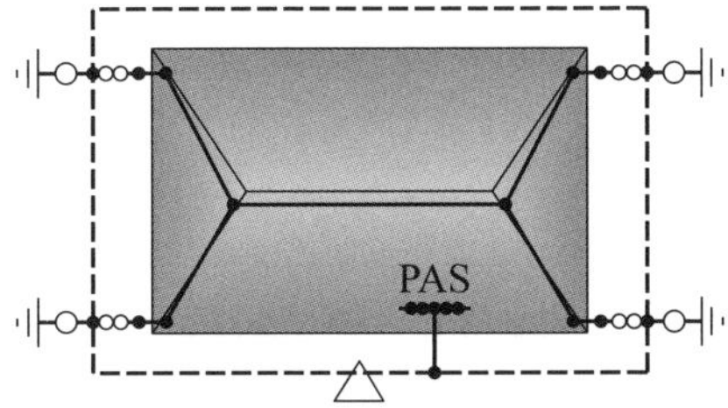

Bild 5.135 Verbindung von Einzelerdern außerhalb der baulichen Anlage, Verlegung im Erdreich (Quelle: DIN EN 62305-3 Beiblatt 1 (**VDE 0185-305-3 Beiblatt 1**), Bild 106b)

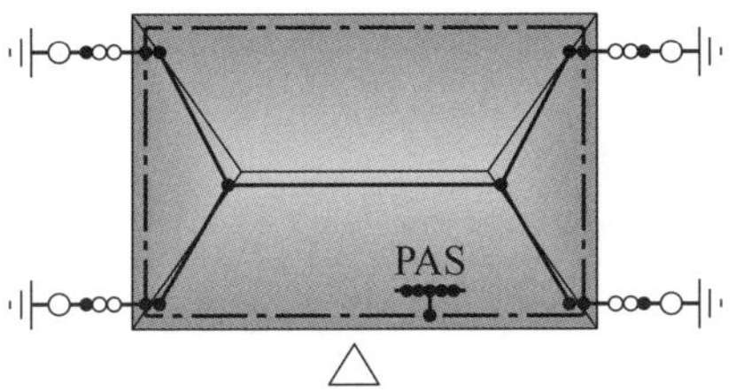

Bild 5.136 Verbindung von Einzelerdern über eine innen verlegte Erdsammelleitung (Quelle: DIN EN 62305-3 Beiblatt 1 (**VDE 0185-305-3 Beiblatt 1**), Bild 106c)

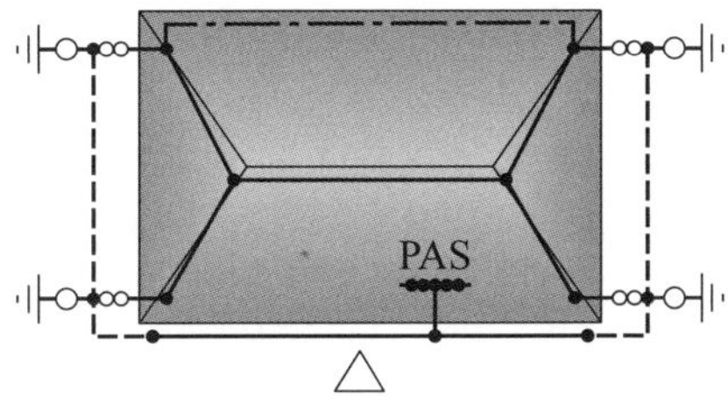

Bild 5.137 Kombination von Verbindungsleitungen außerhalb und innerhalb der baulichen Anlage (Quelle: DIN EN 62305-3 Beiblatt 1 (**VDE 0185-305-3 Beiblatt 1**), Bild 106d)

Die Erdungsanlage muss folgende Punkte erfüllen:

- Ableiten des Blitzstroms in den Erdboden,
- Potentialausgleich zwischen den Ableitungen,
- Potentialsteuerung in der Nähe von leitenden Wänden der baulichen Anlage.

Fundamenterder und Ringerder Typ B erfüllen alle Vorgaben. Strahlen- oder Tiefenerder des Typs A erfüllen nicht die Forderung nach Potentialausgleich und Potentialsteuerung. In diesem Fall müssen zusätzliche Verbindungsleiter installiert werden, um die zuvor genannten Forderungen zu erfüllen (**Bild 5.134** bis **Bild 5.137**).

5.7.5.2 Erderanordnung Typ A

Werden einzelne horizontale oder vertikale Erder außerhalb einer zu schützenden Anlage errichtet, dann wird dies als Erderanordnung Typ A bezeichnet. Die Erder werden dabei mit jeder Ableitung oder mit Fundamenterdern verbunden, die keinen geschlossenen Ring bilden. Für die Erderanordnung Typ A darf die Gesamtzahl der Erder nicht geringer als zwei sein.

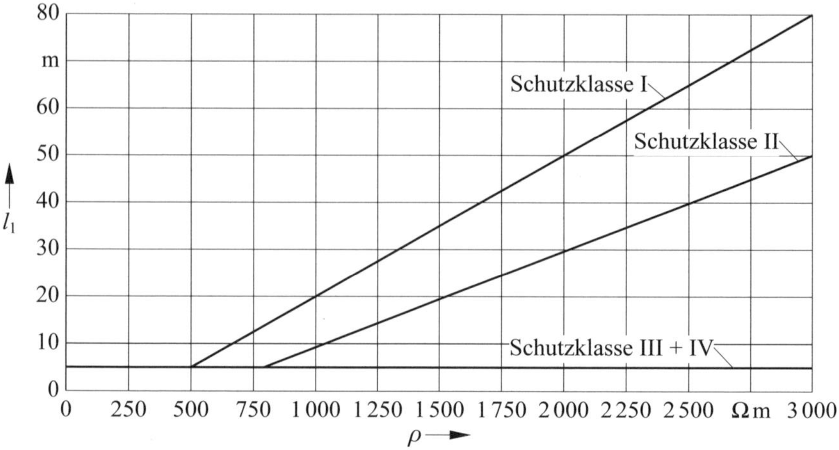

Anmerkung: Die Klassen III und IV sind unabhängig vom spezifischen Bodenwiderstand

Bild 5.138 Mindestlänge l_1 eines jeden Erders entsprechend der Schutzklasse des LPS (Quelle: DIN EN 62305-3 (**VDE 0185-305-3**), Bild 3)

Die Mindestlänge jedes Erders beträgt am Fußpunkt der Ableitung:

l_1 für Horizontalerder oder

$0{,}5 \cdot l_1$ für Vertikalerder (oder Schrägerder).

Dabei ist l_1 die Mindestlänge des Horizontalerders, wie sie in **Bild 5.138** dargestellt ist.

Bei kombinierten Erdern (Vertikal- und Horizontalerder) muss die Gesamtlänge berücksichtigt werden.

Die Mindestlänge muss nicht beachtet werden, wenn die Bodenverhältnisse so gut sind, dass schon vor Erreichen der Mindestlänge ein Erdungswiderstand der Erdungsanlage < 10 Ω erreicht wird. Werden die zuvor genannten Voraussetzungen nicht erfüllt, dann muss ein Erder Typ B verwendet werden.

In der Norm wird die Reduzierung des Erdungswiderstands durch Verlängern der Erder bis zu 60 m als sinnvoll bezeichnet. Dieser Hinweis lässt sich in der Praxis für Horizontalerder realisieren, wenn ausreichend Fläche zur Verfügung steht. Wird dieser Aufwand betrieben, dann ist zu prüfen, ob es nicht sinnvoller ist, einen Erder Typ B in Form eines Ringerders zu realisieren. Die Reduzierung des Erdungswiderstands durch Tiefenerder als Vertikalerder ist mit den in Deutschland üblichen Verfahren in der Regel bis zu einer Tiefe von 21 m praktikabel. Voraussetzung hierfür sind entsprechende Bodenverhältnisse.

Der Vorteil von Tiefenerdern besteht darin, dass diese senkrecht in größere Tiefen eingebracht werden können. Sie werden in gewachsenen Boden eingetrieben, der im Allgemeinen erst unterhalb von Fundamenten anzutreffen ist. Der mit einem Tiefenerder erreichte Erdungswiderstand ist, bis auf geringe Schwankungen, konstant, da in größeren Tiefen im Allgemeinen gut leitende Bodenschichten vorhanden sind, die auch im Sommer nicht austrocknen.

Ein weiterer Vorteil besteht darin, dass Tiefenerder zu einer Verringerung der Potentialdifferenzen an der Erdoberfläche führen und so zu geringeren Schrittspannungen: Die Gefahr für Personen wird somit herabgesetzt.

Unter Berücksichtigung dieser Punkte haben sich Erderlängen von 9 m seit vielen Jahren als vorteilhaft erwiesen und stellen die gängige Praxis dar.

In dicht bebauten Gebieten ist die Messung des spezifischen Bodenwiderstands nur in Ausnahmefällen möglich. Gemäß Beiblatt 1 zur DIN EN 62305-3 (**VDE 0185-305-3**) [5.2] genügt es, wenn für die Ermittlung der Mindestlänge des Erders ein spezifischer Bodenwiderstand von 1 000 Ωm angenommen wird.

Die erhältlichen Tiefenerderstangen haben eine Länge von 1,5 m und werden aus massiven Stahlstangen, ∅ 20 mm oder ∅ 25 mm, hergestellt. Als Werkstoff wird üblicherweise verzinkter Spezialstahl oder nicht rostender Stahl V4A, Werkstoff-Nr. 1.4571, verwendet. Tiefenerder haben am Kopf einen speziellen Zapfen und am Ende eine Bohrung, die auf den Durchmesser des Zapfens abgestimmt ist (**Bild 5.139**).

Tiefenerder werden in der Regel mithilfe eines Vibrationshammers freihändig eingerammt (**Bild 5.140**). Der eigentliche Eintreibvorgang ist dabei weniger ein Einschlagen, sondern ein „Einvibrieren“ des Tiefenerders.

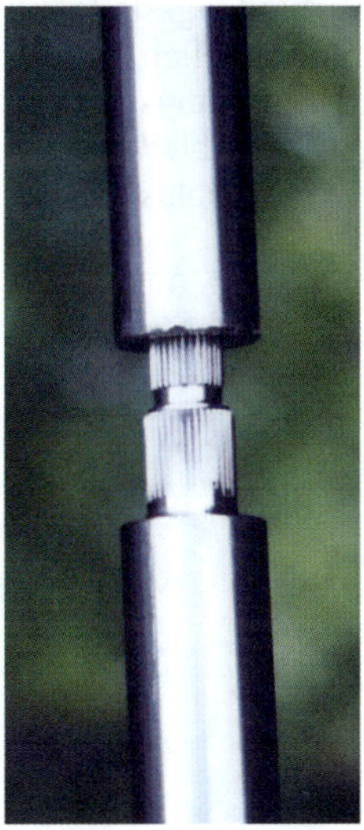

Bild 5.139 Kupplung eines Tiefenerders

Bild 5.140 Eintrieben eines Tiefenerders mittels Vibrationshammer

Bevor die Erdungsanlage mittels Tiefenerder erstellt werden kann, muss der verantwortliche Errichter die örtlichen Gegebenheiten genau prüfen. Die genaue Überprüfung soll Schäden an unterirdischen Versorgungsleitungen oder -rohren oder Gefährdungen von Personen durch die Beschädigung von elektrischen Versorgungsleitungen verhindern.

Folgende Punkte sind in diesem Zusammenhang zu beachten:

- Die Montage von Tiefenerdern in öffentlichen Verkehrsflächen bedarf in der Regel der Zustimmung der zuständigen kommunalen Behörde.
- Der Montagebereich für Tiefenerder sollte mit einem Kabelsuchgerät überprüft werden.
- Bei Gebäuden mit Unterkellerung sind auf jeden Fall die Kellerräume zu besichtigen. Hierdurch können die Stellen ermittelt werden, an denen Versorgungsleitungen von außen in das Gebäude eintreten.
- Am Montageort ist eine Schachtgrube für die Montage eines Tiefenerders auszuheben. Die Schachtgrube sollte eine Tiefe von 1 m bis 1,2 m haben. Die Schachtarbeiten müssen mit großer Sorgfalt, am besten in Handschachtung, ausgeführt werden. In besonderen Fällen ist es hilfreich, mithilfe eines Hand-Erdbohrers die Schachtgrube zu vertiefen.

Der Verbindung des Tiefenerders zum Blitzschutzsystem kommt eine besondere Bedeutung zu, sie ist mit besonderer Sorgfalt herzustellen (**Bild 5.141**). Die einwandfreie stromtragfähige Verbindung muss dauerhaft sicher gewährleistet sein. Voraussetzung hierfür ist eine ordnungsgemäße Montage und Isolierung der Verbindungsstelle mit Korrosionsschutzbinde (**Bild 5.142**). Die Isolierung der Verbindungsstellen im Erdreich sollte auch dann durchgeführt werden, wenn Tiefenerder, Verbindungsklemme und Verbindungsleitung aus nicht rostendem Material bestehen. Unterbleibt dieser Korrosionsschutz, dann kann im Laufe der Zeit Erdreich zwischen die Kontaktflächen geraten, sodass sich höhere Kontaktwiderstände ergeben können.

Bild 5.141 Verbindung zum Tiefenerder

Bild 5.142 Verbindungsstelle mit Korrosionsschutz

5.7.5.3 Erderanordnung Typ B

Als Erderanordnung Typ B bezeichnet man einen Ringerder außerhalb der zu schützenden baulichen Anlage, der über wenigstens 80 % seiner Gesamtlänge im Erdboden verlegt ist oder aus einem Fundamenterder besteht. Auch wenn 20 % nicht im Erdreich verlegt sind, muss der Ringerder vollständig über die gesamte Länge geschlossen sein. Solche Erder können auch vermascht sein. In Deutschland muss für Neubauten immer ein Fundamenterder nach DIN 18104 [5.21] erstellt werden (siehe DIN VDE 0100-540, Abschnitt 542.1.1 [5.22]), sodass die Erderanordnung Typ B in Form eines Fundamenterders die Regel ist:

Beim Ringerder (oder Fundamenterder) darf der mittlere Radius r_e der Fläche, die vom Ringerder (oder Fundamenterder) eingeschlossen wird, nicht weniger als l_1 betragen:

$$r_e \geq l_1 \qquad (1)$$

l_1 ist für die Blitzschutzklassen I, II, III bzw. IV in Bild 5.138 dargestellt.

Ist der geforderte Wert von l_1 größer als der für r_e günstige Wert, müssen zusätzliche Horizontal- oder Vertikalerder (oder Schrägerder) hinzugefügt werden, deren jeweilige Längen l_r (horizontal) und l_v (vertikal) sich aus den folgenden Gleichungen ergeben:

$$l_r = l_1 - r_e \qquad (2)$$

und

$$l_v = (l_1 - r_e)/2 \qquad (3)$$

Es wird empfohlen, dass die Anzahl der zusätzlichen Erder nicht kleiner sein darf als die Anzahl der Ableitungen, mindestens jedoch zwei.

Die zusätzlichen Erder sollten mit dem Ringerder an den Anschlüssen der Ableitungen verbunden und, soweit möglich, mit gleichmäßigem Abstand angeordnet werden.

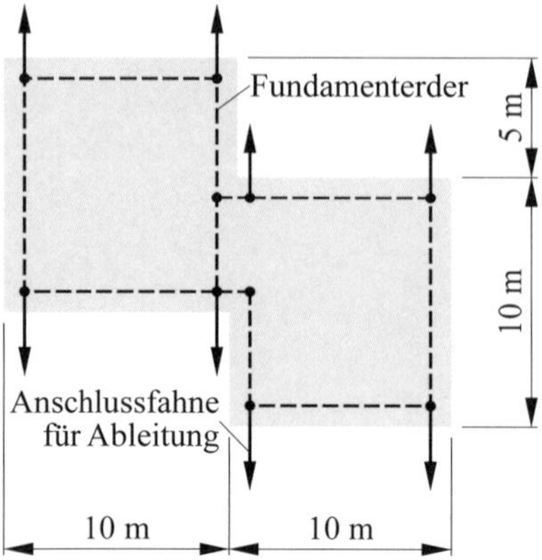

Bild 5.143 Gebäude mit Schutzklasse I

Die Umsetzung dieser Aussagen zeigt folgendes Beispiel:

Für den Neubau einer Schaltwarte mit umfangreichen informationstechnischen Einrichtungen in einem dicht bebauten Industriegebiet wurde die Schutzklasse I ermittelt (**Bild 5.143**). Eine messtechnische Ermittlung des spezifischen Bodenwiderstands ist aufgrund der örtlichen Verhältnisse nicht möglich. Für die Berechnung wird daher ein spezifischer Bodenwiderstand ρ = 1 000 Ωm zugrunde gelegt.

In einem ersten Schritt wird die äquivalente Kreisfläche des vom Fundamenterder eingeschlossenen Bereichs ermittelt:

$$A_{\text{äquivalent}} = (10 \cdot 10) + (10 \cdot 10),$$

$$A_{\text{äquivalent}} = 200 \text{ m}^2.$$

Die berechnete Fläche wird dann dazu genutzt, den Radius der äquivalenten Kreisfläche zu berechnen:

$$r = \sqrt{\frac{A_{\text{äquivalent}}}{\pi}} = \sqrt{\frac{200 \text{ m}^2}{\pi}} = 7{,}98 \text{ m}.$$

Aus Bild 5.138 wird für Schutzklasse I ein l_1 = 20 m bestimmt. Der mittlere Radius beträgt r = 7,98 m und ist kleiner als l_1 = 20 m.

Nach diesem Ergebnis sind zusätzliche Erder erforderlich. Als zusätzliche Erder sollen Vertikalerder zum Einsatz kommen. Die Länge der Vertikalerder ist wie folgt zu berechnen:

$$l_{\text{V}} = \frac{l_1 - r}{2} = \frac{20 \text{ m} - 7{,}98 \text{ m}}{2} = \underline{\underline{6{,}01 \text{ m}}}.$$

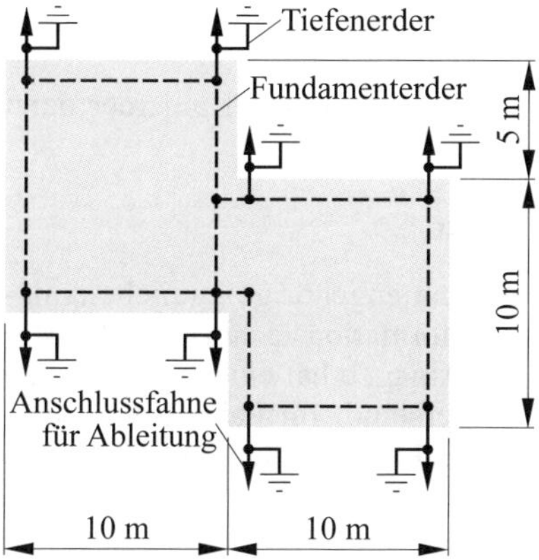

Bild 5.144 Zusätzliche Tiefenerder

Die Anzahl der zusätzlichen Erder darf nicht kleiner sein als die Anzahl der Ableitungen. Der Fundamenterder muss an jeder Ableitung um einen Vertikalerder erweitert werden. Die handelsüblichen Tiefenerder werden aus Einzellängen von 1,5 m geliefert. Die zusammengesetzte Gesamtlänge jedes Einzelerders beträgt 6 m.

Ergebnis: Da die Anzahl der zusätzlichen Erder nicht kleiner sein darf als die Anzahl der Ableitungen, muss der Fundamenterder an jeder Ableitung um einen Tiefenerder von 6 m Länge als Vertikalerder erweitert werden (**Bild 5.144**).

Hinweis: In der Praxis ist diese Berechnung nur selten notwendig, da der bauseitige Fundamenterder nur in Ausnahmefällen nicht für Blitzschutzzwecke ausreichend ist.

Ringerder im Erdreich kommen dann zur Anwendung, wenn bestehende bauliche Anlagen mit einem Blitzschutzsystem nachgerüstet werden. Die Montage soll vorzugsweise in einer Tiefe von mindestens 0,5 m und in einem Abstand von etwa 1 m zu den Außenwänden in der Erde erfolgen. Bei der Verlegung sollte darauf geachtet werden, dass sie vorzugsweise in gewachsenem Boden erfolgt. Insbesondere bei Neubauten ist darauf zu achten, dass der Erder nicht mit Bauschutt oder Schotter bedeckt wird.

Die Erder des Typs B übernehmen auch die Funktion des Potentialausgleichs zwischen den Ableitungen auf Erdbodenhöhe, da die verschiedenen Ableitungen infolge der ungleichen Verteilung der Blitzströme durch Unterschiede des Erdwiderstands unterschiedliche Potentiale aufweisen und verschiedene Längen in den oberirdischen Verbindungsleitungen haben. Die unterschiedlichen Potentiale führen zu einem Ausgleichsstromfluss durch den Ringerder, sodass der maximale Potentialanstieg verringert wird und die angeschlossenen Potentialausgleichssysteme innerhalb der baulichen Anlage auf etwa gleiches Potential gebracht werden.

Wo bauliche Anlagen verschiedener Eigentümer nahe aneinander gebaut sind, ist es oft nicht möglich, einen Ringerder zu erstellen, der die ganze bauliche Anlage komplett umschließt. In solchen Fällen ist die Wirksamkeit der Erdungsanlage reduziert, da der Leitungsring teilweise als Erder des Typs B, teilweise als Fundamenterder und teilweise als Potentialausgleichsleiter wirkt (siehe Bild 5.137).

Aus den vorgenannten Gründen kann es sinnvoll sein, wenn ein Ringerder dann durch zusätzliche Tiefenerder ergänzt wird.

5.7.5.4 Erdungsanlagen in ausgedehnten Flächen

Industrieanlagen umfassen meistens mehrere zusammengehörige bauliche Anlagen, die durch eine große Zahl von energie- und informationstechnischen Kabeln miteinander verbunden sind. Jede dieser baulichen Anlagen hat eine eigenständige Erdungsanlage mit unterschiedlichem Erdungswiderstand. Im Falle eines Blitzeinschlags in eine bauliche Anlage entsteht eine schädliche Potentialdifferenz zu benachbarten baulichen Anlagen und damit eine ungewünschte Störeinkopplung in die energie- und informationstechnischen Verbindungen. Diese Störeinkopplungen können auch bei Fehlern im energietechnischen Netz, bei Schalthandlungen, bei ungünstiger Konfiguration aber auch im normalen Betrieb auftreten. Potentialdifferenzen können durch folgende Maßnahmen reduziert werden:

- Erstellung einer Erdungsanlage mit geringer Impedanz,
- Vermaschung der Erdungsanlagen untereinander.

Eine niedrige Erdungsimpedanz kann durch Ausrüsten der baulichen Anlagen mit Fundamenterdern und mit zusätzlichen Erderanordnungen des Typs B und Typs A erreicht werden. In der Praxis bedeutet dies, dass in diesen Fällen Tiefenerder > 9 m sinnvoll sein können.

Anmerkung: Hier wird der Begriff „Erdungsimpedanz“ anstelle des „Erdungswiderstands“ verwendet. Grund dafür ist, dass bei Störeinkopplungen in energie- und informationstechnische Verbindungen auch das transiente, also zeitabhängige Verhalten, der Erdungsverhältnisse der einzelnen baulichen Anlagen eine große Rolle spielt.

Über Zwischenverbindungen zwischen den Erdungsanlagen, einzelnen Erdern, Fundamenterdern kann ein vermaschtes Erdungssystem realisiert werden (**Bild 5.145**).

Um die Wahrscheinlichkeit direkter Blitzeinschläge in Kabeltrassen im Erdboden zu reduzieren, sollte ein Erdleiter (**Bild 5.146**) und bei breiten Trassen mehrere Erdleiter (**Bild 5.147**) über der Kabeltrasse eingebracht werden.

Erdverlegte Kabel im Erdreich sollten nach Möglichkeit einen stromtragfähigen Schirm (Mindestquerschnitt üblicherweise 16 mm^2) haben, der direkt am Eintritt in die bauliche Anlage geerdet ist. Geschirmte Kabel sind hervorragend geeignet, die Einkopplung von Störimpulsen oder von Überspannungen zu reduzieren, sodass der Aufwand für Überspannungsschutzmaßnahmen reduziert werden kann. Die Einbindung der Kabelschirmung und die Verbindung eines Erdleiters zum Schutz der Kabeltrasse mit der Erdungsanlage der baulichen Anlage ist beispielhaft in **Bild 5.148** dargestellt.

Werden Industrieanlagen durch Rohrbrücken miteinander verbunden, dann ist die Nutzung der Rohrbrücken eine weitere hervorragende Möglichkeit, die Erdungsanlagen miteinander zu vermaschen (**Bild 5.149**).

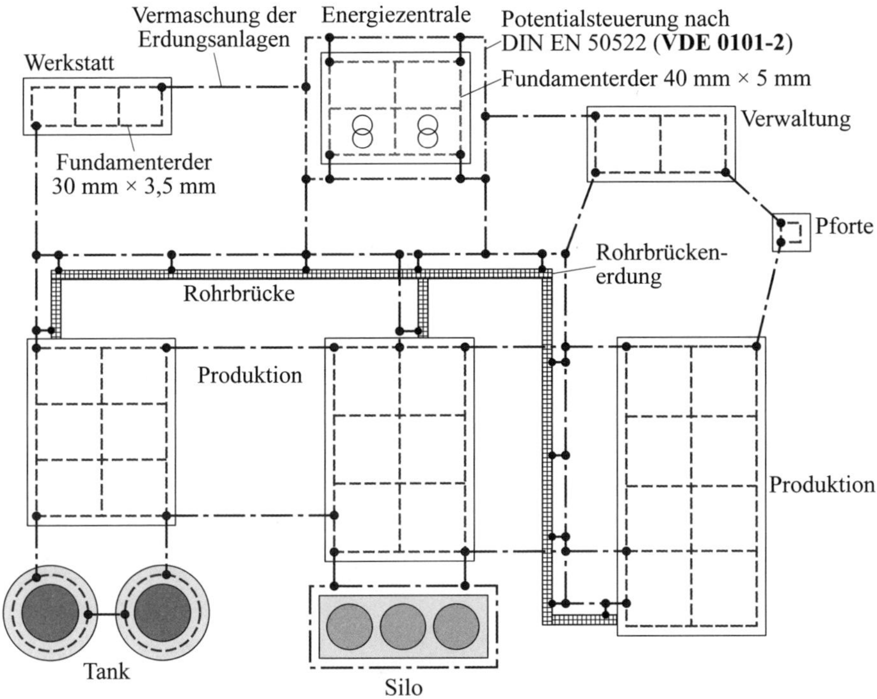

Bild 5.145 Vermaschtes Erdungssystem für Industrieanlagen

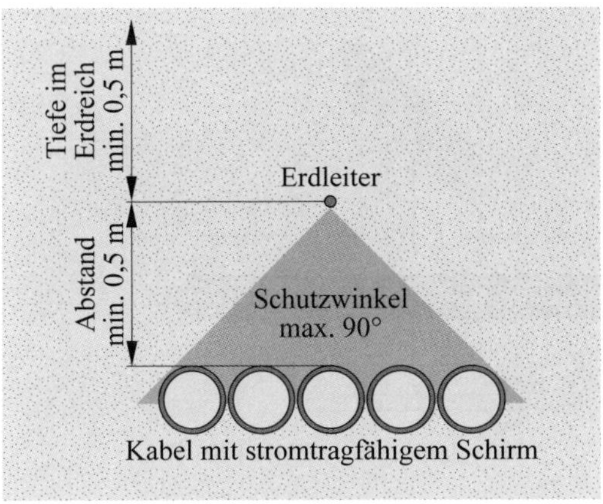

Bild 5.146 Schutz der Kabeltrasse durch einen Erdleiter

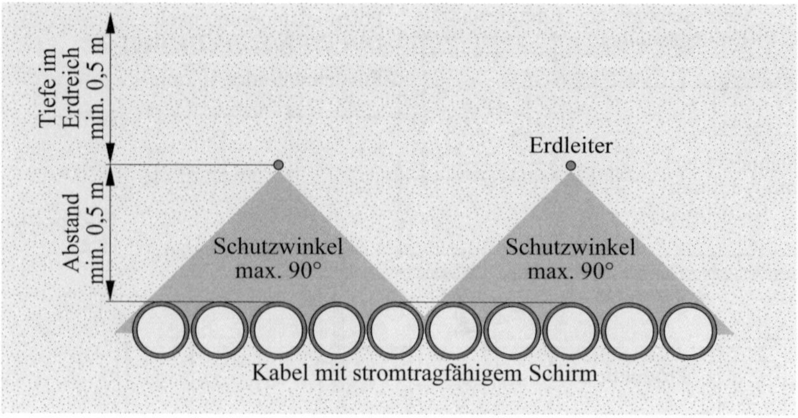

Bild 5.147 Schutz einer breiten Kabeltrasse durch Erdleiter

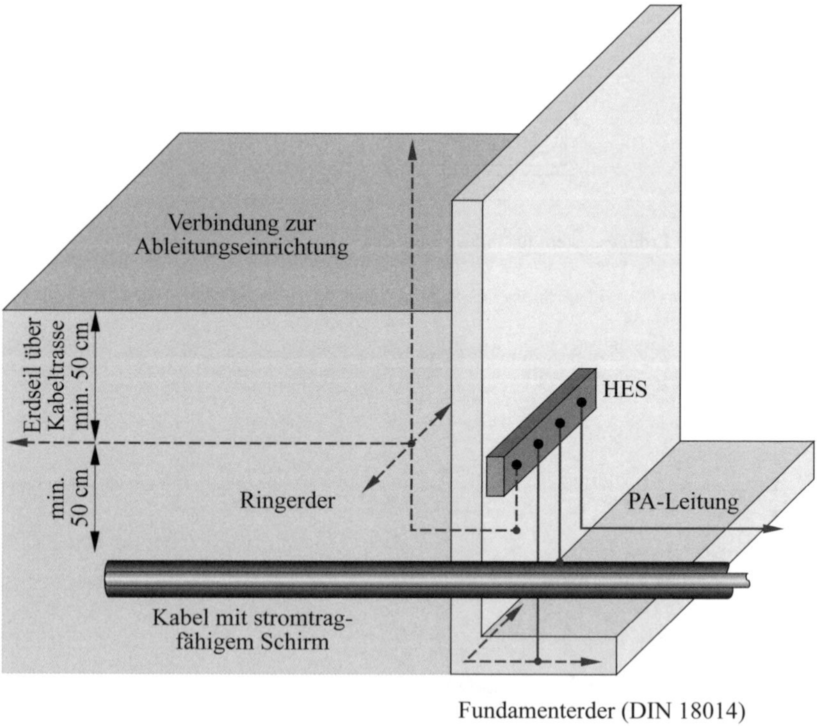

Bild 5.148 Schutz einer Kabeltrasse im Erdreich, Situation am Gebäudeeintritt (Quelle: DIN EN 62305-3 Beiblatt 1 (**VDE 0185-305-3 Beiblatt 1**), Bild E.137)

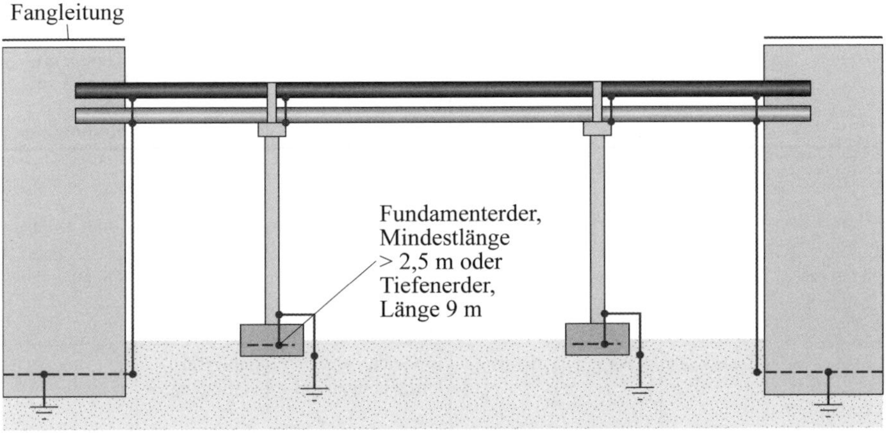

Bild 5.149 Beispiel für die Nutzung einer Rohrbrücke zur Vermaschung von Erdungslagen (Quelle: DIN EN 62305-3 Beiblatt 2 (**VDE 0185-305-3 Beiblatt 2**), Bild 26)

5.7.6 Bauteile, Werkstoffe, und Maße

Bauteile von Blitzschutzsystemen müssen den elektromagnetischen Wirkungen des Blitzstroms und vorhersehbaren zufälligen Beanspruchungen ohne Schaden standhalten. Alle Bauteile müssen mit der Reihe DIN EN 62561 (**VDE 0185-561**) übereinstimmen (siehe [5.12, 5.23–5.28]) und aus den in **Tabelle 5.12** aufgeführten Werkstoffen oder anderen Werkstoffen mit gleichwertigen mechanischen, elektrischen und chemischen (Korrosions-)Leistungsmerkmalen hergestellt werden. Für die Befestigung können auch nicht metallene Bauteile verwendet werden.

Die Bauteilenorm DIN EN 62562-1 (**VDE 0185-561-1**) [5.12] unterscheidet zwei Gruppen von Bauteilen:

- *Bauteile für hohe Anforderungen (H) für Klemmen und Verbinder, für Verbindungen im Bereich der Fangeinrichtungen (noch keine Stromaufteilung),*
- *Bauteile für normale Anforderungen (N), wenn eine Aufteilung des Blitzstroms auf mehr als zwei Ableitwege (Leitungen der Fangeinrichtung oder Ableitungen) erfolgt.*
- *Industriell gefertigte Klemmen und Verbinder werden entsprechend dieser Anforderung geprüft und vom Anwender entsprechend der Klassifizierung ausgewählt.*

Auch für Werkstoffe für Fangleitungen, Fangstangen, Erdeinführungsstangen, Erder und Verbindungen gilt: Sie müssen so ausgelegt werden, dass sie den elektrodynamischen Einwirkungen des Blitzstroms und den vorhersehbaren Beanspruchungen standhalten, ohne beschädigt zu werden. Werkstoffe und Abmessungen sind daher unter Berücksichtigung des Korrosionsverhaltens sowohl der zu schützenden baulichen Anlage als auch des Blitzschutzsystems auszuwählen (siehe **Tabellen 5.12 bis 5.14**).

Werkstoff	Verlegung			Korrosion		
	in Luft	**in Erde**	**in Beton**	**Beständigkeit**	**erhöht durch**	**Zerstörung bei galvanischer Verbindung mit**
Kupfer	massiv Seil	massiv Seil als Mantel	massiv Seil als Mantel	in vielen Umgebungen gut	Schwefelverbindungen organische Stoffe	–
feuerverzinkter Stahl	massiv Seil	massiv	massiv Seil	in Luft, Beton und nicht aggressivem Boden annehmbar	hohen Chloridgehalt	Kupfer
Stahl, galvanisch verkupfert	massiv	massiv	massiv	in vielen Umgebungen gut	Schwefelverbindungen	
rostfreier Stahl	massiv Seil	massiv Seil	massiv Seil	in vielen Umgebungen gut	hohen Chloridgehalt	–
Aluminium	massiv Seil	nicht geeignet	nicht geeignet	in Luft mit geringer Schwefel- und Chloridkonzentration gut	alkalische Lösungen	Kupfer
Blei	massiv als Mantel	massiv als Mantel	nicht geeignet	in Luft mit hoher Sulfatkonzentration gut	saure Böden	Kupfer rostfreiem Stahl

Anmerkung 1: Diese Tabelle gibt nur allgemeine Hinweise. In besonderen Fällen sind sorgfältige Untersuchungen der Korrosionsbeständigkeit notwendig (siehe Anhang E).
Anmerkung 2: Seile sind wesentlich empfindlicher gegen Korrosion als massive Leiter. Dies gilt vor allem an den Übergangsstellen in Beton oder Erde. Daher werden Seile aus verzinktem Stahl in Erde nicht empfohlen.
Anmerkung 3: Verzinkter Stahl kann in lehmigem oder feuchtem Boden korrodieren.
Anmerkung 4: Verzinkter Stahl in Beton sollte wegen der möglichen Korrosion des Stahls an der Austrittstelle aus dem Beton nicht in Erde geführt werden.
Anmerkung 5: Verzinkter Stahl, der mit Bewehrungsstahl im Beton in Berührung kommt, soll nicht in küstennahen Gebieten oder Gegenden, in denen Salz im Grundwasser sein könnte, verwendet werden.
Anmerkung 6: Der Einsatz von Blei in der Erde ist aufgrund des Umweltschutzes oft verboten oder eingeschränkt.

Tabelle 5.12 Blitzschutzsystemwerkstoffe und Einsatzbedingungen
(Quelle: DIN EN 62305-3 (**VDE 0185-305-3**), Tabelle 5)

Werkstoff	**Form**	**Mindestquerschnitt in mm²**
Kupfer, verzinntes Kupfer	massives Flachmaterial	50
	massives Rundmaterial[a]	50
	Seil[a]	50
	massives Rundmaterial[b]	176
Aluminium	massives Flachmaterial	70
	massives Rundmaterial	50
	Seil	50
Aluminiumlegierung	massives Flachmaterial	50
	massives Rundmaterial	50
	Seil	50
	massives Rundmaterial[b]	176
kupferüberzogene Aluminiumlegierung	massives Rundmaterial	50
feuerverzinkter Stahl	massives Flachmaterial	50
	massives Rundmaterial	50
	Seil	50
	massives Rundmaterial[b]	176
kupferüberzogener Stahl	massives Rundmaterial	50
	massives Flachmaterial	50
rostfreier Stahl	massives Flachmaterial[c]	50
	massives Rundmaterial[c]	50
	Seil	50
	massives Rundmaterial[b]	176

Anmerkung: Mechanische und elektrische Eigenschaften sowie der Korrosionswiderstand müssen den Anforderungen nach Normenreihe DIN EN 62561 (**VDE 0185-561**) entsprechen.

[a] In bestimmten Anwendungen, bei denen mechanische Festigkeit nicht von Bedeutung ist, darf 50 mm² (8 mm Durchmesser) auf 25 mm² verringert werden. Dabei sollte die Verringerung des Abstands der Befestigungselemente beachtet werden.

[b] Anwendbar für Fangstangen und Erdeinführungsstangen. Für Anwendungen, wo mechanische Beanspruchungen wie Windlast nicht kritisch sind, kann eine höchstens 1 m lange Fangstange mit einem Durchmesser von 9,5 mm verwendet werden.

[c] Wenn thermische und mechanische Anforderungen von Bedeutung sind, können diese Maße auf 75 mm² erhöht werden.

Tabelle 5.13 Werkstoff, Form und Mindestquerschnitt von Fangleitungen, Fangstangen, Erdeinführungen und Ableitungen
(Quelle: DIN EN 62305-3 (**VDE 0185-305-3**), Tabelle 6)

Werkstoff	**Form**	**Mindestmaße**		
		Staberder ∅ in mm	**Erdleiter** in mm²	**Plattenerder** in mm
Kupfer, verzinntes Kupfer	Seil		50	
	massives Rundmaterial	15	50	
	massives Flachmaterial		50	
	Rohr	20		
	massive Platte			500 × 500
	Gitterplatte[c]			600 × 600
feuerverzinkter Stahl	massives Rundmaterial	14	78	
	Rohr	25		
	massives Flachmaterial		90	
	massive Platte			500 × 500
	Gitterplatte[c]			600 × 600
	Profile	[d]		
blanker Stahl[b]	Seil		70	
	massives Rundmaterial		78	
	massives Flachmaterial		75	
kupferüberzogener Stahl	massives Rundmaterial	14	50	
	massives Flachmaterial		90	
rostfreier Stahl	massives Rundmaterial	15	78	
	massives Flachmaterial		100	

Anmerkung: Mechanische und elektrische Eigenschaften sowie der Korrosionswiderstand müssen den Anforderungen nach Normenreihe DIN EN 62561 (**VDE 0185-561**) entsprechen.
Anmerkung: Im Falle des Erders Typ B soll die Erdelektrode korrekt verbunden werden, mindestens alle 5 m mit dem Bewehrungsstahl.

[a] Sie sollen im Beton in einer Tiefe von mindestens 50 mm eingelassen sein.
[b] Gitterbleche sollen mit einer Gesamtlänge der Ableitung von mindestens 4,8 m errichtet werden.
[c] Verschiedene Profile sind erlaubt, wenn ein Querschnitt von 290 mm² und eine Mindestdicke von 3 mm gegeben ist.

Tabelle 5.14 Werkstoff, Form und Mindestmaße von Erdern
(Quelle: DIN EN 62305-3 (**VDE 0185-305-3**), Tabelle 7)

Nicht genormte Bauteile können verwendet werden, wenn sie hinsichtlich Querschnitt, Korrosionsschutz, elektrischer Verbindung und mechanischer Festigkeit den genormten Bauteilen mindestens gleichwertig sind.

Leitungshalter und Klemmen, die nicht mit dem Werkstoff der Leitungen verträglich sind, können Korrosionsprobleme verursachen, die die Verfügbarkeit deutlich reduzieren.

Für Verbindungen und Anschlüsse, die handwerklich vor Ort erstellt werden, gilt:

- Schweißverbindungen sollten mindestens 50 mm lang und etwa 3 mm dick sein (siehe Bild 5.106).
- Verbindungen und Anschlüsse von Flachleitern an Flachleiter sowie von Flachleitern an Stahlkonstruktionen mittels Schrauben sind mit zwei Schrauben mindestens M8 oder einer Schraube mindestens M10 zu befestigen.
- Sind Bleche nur einseitig zugänglich, so ist ein Anschluss von Flachleitern mittels Blindnieten oder bei Blechen mit mindestens 2 mm Dicke auch mittels Blechtreibschrauben zulässig. Es werden dann mindestens fünf Blindnieten von 3,5 mm Durchmesser, vier Blindnieten von 5 mm Durchmesser, zwei Blindnieten von 6 mm Durchmesser oder zwei Blechtreibschrauben von 6,3 mm Durchmesser aus nicht rostendem Stahl, z. B. Werkstoff-Nr. 1.4301, verwendet. Zugnägel von Blindnieten müssen aus nicht rostendem Werkstoff sein (**Bild 5.150**).
- Durch qualifizierte Fachkräfte können Verbindungen durch Weichlöten ausgeführt werden. Die zusammenhängend verlötete Fläche der Verbindung muss mindestens 10 cm^2 bei einer Breite von mindestens 5 mm betragen (siehe auch VDE-Fachbericht 68 (S. 76 ff. [5.13]).

Industriell gefertigte und durch den Hersteller freigegebene Bauteile unterliegen nicht diesen Einschränkungen, wenn sie nach DIN EN 62561-1 (**VDE 0185-561-1**) [5.12] geprüft und entsprechend den Einbaubedingungen verwendet werden.

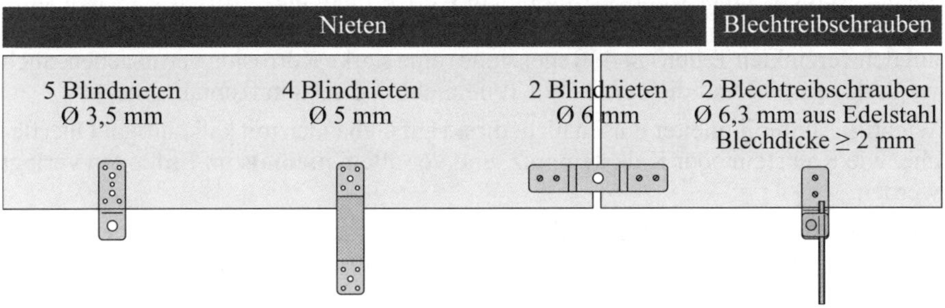

Bild 5.150 Beispiel für die Ausführung handwerklich erstellter Verbindungen, wenn die Einblechung nur einseitig zugänglich ist (Quelle: DIN EN 62305-3 Beiblatt 1 (**VDE 0185-305-3 Beiblatt 1**), Bild 107)

5.7.7 Korrosionsschutz

Bauteile und Leitungen sollten grundsätzlich aus korrosionsbeständigem Werkstoff erstellt werden. Bewährt haben sich vor allem Werkstoffe wie Kupfer, Aluminium, rostfreier und verzinkter Stahl (letzterer als Fundamenterder).

Einen Überblick über empfehlenswerte und weniger empfehlenswerte Werkstoffkombinationen gibt die nachstehende **Tabelle 5.15**.

		Werkstoff mit großer Fläche								
		Stahl verzinkt	**Stahl**	**Stahl in Beton**	**Stahl verzinkt in Beton**	**Stahl nicht rostend**	**Kupfer**	**Kupfer verzinnt**	**Kupfer verzinkt**	**Kupfer mit Bleimantel**
Werkstoff mit kleiner Fläche	**Stahl verzinkt**	+	$+^{(1)}$	–	$+^{(1)}$	–	–	–	+	+
	Stahl	+	+	–	+	–	–	–	+	+
	Stahl in Beton	+	+	+	+	+	+	+	+	+
	Stahl mit Bleimantel	+	+	–	+	–	–	+	+	+
	Stahl mit Kupfermantel	+	+	+	+	+	+	+	+	+
	Stahl nicht rostend	+	+	+	+	+	+	+	+	+
	Kupfer	+	+	+	+	+	+	+	+	+
	Kupfer verzinnt	+	+	+	+	+	+	+	+	+
	Kupfer verzinkt	+	$+^{(1)}$	$+^{(1)}$	$+^{(1)}$	$+^{(1)}$	$+^{(1)}$	$+^{(1)}$	+	$+^{(1)}$

+) zusammenschließbar –) nicht zusammenschließbar $+^{(1)}$ Zinkabtrag

Tabelle 5.15 Zusammenschluss von Erdern aus verschiedenen Werkstoffen [5.29]

Teile aus Kupfer sollten nicht oberhalb von verzinkten oder Aluminiumteilen eingebaut werden, außer wenn sie mit einem Korrosionsschutzanstrich versehen sind. Sehr kleine Kupferteilchen können von der Kupferoberfläche abgelöst werden und auf den verzinkten Teilen (z. B. Regenrinne) eine starke Korrosion verursachen, auch wenn das Kupfer und die verzinkten Teile nicht in direktem Kontakt sind.

Wichtig: Aluminiumleiter dürfen nicht direkt auf Gebäuden mit kalkhaltiger Oberfläche, wie Kalkstein oder Kalksteinputz, und vor allem **niemals** im Erdboden verlegt werden.

Die Korrosion von Metallen ist abhängig von der Art des Metalls und der Art der Umgebung. Folgende Umgebungseinflüsse beeinflussen die Korrosion:

- Feuchte,
- gelöstes Salz (das ein Elektrolyt bildet),
- das Maß der Belüftung,
- die Temperatur und
- das Maß der Bewegung von Elektrolyten.

Weiterhin können örtliche Bedingungen wie unterschiedliche natürliche und industrielle Schmutzstoffe starke Schwankungen hervorrufen.

Ausgedehnte Erdungsanlagen können unterschiedlichen Bodenbedingungen ausgesetzt sein.

Um die Korrosion an Teilen des äußeren Blitzschutzsystems zu reduzieren:

- *ist der Einsatz von ungeeigneten Metallen in einer aggressiven Umgebung zu vermeiden;*
- *ist der Kontakt von unterschiedlichen Metallen mit stark unterschiedlicher elektrochemischer oder galvanischer Aktivität zu vermeiden;*
- *sind entsprechende Querschnitte der Leitungen, Potentialausgleichsbänder, Anschlussstellen und Klemmen zu verwenden, um trotz der Korrosion eine genügende Lebensdauer sicherzustellen;*
- *ist ein angemessener Füllstoff oder Isolierstoff an nicht verschweißten Leitungsverbindungen vorzusehen, damit Feuchtigkeit ferngehalten wird;*
- *sind für korrosiven Rauch oder korrosive Flüssigkeit anfällige Metalle durch Isolierschlauch, Anstrich oder Isolierung je nach den Verhältnissen am Einbauort zu schützen;*
- *sind galvanische Effekte von anderen Metallteilen, mit denen der Erder verbunden wird, zu beachten;*
- *sind Anordnungen, bei denen natürliche Korrosionsprodukte eines kathodischen Metalls (z. B. Kupfer) ein anodisches Metall (z. B. Stahl oder Aluminium) berühren und das LPS beschädigen können, zu vermeiden.*

Hieraus ergeben sich folgende Hinweise:

- *Die Mindestdicke oder der Mindestdurchmesser einer Litze sollte für Stahl, Aluminium, Kupfer, Kupferlegierung oder Nickel/Chrom/Stahl-Legierungen 1,7 mm betragen;*
- *wo ein Kontakt zwischen unterschiedlichen Metallen, die geringen Abstand zueinander haben (oder sich berühren), Korrosion verursachen kann, aber ein solcher Kontakt elektrisch nicht notwendig ist, wird ein isolierender Abstandhalter empfohlen;*
- *nicht anderweitig geschützte Stahlleiter sollten entsprechend den Voraussetzungen von Tabellen 6 und 7* [der Norm] *feuerverzinkt werden;*
- *Leiter aus Aluminium sollten nicht direkt in Erde verlegt werden oder einbetoniert oder direkt an und auf Beton angebracht werden, es sei denn, sie sind vollständig mit einer dauerhaften, eng umschließenden Isolierhülse umhüllt;*
- *Kupfer/Aluminium-Verbindungen sollten möglichst vermieden werden. Wenn unvermeidbar, sollte die Verbindung durch Schweißen oder unter Verwendung einer Zwischenschicht aus Al-Cu-Blech hergestellt werden;*
- *Befestigungsmittel oder Hülsen für Aluminiumleiter sollten aus gleichem Metall und mit einem geeigneten Querschnitt ausgeführt werden, um einen Ausfall durch ungünstige Witterungsbedingungen zu vermeiden;*
- *Kupfer ist für die meisten Anwendungen als Erder geeignet außer bei sauren, sauerstoffangereicherten ammoniakalischen oder schwefelhaltigen Bedingungen.*

Es sollte jedoch daran erinnert werden, dass es eine galvanische Zerstörung von eisenhaltigen Werkstoffen, mit denen es verbunden ist, hervorruft. Das erfordert besondere Korrosionsmaßnahmen, vor allem, wenn ein kathodisches Schutzverfahren angewendet wird;

- *bei Dachleitungen und Ableitungen im Bereich von aggressiven Rauchgasen muss die Korrosion besonders beachtet werden, z. B. durch Verwendung hochlegierter Stähle (> 16,5 % Cr, > 2 % Mo, 0,2 % Ti, 0,12 % bis 0,22 % N);*
- *rostfreier Stahl oder andere Nickellegierungen dürfen für die gleichen Anforderungen an die Korrosionsbeständigkeit eingesetzt werden. Unter anaeroben Bedingungen wie Lehm korrodieren sie jedoch fast so schnell wie weicher Stahl;*
- *Verbindungsstellen zwischen Stahl und Kupfer oder Kupferlegierungen in Luft sollten, wenn sie nicht verschweißt sind, entweder vollständig verzinnt oder mit einer dauerhaften feuchtebeständigen Beschichtung geschützt werden;*
- *Kupfer und Kupferlegierungen sind anfällig gegen Spannungskorrosionsrisse in Ammoniakatmosphäre, daher sollte dieser Werkstoff in einer solchen Umgebung nicht für Befestigungen verwendet werden;*
- *in Meeres-/Küstengebieten sollten alle Leitungsverbindungen verschweißt oder wirksam und komplett abgedichtet werden;*
- *Erdungsanlagen aus rostfreiem Stahl oder Kupfer können direkt an die Bewehrung im Beton angeschlossen werden;*
- *Erder aus verzinktem Stahl im Erdboden sollten mit der Bewehrung im Beton mittels Trennfunkenstrecken verbunden werden, die in der Lage sind, wesentliche Teile des Blitzstroms zu führen (Maße der Verbindungsleiter siehe Tabellen 8 und 9* [der Norm]*). Durch eine direkte Verbindung würde die Gefahr der Korrosion in der Erde wesentlich erhöht. Verwendete Trennfunkenstrecken müssen* [Abschnitt] *6.2* [der Norm] *entsprechen.*

Verzinkter Stahl darf für Erder im Erdboden nur verwendet werden, wenn keine Stahlteile im Beton direkt mit dem Erder im Erdboden verbunden sind.

Im Erdboden verlegte Metallrohre, die mit dem Potentialausgleichssystem und der Erdungsanlage verbunden sind, sollten mit dem Leiterwerkstoff des Erdungssystems identisch sein.

Rohre mit einer Schutzschicht aus Farbe oder Asphalt werden als nicht isoliert behandelt.

Erdungsleiter aus Stahl aus dem Beton oder dem Erdboden sollten an der Eintrittsstelle in Luft auf einer Länge von 0,3 m mittels Korrosionsschutzbinden oder Schrumpfschlauch gegen Korrosion geschützt werden. Bei Kupferleitern und Leitern aus rostfreiem Stahl ist das nicht erforderlich.

Werkstoffe für Verbindungsstellen zwischen Leitern im Erdboden sollten ein identisches Korrosionsverhalten wie die Erdungsleiter haben.

Schweißverbindungen müssen gegen Korrosion geschützt werden.

Praktische Erfahrungen zeigen:

- ***Aluminium sollte nie für Erder verwendet werden,***
- *Stahlleiter mit Bleiummantelung sind als Erdung nicht geeignet,*
- *verbleite Kupferleiter sollten weder in Beton noch in Erdböden mit hohem Kalkgehalt verwendet werden.*

Verzinkter Bandstahl darf als Fundamenterder in Beton verlegt und direkt mit den Bewehrungsstäben verbunden werden. Kupfer und rostfreier Stahl im Beton sind ebenfalls zulässig und dürfen direkt mit dem Bewehrungsstahl verbunden werden.

Aufgrund des natürlichen Potentials von Stahl im Beton sollten zusätzliche Erder außerhalb des Betons aus Kupfer oder rostfreiem Stahl hergestellt werden.

In Stahlfaserbeton ist die Verwendung von Erdungsleitungen aus Stahl nicht zulässig, weil während der Bauphase die Erdungsleitungen, beispielsweise durch die eingesetzten Maschinen, heruntergedrückt werden können und dadurch den Erdboden berühren. In diesem Fall ist der Stahl ernsthaft durch Korrosion gefährdet. Geeignete Werkstoffe für Erder in Stahlfaserbeton sind Kupfer und rostfreier Stahl.

Die Nichtbeachtung der Hinweise und Vorgaben kann zu erheblichen Korrosionsschäden führen, die die Wirksamkeit des Blitzschutzsystems erheblich beeinträchtigen, wenn nicht sogar ganz infrage stellen (siehe **Bild 5.151 bis Bild 5.156**).

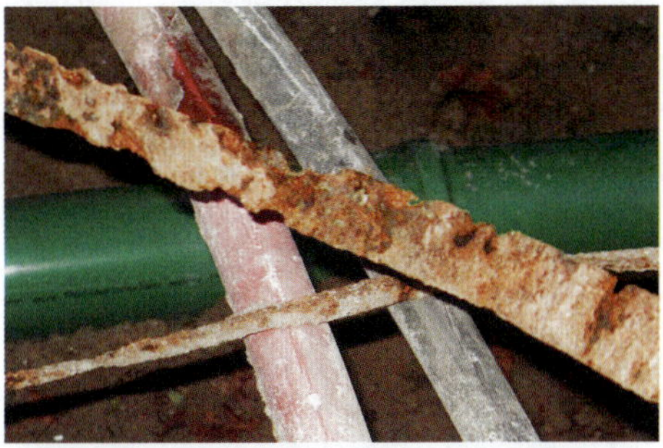

Bild 5.151 Korrodierte Erdleitung unzulässig im Querschnitt reduziert

Bild 5.152 Erdleitung aus nicht rostendem Stahl, Verbindungsklemme aus verzinktem Stahl ohne Korrosionsschutz

Bild 5.153 Korrodierte Erdleitung unzulässig im Querschnitt reduziert

Bild 5.154 Korrodierte Erdeinführung mit PVC-Mantel

Bild 5.155 Korrodierte Ableitung einer Dachtrennstelle

Bild 5.156 Korrodierte Ableitung einer Dachtrennstelle

5.8 Innerer Blitzschutz

5.8.1 Allgemeines

Der innere Blitzschutz ist unabdingbar für ein funktionierendes Blitzschutzsystem. Unterbleiben Maßnahmen des inneren Blitzschutzes, dann kann der Blitzstrom durch den äußeren Blitzschutz oder in anderen leitenden Teilen der baulichen Anlage gefährliche Funken verursachen. Diese Funkenbildung kann zu Bränden, Personengefährdungen oder Schädigung der technischen Infrastruktur führen. Der innere Blitzschutz ist für alle Blitzschutzklassen außer den Trennungsabständen gleich.

Funkenbildung zwischen äußerem Blitzschutz und anderen Bauteilen kann auftreten zu:

- metallenen Installationen,
- den inneren Systemen einer baulichen Anlage,
- den in die bauliche Anlage eingeführten äußeren leitenden Teilen, Kabel und Leitungen.

Gemäß Norm ist eine Funkenbildung in explosionsgefährdeten Bereichen einer baulichen Anlage immer als gefährlich anzusehen. Die Funkenbildung wird verhindert durch

- Potentialausgleichsverbindungen,
- entsprechende Isolierung zwischen metallenen Teilen oder
- der Einhaltung von Sicherheitsabständen (Trennungsabstand), die so bemessen sind, dass eine Funkenbildung nicht auftreten kann.

5.8.2 Blitzschutzpotentialausgleich

5.8.2.1 Allgemeines

Der Potentialausgleich (**Bild 5.157**) wird erreicht, indem das Blitzschutzsystem mit den

- metallenen Installationen,
- inneren Systemen und den
- elektrischen und elektronischen Systemen innerhalb der zu schützenden baulichen Anlage

verbunden wird.

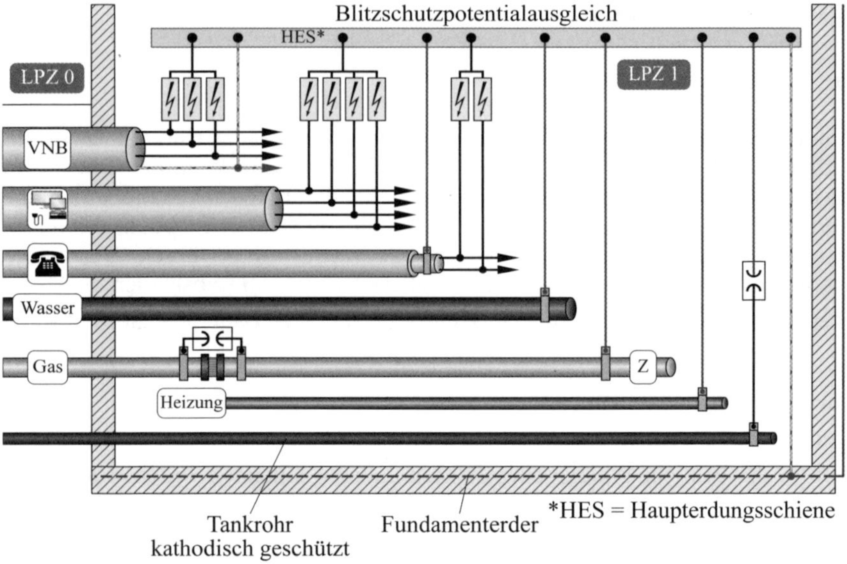

Bild 5.157 Blitzschutzpotentialausgleich für eingeführte Leitungen
(Quelle: DIN EN 62305-3 Beiblatt 1 (**VDE 0185-305-3 Beiblatt 1**), Bild E.138)

Verbindungsmaßnahmen sind

- Potentialausgleichsleitungen (z. B. durch direkte Anbindung an Rohrleitungen für Wasser und Heizung),
- Überspannungsschutzgeräte (SPDs), wenn direkte Verbindungen nicht zulässig sind (z. B. Niederspannungsleitungen), und
- Trennfunkenstrecken (TFS), wenn direkte Verbindungen nicht erlaubt sind (z. B. kathodisch geschützte Rohrleitungen oder Gasleitungen).

Mit der Realisierung dieser Maßnahmen wird nicht verhindert, dass ein Teil des Blitzstroms in das Innere einer baulichen Anlage fließen kann. Die hierdurch resultierenden Effekte müssen bei der Planung und der Installation berücksichtigt werden. Hierzu gehört auch die Berücksichtigung von Metallteilen, die sich außerhalb der zu schützenden baulichen Anlage befinden.

Der Blitzschutzpotentialausgleich muss mit anderen Potentialausgleichsmaßnahmen koordiniert und in ein Gesamtsystem des Gebäudepotentialausgleichs integriert werden. Aus diesem Grund sind immer Anforderungen mit zu berücksichtigen, die sich u. a. aus den Normen(-reihen) DIN VDE 0100, DIN EN 50522 (**VDE 0101**), DIN EN 60079 (**VDE 0165**), DIN VDE 0800 und DIN EN 50083 (**VDE 0855**) ergeben können. Bei Industriebauten dürfen elektrisch durchverbundene Teile der baulichen Anlage und des Daches im Allgemeinen als natürliche

Bestandteile des Blitzschutzsystems verwendet und auch für den Potentialausgleich genutzt werden.

5.8.2.2 Blitzschutzpotentialausgleich für metallene Installationen

Der Blitzschutzpotentialausgleich muss den Aufbau des äußeren Blitzschutzes berücksichtigen:

- getrennter äußerer Blitzschutz: Der Blitzschutzpotentialausgleich darf nur auf Erdniveau ausgeführt werden,
- nicht getrennter äußerer Blitzschutz: Blitzschutzpotentialausgleich,
  - im Kellergeschoss oder etwa auf Erdniveau und
  - überall dort, wo die zulässige Isolation oder der erforderliche Trennungsabstand nicht eingehalten werden.

Potentialausgleichsleitungen sind mit einer Potentialausgleichsschiene zu verbinden, die grundsätzlich an die Erdungsanlage angeschlossen werden muss. Die Potentialausgleichsschiene ist so anzuordnen, dass sie für Überprüfungen leicht zugänglich ist. Alle Anschlüsse sind zu kennzeichnen und zu dokumentieren.

Potentialausgleichsverbindungen müssen so kurz und gerade wie möglich ausgeführt werden. Die erforderlichen Mindestquerschnitte sind einzuhalten (**Tabelle 5.16**). Für Potentialausgleichsleiter, die eine Potentialausgleichsschiene direkt mit der Erdungsanlage verbinden, gelten die Mindestquerschnitte aus Tabelle 8 der Norm, da sie mit erheblichen Teilen von Blitzströmen belastet werden können. Für Potentialausgleichsleiter, die innere Metallteile mit Potentialausgleichsschienen verbinden, können die Mindestwerte Tabelle 9 der Norm entnommen werden.

Werkstoff	DIN VDE 0100-540	DIN EN 62305-3 (VDE 0185-305-3)	
	Schutzpotentialausgleich	Blitzschutzpotentialausgleich nach Tabelle 8	Blitzschutzpotentialausgleich nach Tabelle 9
Kupfer	6 mm^2	16 mm^2	6 mm^2
Aluminium	10 mm^2	25 mm^2	10 mm^2
Stahl	16 mm^2	50 mm^2	16 mm^2

Tabelle 5.16 Mindestquerschnitte für Potentialausgleichsleiter für verschiedene Werkstoffe

5.8.2.3 Blitzschutzpotentialausgleich für äußere leitende Teile

Die Einbeziehung äußerer leitender Teile in den Blitzschutzpotentialausgleich ist eine unverzichtbare Grundforderung für ein wirkungsvolles Blitzschutzsystem. Hierzu gehören alle ausgedehnten metallenen Bauteile, die in die bauliche Anlage eingeführt oder herausgeführt werden und die einen Teil des Blitzstroms führen können.

Dazu gehören u. a. energie- und informationstechnische Versorgungsleitungen, Kabelschirme, metallene Rohrleitungen und Metallkanäle.

Die Einbeziehung äußerer leitender Teile in den Blitzschutzpotentialausgleich muss möglichst nahe an der Eintrittsstelle in die zu schützende bauliche Anlage erfolgen. Die Komponenten für den Blitzschutzpotentialausgleich müssen dem Teil des Blitzstroms standhalten, der durch sie hindurchfließt und nach DIN EN 62305-1 (**VDE 0185-305-1**):2011-10, Anhang E, ermittelt wird. Werden geprüfte Komponenten eingesetzt – die nach der Normenreihe DIN EN 62561 (**VDE 0185-561**) geprüft sind –, oder die Mindestquerschnitte beachtet, dann ist dieser rechnerische Nachweis nur in Ausnahmefällen erforderlich.

5.8.2.4 Blitzschutzpotentialausgleich für innere Systeme

Zu den inneren leitenden Teilen gehören alle metallenen Installationen, z. B. Wasser-, Gas-, Heizungs- und Lüftungsleitungen, Aufzugsschienen und Krangerüste, die untereinander und mit dem Blitzschutzpotentialausgleich auf Erdbodenniveau verbunden werden müssen (siehe **Bild 5.158 bis Bild 5.160**).

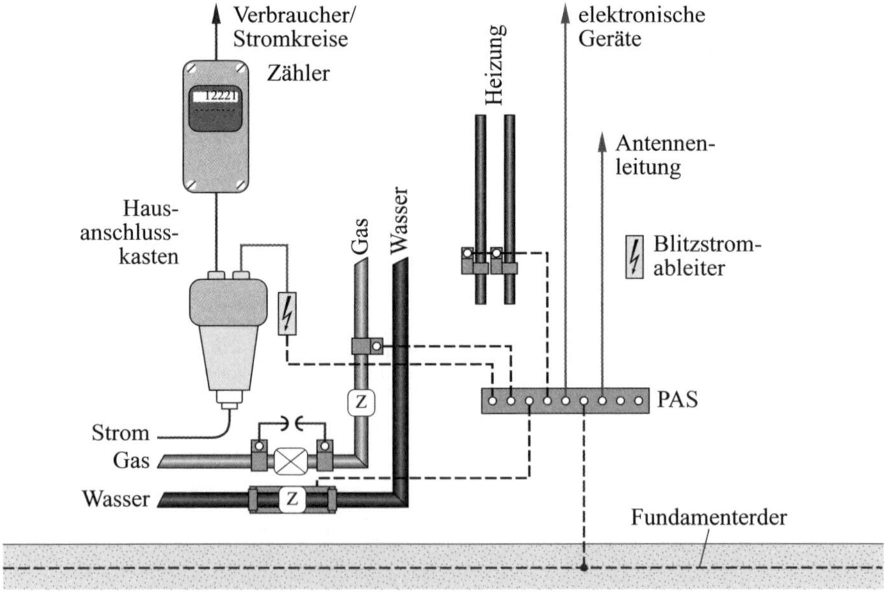

Bild 5.158 Beispiel für die Anordnung des Potentialausgleichs

Bild 5.159 Potentialausgleichsschiene am Gebäudeeintritt

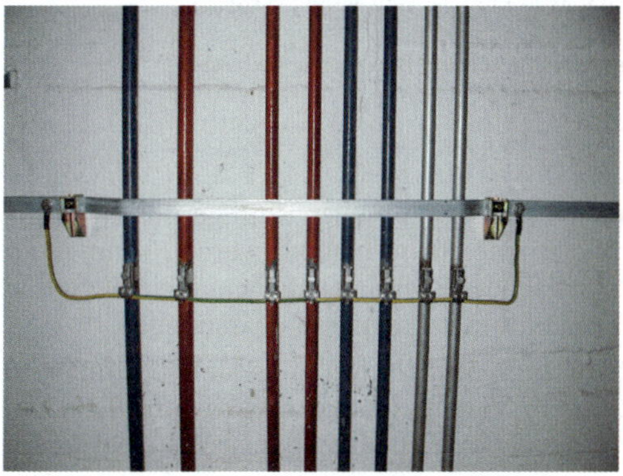

Bild 5.160 Ringförmiger Potentialausgleichsleiter

Für Gebäude, die höher als 30 m sind, wird empfohlen, ab 20 m Höhe zusätzliche Potentialausgleichsebenen zu realisieren (siehe **Bild 5.161**).

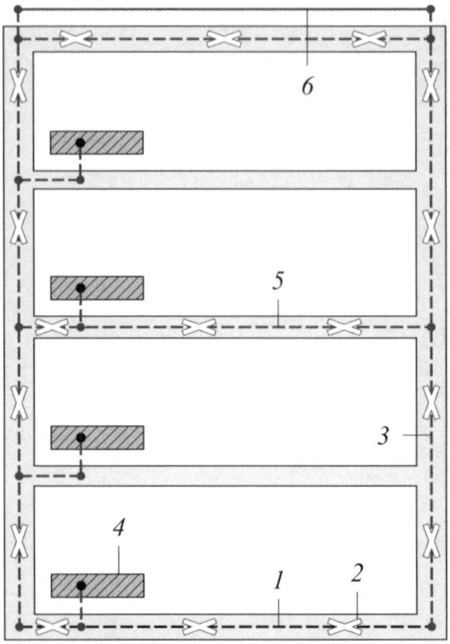

1 Fundamenterder gemäß DIN 18014, im Abstand von 2 m mit der Bewehrung verbinden,
2 Bewehrungsklemme,
3 Ableitung in bewehrtem Beton, im Abstand von 2 m mit der Bewehrung verbinden,
4 Potentialausgleichsschiene,
5 Ringleiter in bewehrtem Beton, im Abstand von 2 m mit der Bewehrung verbinden,
6 Fangleitung auf dem Dach

Bild 5.161 Potentialausgleich für Gebäude, die höher als 30 m sind

Muss der Blitzschutzpotentialausgleich in einer baulichen Anlage durchgeführt werden, in der der Fundamenterder nur unzureichend genutzt werden kann, dann besteht die Gefahr, dass Verbindungen zwischen Potentialausgleichsschienen große Schleifen bilden. Dies führt zu hohen Induktionsströmen und -spannungen.

Bei größeren baulichen Anlagen (z. B. Länge über 20 m) ist es sinnvoll, mehrere Potentialausgleichsschienen zu installieren. Voraussetzung hierfür: Alle Schienen müssen niederimpedant miteinander verbunden sein. Üblicherweise wird hierfür der Fundamenterder genutzt (**Bild 5.162**).

Um diese Effekte zu verringern, ist eine Vermaschung der Potentialausgleichsleitungen, der inneren metallenen leitenden Teile und der Erdungsanlage in Betracht zu ziehen (**Bild 5.163** und **Bild 5.164**).

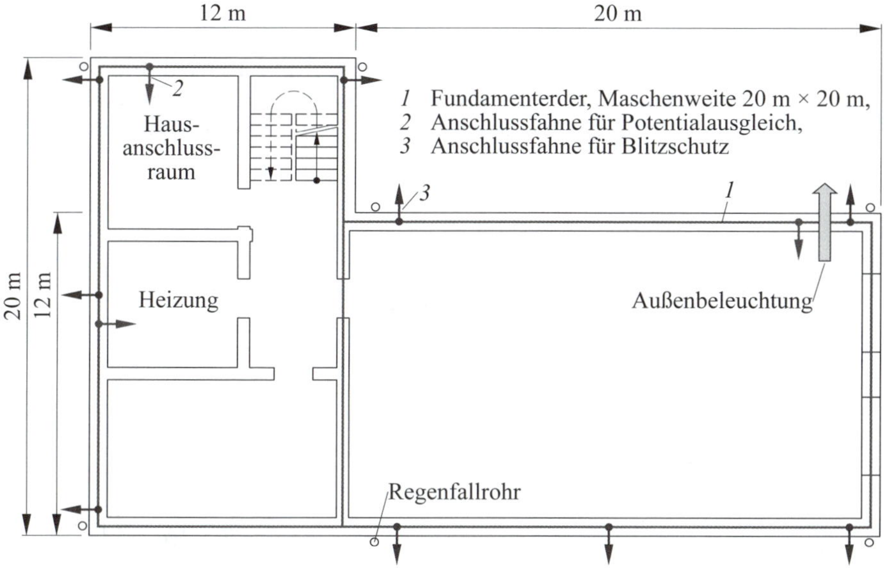

Bild 5.162 Mehrere Fundamenterder-Anschlussfahnen für den Potentialausgleich

Bild 5.163 Ringförmiger Potentialausgleichsleiter mit Verbindung zum Fundamenterder

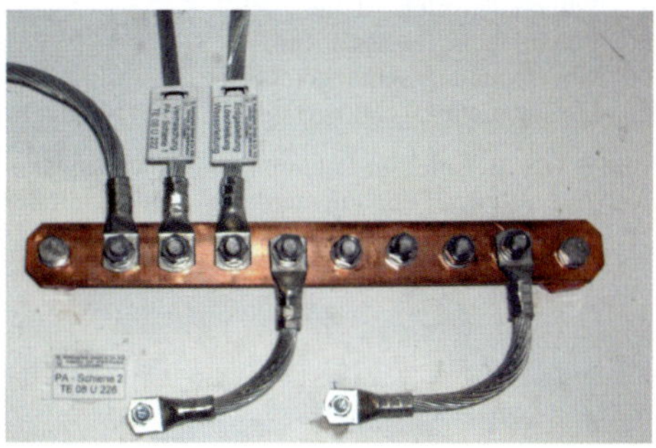

Bild 5.164 Potentialausgleichsschiene (PAS) mit Verbindung zur nächsten PAS und zweifachem Anschluss an die Bewehrung

Hierzu kann auch eine nachträgliche Nutzung der Stahlarmierung von Betonwänden gehören, die so den Blitzschutzpotentialausgleich unterstützen, aber nicht das Rückgrat des Blitzschutzpotentialausgleichs bilden (siehe **Bild 5.165** und **Bild 5.166**). In baulichen Anlagen mit bewehrten Wänden wird nur ein geringer Bruchteil des gesamten Blitzstroms durch die Potentialausgleichsleiter fließen (siehe Anhang E.6.2.2 der Norm).

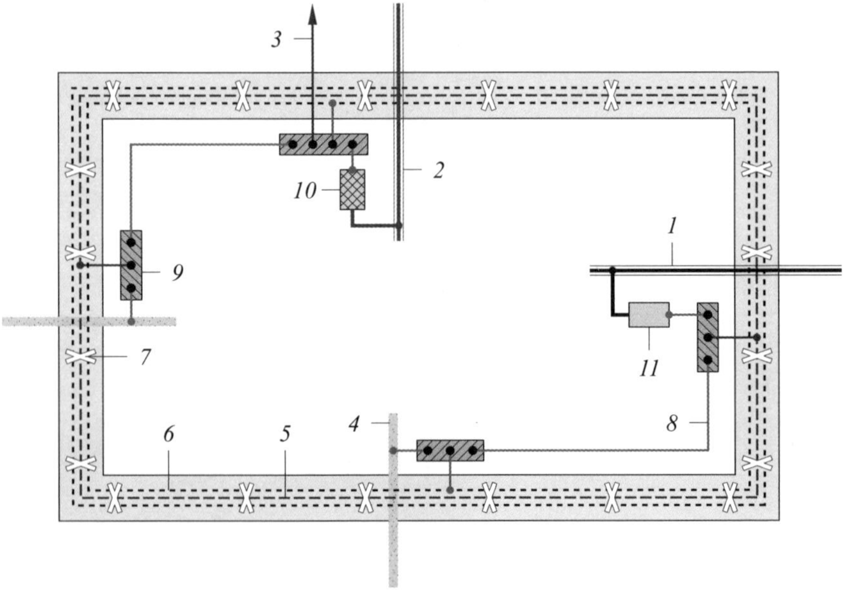

1 elektrische Energieleitung,
2 informationstechnische Leitung,
3 Verbindung zu einem zusätzlichen Erder (z. B. eines Nachbargebäudes),
4 metallene Rohrleitung (z. B. für Wasser),
5 Fundamenterder gemäß DIN 18014,
6 Bewehrung im Beton, im Abstand von 2 m mit der Bewehrung verklemmt,
7 Bewehrungsklemme,
8 Potentialausgleichsleiter,
9 Potentialausgleichsschiene,
10 Überspannungsschutzgerät SPD Typ 1 für informationstechnische Leitung,
11 Überspannungsschutzgerät SPD Typ 1 für elektrische Energieleitung

Bild 5.165 Beispiel für Potentialausgleichsmaßnahmen mit mehreren Einführungsstellen mit Anschluss an den Fundamenterder und an die mit dem Fundamenterder verbundene Bewehrung

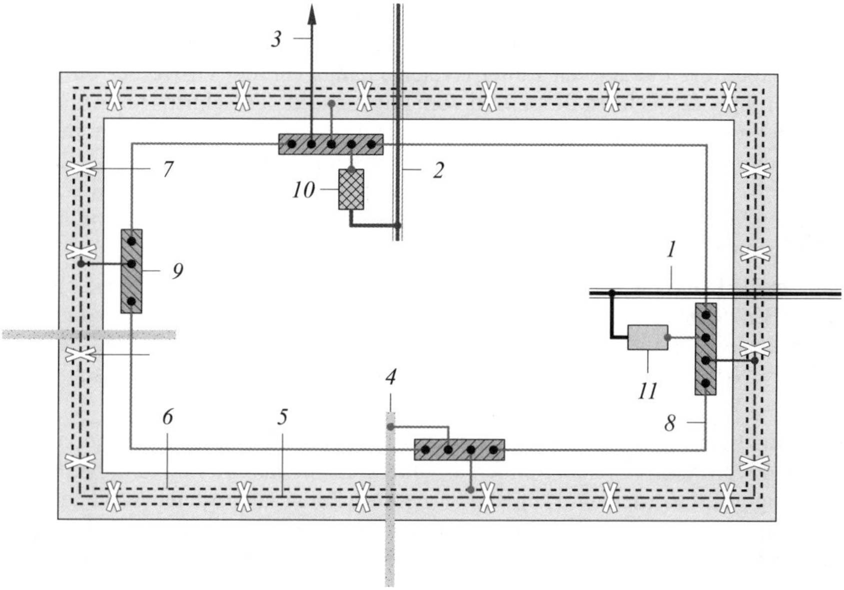

1 elektrische Energieleitung,
2 informationstechnische Leitung,
3 Verbindung zu einem zusätzlichen Erder (z. B. eines Nachbargebäudes),
4 metallene Rohrleitung (z. B. für Wasser),
5 Fundamenterder gemäß DIN 18014
6 Bewehrung im Beton, im Abstand von 2 m mit der Bewehrung verklemmt,
7 Bewehrungsklemme,
8 ringförmiger Potentialausgleichsleiter,
9 Potentialausgleichsschiene,
10 Überspannungsschutzgerät SPD Typ 1 für informationstechnische Leitung,
11 Überspannungsschutzgerät SPD Typ 1 für elektrische Energieleitung

Bild 5.166 Beispiel für Potentialausgleichsmaßnahmen mit mehreren Einführungsstellen, einem ringförmigen Potentialausgleich mit Anschluss an den Fundamenterder und an die Bewehrung

5.8.2.5 Potentialausgleich von äußeren Versorgungsleitungen

Bei der Planung ist dringend darauf zu achten, dass äußere leitende Teile und die elektrischen Versorgungs- und Kommunikationsleitungen vorzugsweise an einer gemeinsamen Stelle in die bauliche Anlage eingeführt werden. Der Anschluss an den Potentialausgleich sollte möglichst nahe an der Einführungsstelle in das Gebäude erfolgen. Bei Niederspannungsversorgungen ist dies direkt hinter dem Hausanschlusskasten oder in der Nähe der Niederspannungsschaltanlage, dies trifft in der Regel bei Industrie- und Verwaltungsgebäuden zu. Die Potentialausgleichsschiene ist an dieser gemeinsamen Einführungsstelle mit kurzen Potentialausgleichsleitern an die Erdungsanlage anzuschließen.

Sind die in die bauliche Anlage eingeführten Versorgungsleitungen geschirmt, dann müssen die Schirme an die Potentialausgleichsschiene angeschlossen werden. Die Überspannung, die die aktiven Leiter erreicht, hängt von der Größe des Blitzteilstroms, der über den Schirm fließt, und vom Querschnitt des Schirms ab. Anhang E der DIN EN 62305-1 (**VDE 0185-305-1**):2011-10 [5.10] bietet eine Methode, wie die Höhe dieses Stroms abgeschätzt werden kann (siehe Kapitel 3.8). Übersteigen die ermittelten Überspannungen die Festlegungen für die Leitung und die angeschlossenen Verteilungen, Schaltanlagen oder elektrischen Verbraucher, sind an den erforderlichen Stellen Überspannungsschutzgeräte vorzusehen.

Sind die in die bauliche Anlage eingeführten Versorgungsleitungen nicht geschirmt, fließt der Blitzteilstrom über die aktiven Leiter. In diesem Fall sind Überspannungsschutzgeräte, die dem Blitzstrom standhalten, an der Einführungsstelle erforderlich. PE- oder PEN-Leiter dürfen direkt an die Potentialausgleichsschiene angeschlossen werden.

Kann es nicht vermieden werden, dass äußere leitende Teile und elektrische Versorgungs- und Kommunikationsleitungen an unterschiedlichen Stellen in die bauliche Anlage eingeführt werden, und sind daher mehrere Potentialausgleichsschienen notwendig, sind die Potentialausgleichsschienen möglichst nahe an der Erdungsanlage, d. h. am Ringerder, und, falls möglich, an die Bewehrung und den Fundamenterder der baulichen Anlage anzuschließen (siehe Bild 5.165 und Bild 5.166).

Wird bei dem Blitzschutzsystem eine Erderanordnung Typ A verwendet, sind die Potentialausgleichsschienen mit einzelnen Erdern und zusätzlich mittels eines inneren Ringleiters oder eines inneren Leiters, der einen Teilring bildet, miteinander zu verbinden (siehe **Bild 5.167**).

Für die Einführung der von außen kommenden Versorgungsleitungen über der Erdoberfläche sollten die Potentialausgleichsschienen mit einem horizontalen Ringleiter innerhalb oder außerhalb der Außenwand verbunden werden (siehe **Bild 5.170**), der mit den Ableitungen des LPS sowie mit der Stahlbewehrung der baulichen Anlage ggf. verbunden wird (siehe Bild 5.161).

Der Ringleiter sollte mit der Stahlbewehrung und anderen metallenen Teilen der baulichen Anlage in regelmäßigen Abständen, typischerweise alle 5 m bis 10 m, verbunden werden (siehe **Bild 5.171**).

Bei Gebäuden, die hauptsächlich für Rechenzentren vorgesehen sind, Gebäuden mit Kommunikationsanlagen und anderen baulichen Anlagen mit der Forderung nach geringen Pegeln der LEMP-Induktionseffekte wird der Ringleiter im Normalfall alle 5 m mit der Bewehrung verbunden (siehe **Bild 5.168** und **Bild 5.169**).

Für den Anschluss der von außen eingeführten Versorgungsleitungen in bauliche Anlagen aus Stahlbeton, die umfangreiche kommunikationstechnische Anlagen oder Rechneranlagen enthalten, und für bauliche Anlagen, für die sehr hohe EMV-Anforderungen bestehen, sollten eine Durchführungsebene mit mehreren Verbindungen mit der Stahlbewehrung der baulichen Anlage oder anderen Metallteilen verwendet werden.

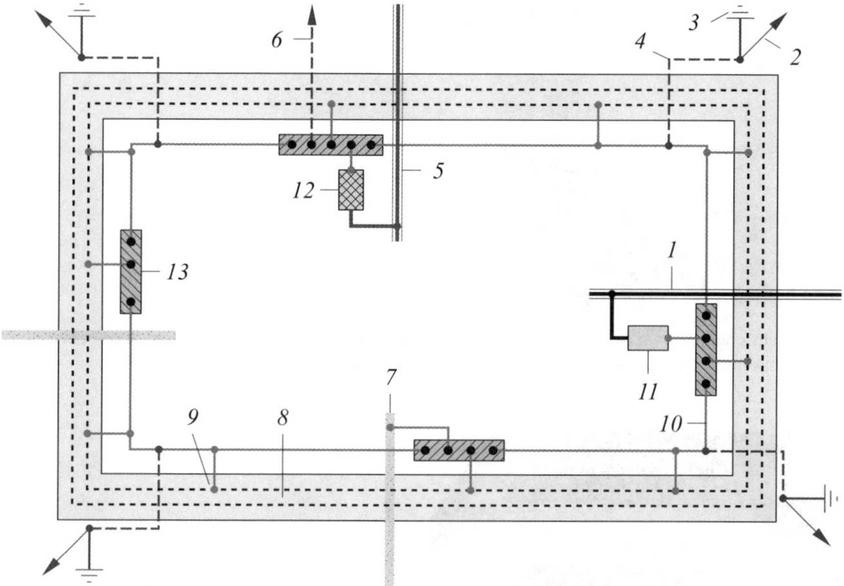

1 elektrische Energieleitung,
2 Ableitung,
3 Einzelerder Typ A, Tiefenerder,
4 Verbindung zum Potentialausgleich,
5 informationstechnische Leitung,
6 Verbindung zu einem zusätzlichen Erder (z. B. eines Nachbargebäudes),
7 metallene Rohrleitung (z. B. für Wasser),
8 bewehrtes Fundament,
9 Anschluss an die Bewehrung im Abstand von 5 m,
10 ringförmiger Potentialausgleichsleiter,
11 Überspannungsschutzgerät SPD Typ 1 für informationstechnische Leitung,
12 Überspannungsschutzgerät SPD Typ 1 für elektrische Energieleitung,
13 Potentialausgleichsschiene

Bild 5.167 Beispiel für Potentialausgleichsmaßnahmen mit mehreren Einführungsstellen für eine Erderanordnung Typ A

Bild 5.168 Maschennetz < 5 m × 5 m, unterhalb des aufgeständerten Bodens, verbunden mit einem Erdsammelleiter und an jeder Kreuzungsstelle mit der Bewehrung

Bild 5.169 Erdsammelleiter unterhalb des aufgeständerten Bodens

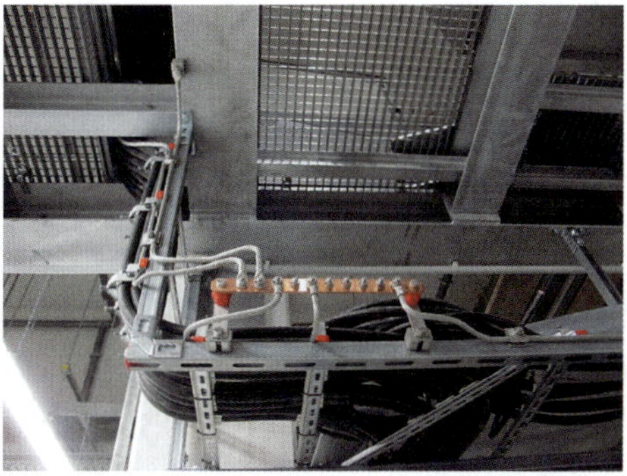

Bild 5.170 PA-Schiene für vermaschten Potentialausgleich

Bild 5.171 Erdungsschiene mit Anschluss an die Bewehrung

5.8.3 Überspannungsschutz

5.8.3.1 Allgemeines

Energie- und informationstechnische Leitungen sind im normalen Betriebszustand von metallenen Installationen, dem Schutzleiter oder dem Potentialausgleich getrennt. Treten auf diesen Leitungen Überspannungen auf, dann wird die Isolationsfestigkeit belastet, und es kann beim Überschreiten einer bestimmten Spannung zu einem Versagen der Isolation kommen. Dies führt zu einem Kurzschluss, der Schäden an technischen Einrichtungen und Geräten verursacht oder im schlimmsten Fall zu Personengefährdungen führt.

Überspannungsschutz ist daher die Verbindung energie- und informationstechnischer Leitungen mit dem Potentialausgleich, bevor es zu den zuvor genannten Schäden oder Gefährdungen kommt. Die Realisierung dieser Maßnahmen erfolgt durch Überspannungsschutzgeräte (Surge Protection Device – SPD), die dafür ausgelegt sind, energie- und informationstechnische Leitungen kurzfristig mit dem Potentialausgleich zu „verbinden" (Kurzschlussfunktion) und nach Abklingen der Überspannung den normalen betriebstechnischen Isolationszustand wiederherzustellen. Ermöglicht wird dieser Schutz durch die Kürze des Blitzimpulses und der schnellen Schalterfunktion heutiger Überspannungsschutzgeräte.

5.8.3.2 Auswahl von Überspannungsschutzgeräten

Die Überspannungsschutzgeräte müssen den jeweiligen Anwendungsfall berücksichtigen. Energietechnische Leitungen erfordern andere Schutzgeräte als informationstechnische Leitungen.

Überspannungen können verschiedene Ursachen haben:

- als EMV-bedingte Störgröße,
- durch Schalthandlungen,
- durch indirekte Blitzeinwirkung, d. h. kapazitiv und induktiv eingekoppelt und
- als direkte Blitzeinkopplung.

Aufgaben von Überspannungsschutzgeräten sind es daher, transiente Überspannungen zu begrenzen und Stoßströme abzuleiten. Je nach Ursache sind dabei unterschiedliche Dauer, Ladungen, Anstiegszeiten und Scheitelwerte zu berücksichtigen. Aus diesem Grund wurden für die Auslegung und den Test von Überspannungsschutzgeräten verschiedene Prüfimpulse festgelegt, die die maßgeblichen Parameter berücksichtigen:

- Bei direkter Blitzeinkopplung müssen SPDs den anteiligen Blitzströmen mit einer typischen Wellenform 10/350 µs standhalten. Für Stromversorgungsleitungen wurde ein geeigneter Prüfstrom I_{imp} im Klasse-I-Prüfverfahren nach DIN EN 61643-11 (**VDE 0675-6-11**):2013-04 [5.30] definiert (SPD Typ 1).
- Erfolgt eine indirekte Blitzeinkopplung, müssen SPDs induzierte Stoßströme mit einer typischen Wellenform 8/20 µs standhalten. Für Stromversorgungsleitungen wurde ein geeigneter Prüfstrom I_n im Klasse-II-Prüfverfahren nach DIN EN 61643-11 (**VDE 0675-6-11**):2013-04 [5.30] definiert (SPD Typ 2).
- Zusätzlich können SPDs mit einem kombinierten Stoß durch einen 2-Ω-Hybridgenerator geprüft werden, der eine Leerlaufstoßspannung U_{oc} 1,2/50 µs und einen Kurzschlussstoßstrom I_{sc} 8/20 µs berücksichtigt. Die Anforderungen für diese Prüfung sind in einer geeigneten Kombinationsprüfung im Klasse-III-Prüfverfahren nach DIN EN 61643-11 (**VDE 0675-6-11**):2013-04 [5.30] definiert (SPD Typ 3).

Überspannungsschutzgeräte können nach folgenden Prinzipien realisiert werden:

- Als spannungsschaltendes SPD, das eine hohe Impedanz hat, wenn keine Stoßspannung anliegt, das aber mit einem plötzlichen Wechsel zu niedrigerer

Impedanz auf eine Stoßspannung reagieren kann. Typische Bauelemente sind Funkenstrecken, Gasentladungsableiter, Thyristoren (gesteuerte Siliziumgleichrichter) und Triacs. Spannungsschaltende SPDs haben eine diskontinuierliche Spannung-Strom-Kennlinie.

- Als spannungsbegrenzendes SPD, das eine hohe Impedanz hat, wenn keine Stoßspannung anliegt, das aber seine Impedanz mit steigenden Werten von Stoßstrom und Stoßspannung kontinuierlich verringert. Typische Bauelemente sind Varistoren und Suppressordioden. Ein spannungsbegrenzendes SPD hat eine kontinuierliche Spannung-Strom-Kennlinie.
- Als kombiniertes SPD, das sowohl spannungsschaltende als auch spannungsbegrenzende Bauelemente beinhaltet. Abhängig von der angelegten Spannung kann es spannungsschaltendes, spannungsbegrenzendes oder beiderlei Verhalten aufweisen.

Werden Überspannungsschutzgeräte im energietechnischen Netz eingesetzt, dann sind folgende Anforderungen zu erfüllen:

- Die mehrfache zerstörungsfreie Ableitung des Blitzstroms.
- Der Schutzpegel muss niedriger sein als die Spannungsfestigkeit (Bemessungsstehstoßspannung nach DIN VDE 0100-443 [5.31]) der zur schützenden Installation oder des Geräts (siehe **Bild 5.172**).
- Der Netzfolgestrom aus dem Energienetz muss gelöscht bzw. begrenzt werden, durch selbstständiges Löschen von Kurzschlussströmen und Berücksichtigung der Ausschaltselektivität zum Anlagenschutz.
- Sicherstellen, dass die energetische Koordination von nachfolgenden Überspannungsschutzgeräten und/oder Endgeräten gegeben ist.

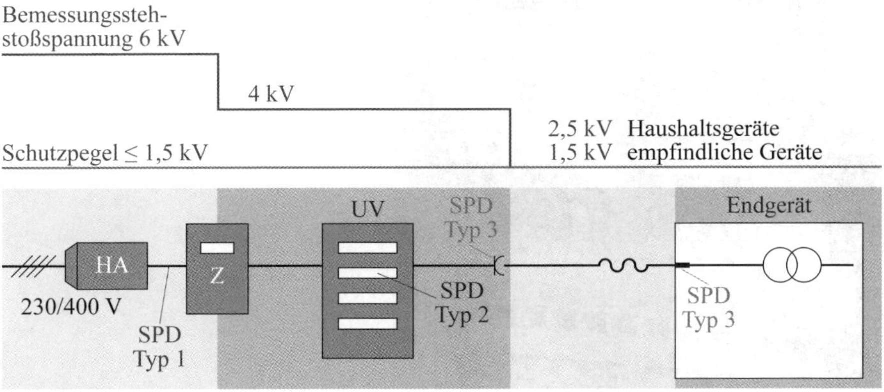

Bild 5.172 Überspannungskategorien unter Berücksichtigung der Bemessungsstehstoßspannung nach DIN VDE 0100-443 [5.31]

Die nachstehenden Bilder zeigen eine Auswahl von Überspannungsschutzgeräten verschiedener Hersteller, ohne einen Anspruch auf Vollständigkeit zu erheben (**Bild 5.173 bis 5.178**).

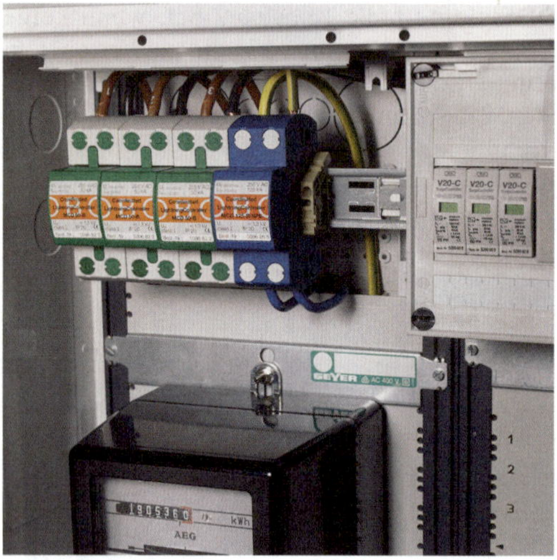

Bild 5.173 SPD Typ 1
(Quelle: OBO Bettermann, Menden)

Bild 5.174 SPD Typ 2
(Quelle: OBO Bettermann, Menden)

Bild 5.175 SPD Typ 1
(Quelle: Dehn + Söhne, Neumarkt)

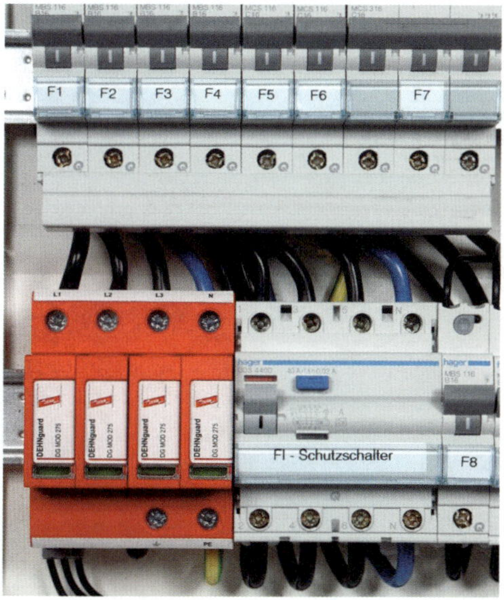

Bild 5.176 SPD Typ 2
(Quelle: Dehn + Söhne, Neumarkt)

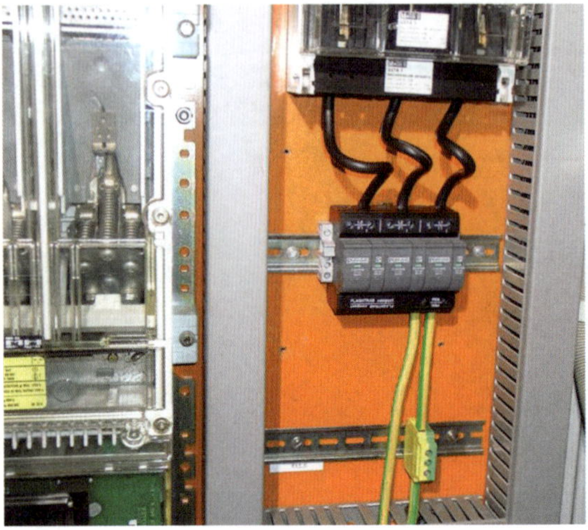

Bild 5.177 SPD Typ 1 und 2
(Quelle: Phoenix Contact, Blomberg)

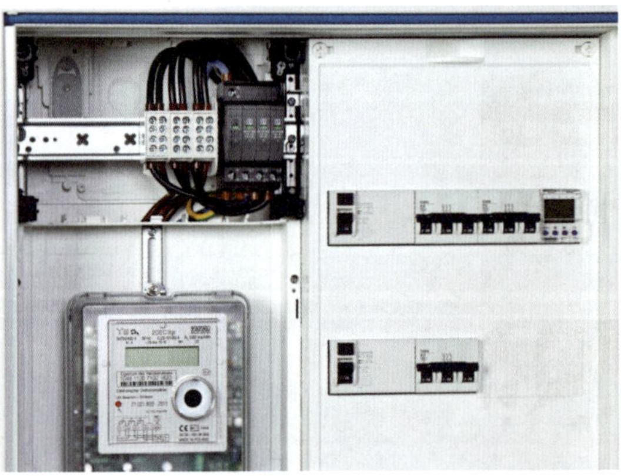

Bild 5.178 SPD Typ 2
(Quelle: Phoenix Contact, Blomberg)

Für energietechnische Netze kann die Auswahl von Überspannungsschutzgeräten gemäß **Bild 5.179** erfolgen.

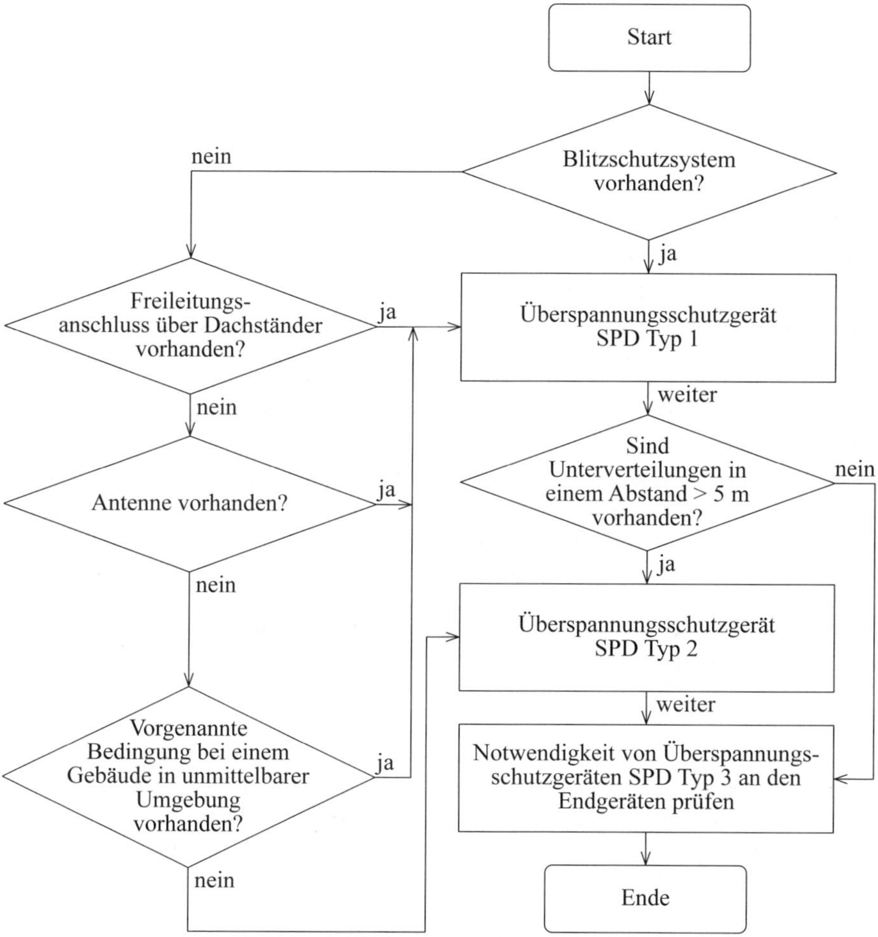

Bild 5.179 Auswahl von Überspannungsschutzgeräten für energietechnische Netze

5.8.3.3 Installation von Überspannungsschutzgeräten für energietechnische Leitungen

Erfahrungen in der Praxis haben gezeigt, dass bei der Installation von Überspannungsschutzgeräten für energietechnische Leitungen folgende Punkte von Bedeutung sind:

- Netzform,
- Schutzpegel,
- Auswahl von Sicherungen.

Netzform

Die am Markt erhältlichen Überspannungsschutzgeräte (SPDs) berücksichtigen die jeweilige Netzform (**Bild 5.180**).

Die Auswahl von Überspannungsschutzgeräten wird stellvertretend für die Netzform TN-C und TN-C-S dargestellt. Liegt am Hausanschlusskasten (HAK) die Netzform TN-C vor, kommt in diesem Fall ein dreipoliger SPD Typ 1 zum Einsatz. Der PEN-Leiter wird nicht beschaltet und muss direkt mit der Haupterdungsschiene (HES) verbunden werden.

Nach dem HAK erfolgt in der Regel eine Aufteilung des PEN-Leiters in einen getrennten PE- und einen N-Leiter. Gemäß DIN VDE 0100 darf der N-Leiter nach der Auftrennung nicht mehr mit dem PE-Leiter verbunden werden. Wird dies nicht beachtet, kann es zu Schäden oder Personengefährdungen kommen. Je nach Einbauort ist ab dieser Stelle dann auch der N-Leiter über ein SPD Typ 2 in den Potentialausgleich einzubeziehen. Die geschilderte Situation ist in **Bild 5.181** dargestellt. Für andere Netzformen sind vergleichbare Punkte zu berücksichtigen.

Schutzpegel

Die am Markt erhältlichen Überspannungsschutzgeräte haben einen Schutzpegel, der die zulässige Bemessungsstehstoßspannung nach DIN VDE 0100-443 [5.31] deutlich unterschreitet. Der Schutzpegel moderner Schutzgeräte SPD Typ 1 liegt in vielen Anwendungen unter 1,5 kV. Dieser geräteseitige Schutzpegel kann jedoch durch eine ungünstige Installation erhöht werden. Es gilt: Jeder Meter Anschlussleitung erhöht den Schutzpegel um 1 kV.

In der Praxis tritt dieser Fall häufig dann auf, wenn die PE- oder PEN-Klemme des Überspannungsschutzgeräts nur mit der Haupterdungsschiene verbunden wird (**Bild 5.182**). Der Schutzpegel erhöht sich wie folgt: 1,5 kV + 5 kV = 6,5 kV > 6 kV zulässige Bemessungsstehstoßspannung.

Diese Situation lässt sich einfach vermeiden, wenn eine Verbindung zwischen Überspannungsschutzgerät und PEN-(PE-)Leiter hergestellt wird (**Bild 5.183**).

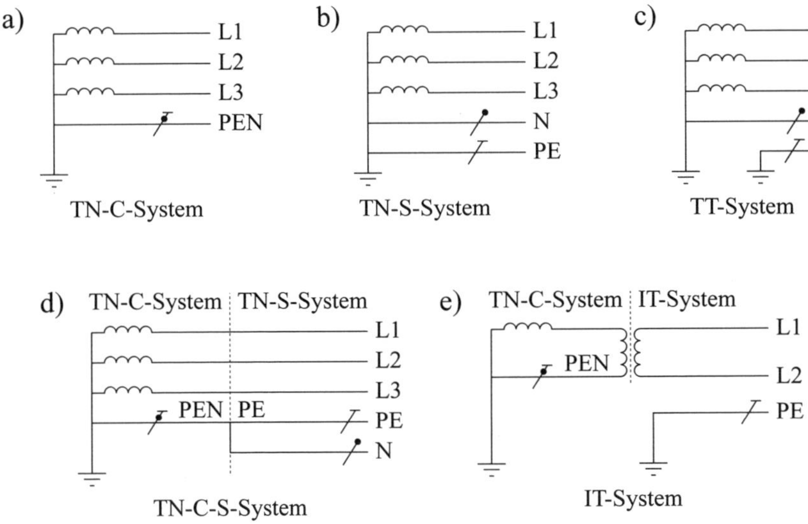

Bild 5.180 Übersicht der Netzformen –
a) TN-C-System, b) TN-S-System, c) TT-System, d) TN-C-S-System, e) IT-System

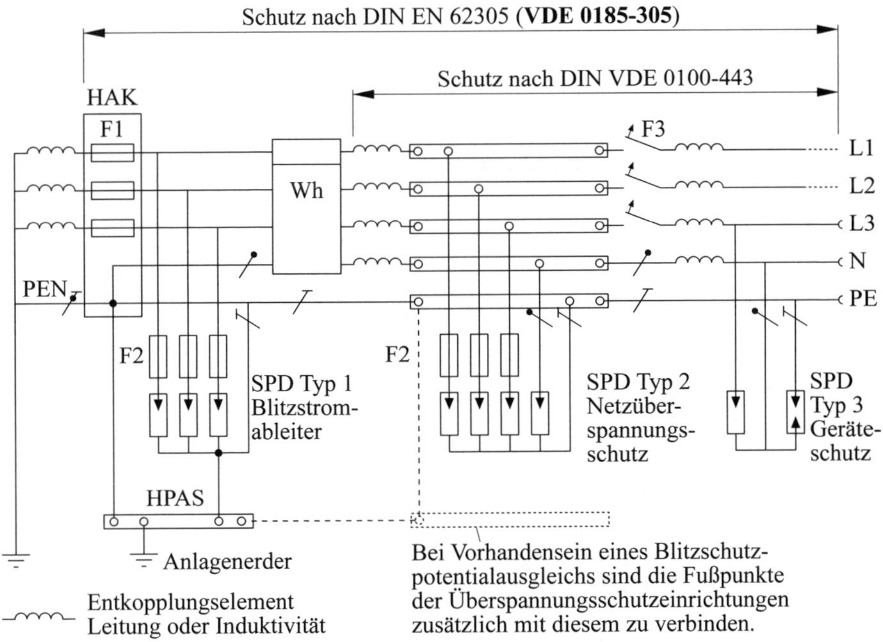

Bild 5.181 Überspannungsschutzmaßnahmen für die Netzform TN-C-S

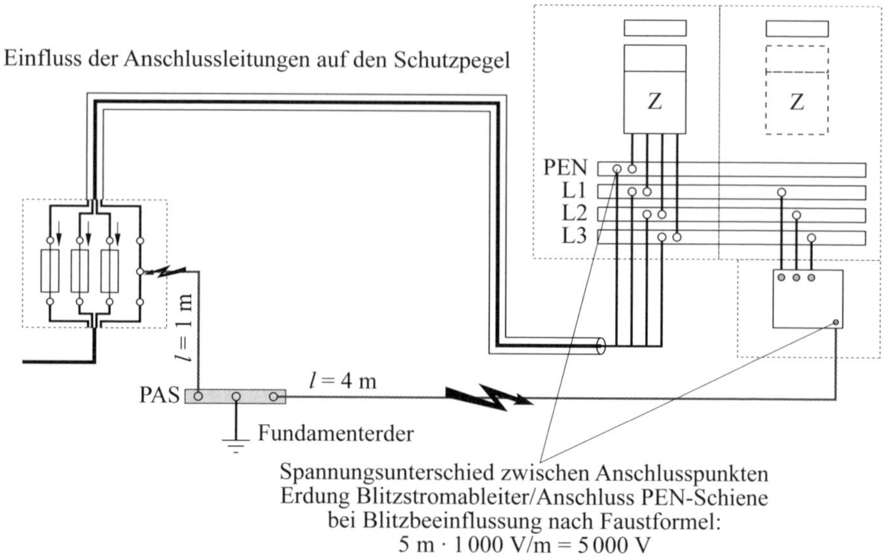

Bild 5.182 Einfluss der Anschlussleitungen auf den Schutzpegel (Quelle: Dehn + Söhne, Neumarkt)

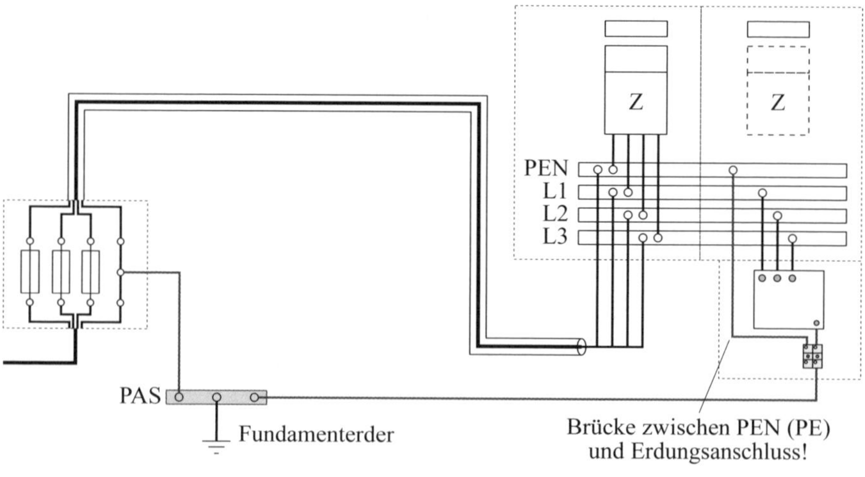

Bild 5.183 Verbindung zwischen Überspannungsschutzgerät, PEN (PE) und Haupterdungsschiene (Quelle: Dehn + Söhne, Neumarkt)

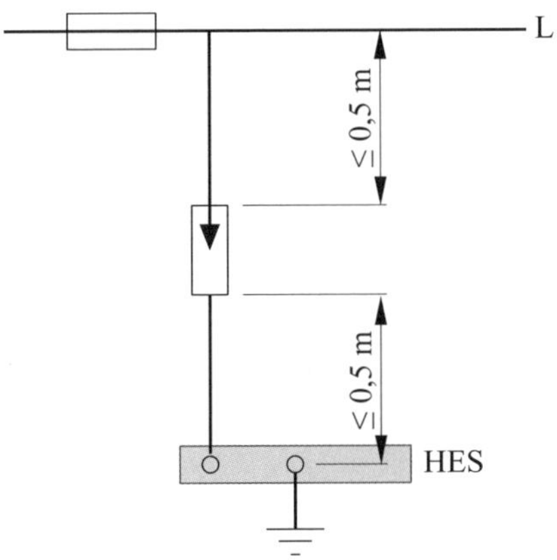

Bild 5.184 Parallelverdrahtung, empfohlene Anschlusslänge < 1 m (Quelle: OBO Bettermann, Menden)

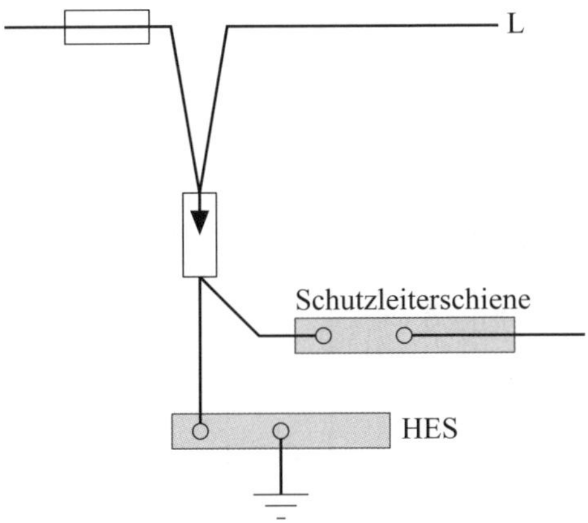

Bild 5.185 V-Verdrahtung, empfohlene Anschlusslänge < 1 m (Quelle: OBO Bettermann, Menden)

Diese Maßnahme ist nur ein erster Schritt, da sich der Schutzpegel auch durch zu lange Verbindungen innerhalb einer Verteilung erhöhen kann. Aus diesem Grund werden in der DIN VDE 0100-443 [5.31] Vorgaben gemacht, die bei der Installation angestrebt werden sollen (siehe auch Bilder 5.173 bis 5.178). Warum „sollen"? Nicht immer lässt es die örtliche Situation zu, ein Optimum anzustreben, wie dies in den **Bildern 5.184 und 5.185** dargestellt ist.

Bei Beachtung dieser Vorgaben wird die zulässige Bemessungsstehstoßspannung deutlich unterschritten und der geräteseitige Schutzpegel optimal genutzt werden. Am besten ist die V-Verdrahtung (**Bild 5.186**). Hier wird die Anschlussklemme des Schutzgeräts als Durchgangsklemme genutzt. Der Querschnitt ist in der Regel für einen Strom von 125 A ausgelegt. Dies ist in vielen baulichen Anlagen (z. B. Ein- und Mehrfamilienhäuser) ausreichend.

In größeren baulichen Anlagen (z. B. Industrie- und Verwaltungsgebäude) weist die Stromversorgung dagegen meistens deutlich höhere Werte auf. Die Schutzgeräte müssen in diesen Fällen parallel zum Hauptstromversorgungssystem installiert und zusätzlich abgesichert werden (**Bild 5.187**).

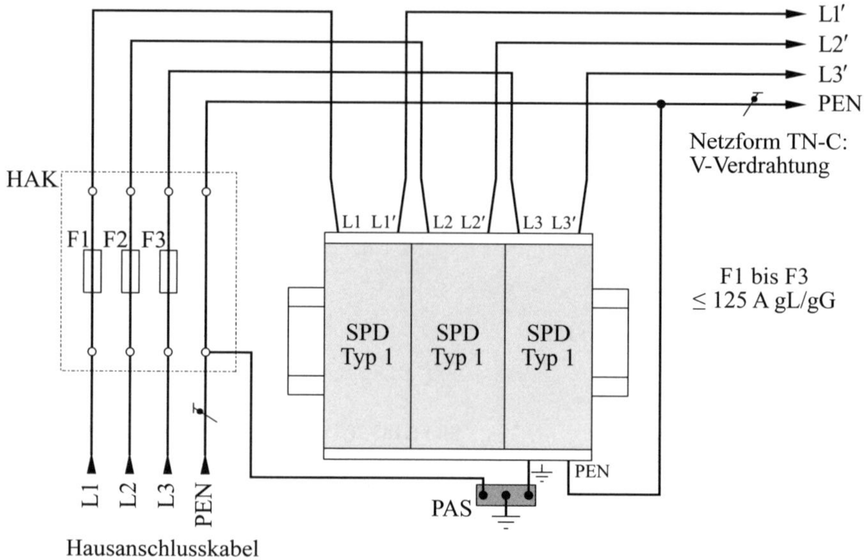

Bild 5.186 V-Verdrahtung von Überspannungsschutzgeräten (Quelle: Dehn + Söhne, Neumarkt)

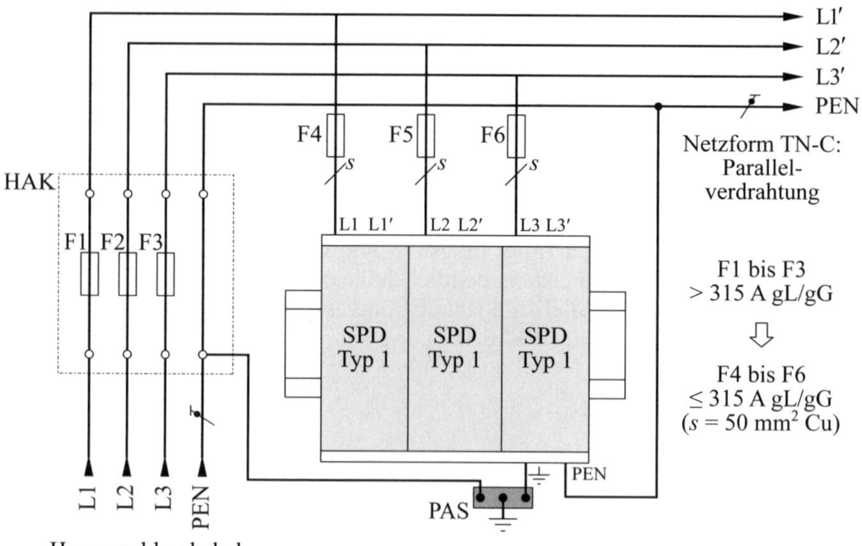

Bild 5.187 Parallelverdrahtung von Überspannungsschutzgeräten (Quelle: Dehn + Söhne, Neumarkt)

Auswahl von Vorsicherungen

Die richtige Auswahl von Vorsicherungen für Überspannungsschutzgeräte ist wichtig für die Verfügbarkeit der elektrischen Anlagen. Untersuchungen haben gezeigt, dass Sicherungen deutliche Unterschiede bei der Ausschaltung von Kurzschlussströmen im Vergleich zu Beanspruchungen mit Stoßströmen, insbesondere mit Blitzstoßströmen der Wellenform 10/350 μs, aufweisen.

In Abhängigkeit von der Belastung durch den Blitzstoßstrom wurden für Sicherungen von den Herstellern (z. B. [5.32]) von Überspannungsschutzgeräten folgende Bereiche ermittelt (siehe auch **Bild 5.188**):

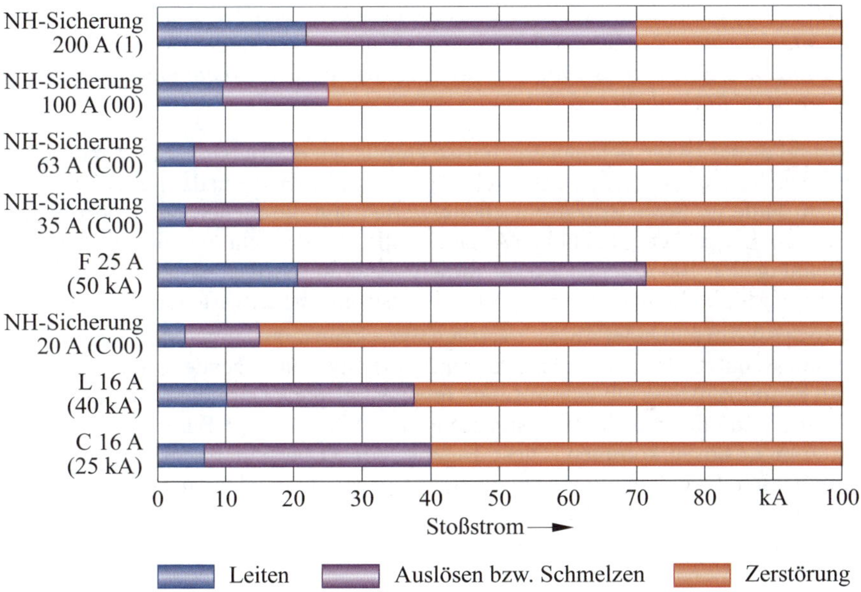

Bild 5.188 Verhalten von Sicherungen während einer Stoßstrombelastung
(Quelle: OBO Bettermann, Menden) – die Angaben gelten für einen Außenleiter des Schalterkontakts und einen Außenleiter der Sicherung

Bereich 1: Kein Schmelzen
Die durch den Blitzstoßstrom in die Sicherung eingetragene Energie ist so gering, dass die Sicherung nicht zum Schmelzen gebracht werden kann.

Bereich 2: Schmelzen
Die Energie des Blitzstoßstroms reicht aus, um die Sicherung zum Schmelzen zu bringen und damit den Strompfad durch die Sicherung zu unterbrechen.

Bereich 3: Explosion
Sofern die Energie des Blitzstoßstroms so groß ist, dass sie weit über dem Schmelzintegral der Sicherung liegt, kann es vorkommen, dass der Sicherungsstreifen explosionsartig verdampft. Ein Bersten des Sicherungsgehäuses ist dabei oft die Folge. Neben den mechanischen Auswirkungen muss jedoch auch beachtet werden, dass der Blitzstoßstrom in Form eines Lichtbogens über die berstende Sicherung weiterfließt; eine Unterbrechung des Blitzstoßstroms und damit verbunden eine Reduzierung der notwendigen Stoßstromtragfähigkeit des eingesetzten Überspannungsschutzgeräts kann somit nicht erfolgen.

Aufgrund dieser Untersuchungsergebnisse empfehlen die Hersteller eine möglichst hohe Absicherung. Im privaten Bereich liegt die Absicherung in der Regel bei 63 A, d. h., im Falle größerer Blitzstromscheitelwerte kann die Sicherung auslösen oder schmelzen. Bei größeren baulichen Anlagen sollte die Vorsicherung bei der Parallelverdrahtung über 100 A liegen. Erst ab diesen Sicherungsgrößen ist damit zu rechnen, dass die Verfügbarkeit auch bei größeren Blitzstromscheitelwerten gegeben ist.

Das Restrisiko mangelnder Anlagenverfügbarkeit kann reduziert werden, wenn Überspannungsschutzgeräte zum Einsatz kommen, die einen einsetzenden Netzfolgestrom soweit begrenzen, dass Überstromschutzorgane, beispielsweise die Leitungsschutzsicherung und/oder die SPD-Vorsicherung auch für kleinere Bemessungsströme, nicht zum Auslösen kommen. Diese Eigenschaft ist besonders wichtig bei Überspannungsschutzgeräten mit niedrigem Schutzpegel, d. h. tiefer Ansprechspannung. Diese Geräte sprechen auch bei Überspannungen an, die nicht durch Blitzeinwirkung verursacht werden.

5.8.3.4 Installation von Überspannungsschutzgeräten für informationstechnische Leitungen

Überspannungsschutzgeräte für informationstechnische Geräte und Systeme gibt es mittlerweile für jeden Anwendungsfall. Mit dem Fortschritt der technischen Entwicklung wird sich die Zahl der Schutzgeräte auch in Zukunft stetig erhöhen, sodass der richtigen Auswahl eine große Bedeutung zukommt. Planer und Installateure müssen sich daher im Vorfeld erkundigen und nach Erfordernis beraten lassen. Die nachfolgenden Bilder stellen daher nur einige Beispiele dar, die in der Installationspraxis immer wieder von Bedeutung sind (**Bild 5.189 bis 5.192**).

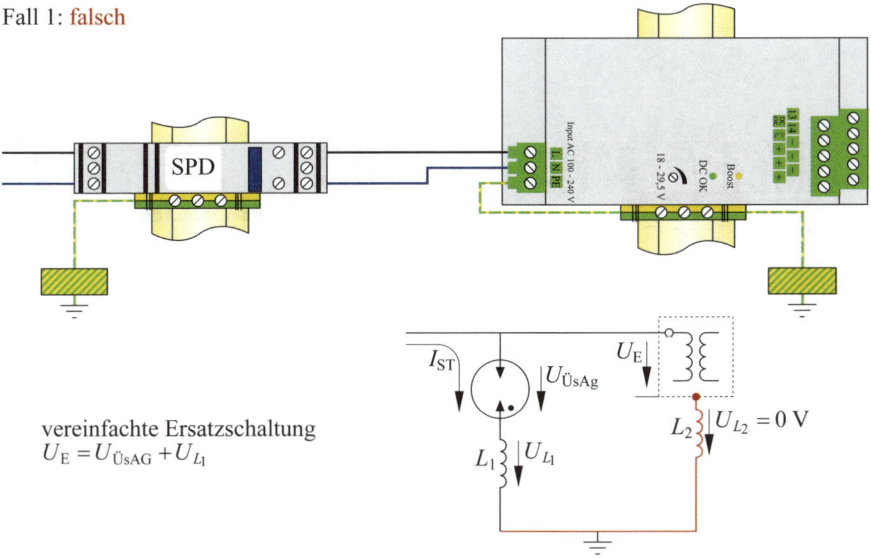

Bild 5.189 Durch die Erdverdrahtung entstehen kritische Potentialunterschiede (Quelle: Phoenix Contact, Blomberg)

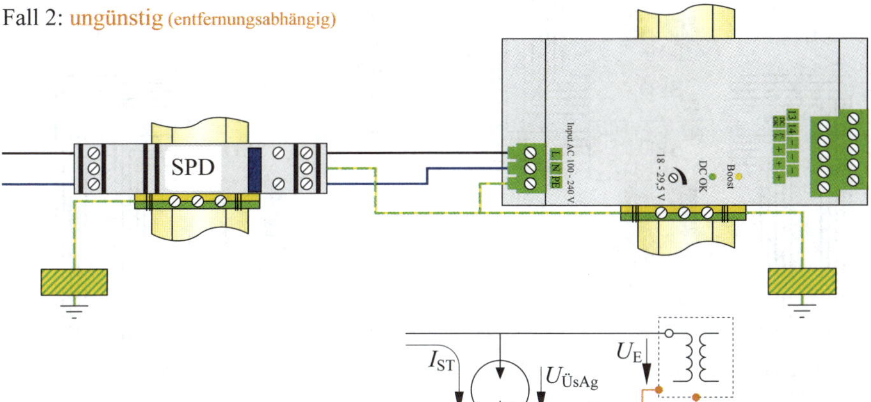

Bild 5.190 Diese Art der Erdverdrahtung erfordert niedrige Impedanzen und entsprechende Leiterquerschnitte (Quelle: Phoenix Contact, Blomberg)

Fall 3: optimal

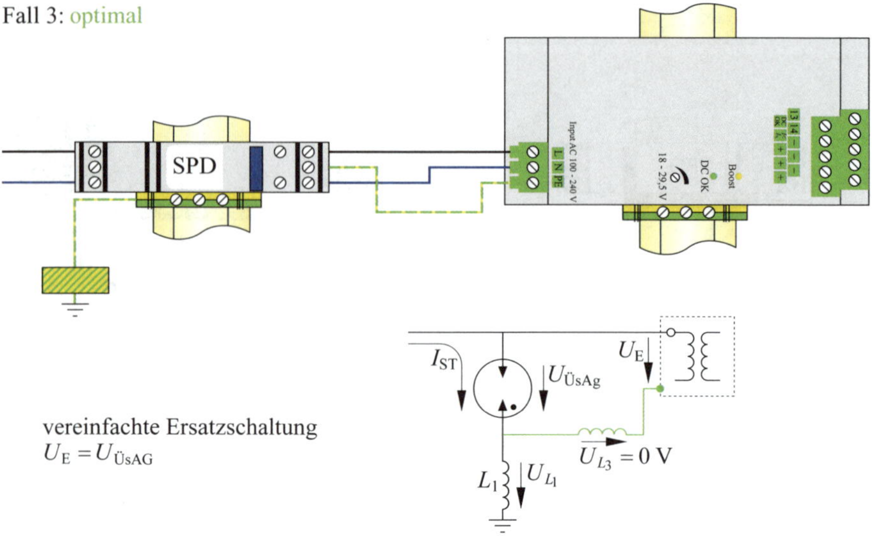

Bild 5.191 Optimale Installation (Quelle: Phoenix Contact, Blomberg)

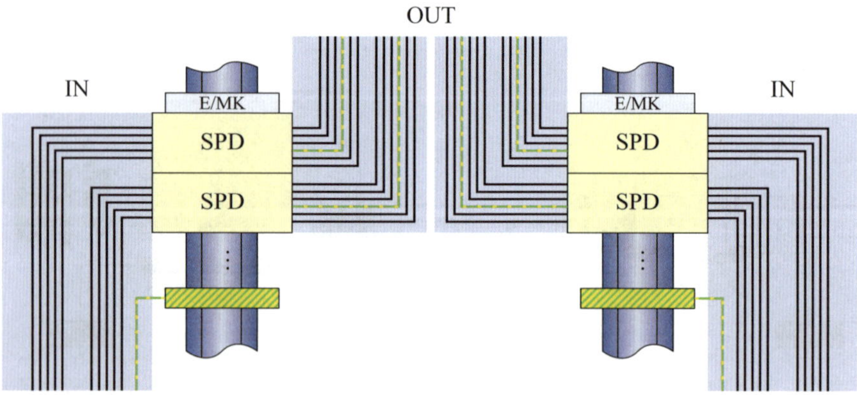

Bild 5.192 Geschützte und ungeschützte Leitungen müssen getrennt geführt werden (Quelle: Phoenix Contact, Blomberg)

5.8.3.5 Praxisbeispiel – Blitzschutzpotentialausgleich für ein Einfamilienhaus

Der bestehende äußere Blitzschutz für ein Einfamilienhaus wurde nachgerüstet. Diese Maßnahmen zeigen beispielhaft die nachstehenden Bilder. Die Hauptarbeiten wurden im Hausanschlussraum durchgeführt, der als Werkstattraum genutzt wird (**Bild 5.193**).

Bild 5.193 Blitzschutzpotentialausgleich und Überspannungsschutzmaßnahmen in einem Hausanschlussraum

Erläuterungen zum Bild 5.193:

1 Fundamenterder-Anschlussfahne, Flachband 30 mm × 3,5 mm, verzinkt, weiß gestrichen,
2 Haupterdungsschiene (HES) (**Bild 5.195**),
3 Potentialausgleichsanschluss zur Wasserleitung (**Bild 5.194**),
4 Potentialausgleichsanschluss zur Gasleitung (Bild 5.194),
5 Niederspannungskabel zum Hausanschlusskasten,
6 nachträgliche Installation eines Überspannungsschutzgeräts SPD Typ 1,
7 Außenkabel zur Garage (liegen im einschlaggeschützten Bereich – Blitzschutzzone 0_B),
Blitzschutzpotentialausgleich durch Überspannungsschutzgeräte SPD Typ 2,
8 Überspannungsschutzgerät SPD Typ 0/1 für die Telefonleitung,
9 zusätzliche PA-Schiene für einen örtlichen Potentialausgleich am Gebäudeeintritt,
10 Steckdose, Schutz durch Überspannungsschutzgerät SPD Typ 3

Bild 5.194 Blitzschutzpotentialausgleich Wasser- und Gasleitung

Bild 5.195 HPAS – Fundamenterderanschlussfahne

Die in Bild 5.179 dargestellten Maßnahmen wurden durch weitere Maßnahmen ergänzt:

1 Einbau eines Überspannungsschutzgeräts SPD Typ 2 in der Hauptverteilung (**Bild 5.196**),
2 Einbau von Überspannungsschutzgeräten für das Breitbandkabel (**Bild 5.197**),
3 Überspannungsschutz für die TV-Anlage (**Bild 5.198**) und PC (**Bild 5.199**)

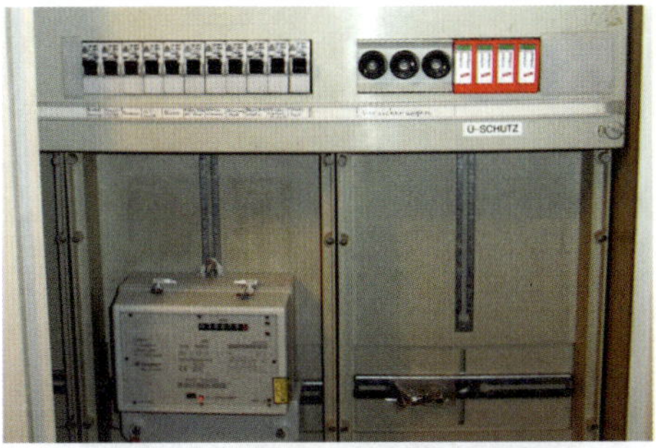

Bild 5.196 Hauptverteilung – Überspannungsschutzgerät SPD Typ 2

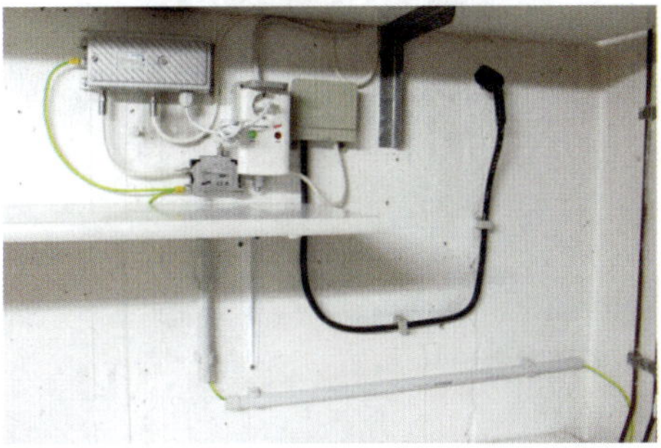

Bild 5.197 Überspannungsschutz für Breitbandkabel

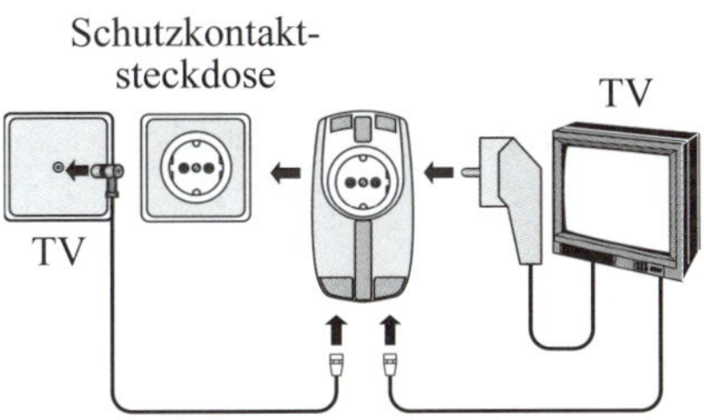

Bild 5.198 Überspannungsschutz für TV-Gerät (Quelle: Dehn + Söhne, Neumarkt)

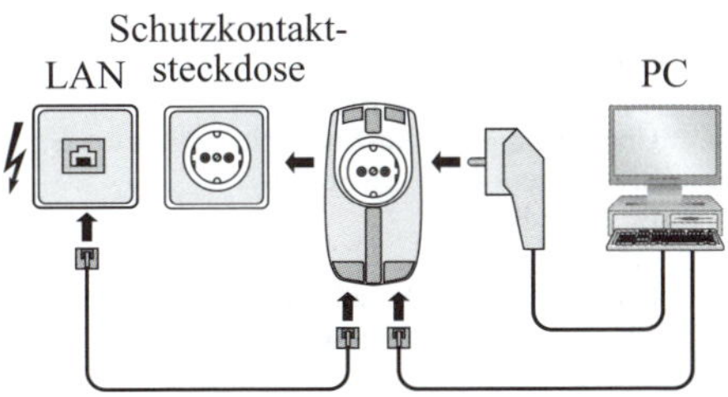

Bild 5.199 Überspannungsschutz für PC (Quelle: Fa. Dehn + Söhne, Neumarkt)

5.8.3.6 Praxisbeispiel – Überspannungsschutzmaßnahmen für informationstechnische Leitungen für ein Verwaltungsgebäude

Die zentrale Einführung von elektrischen Versorgungsleitungen ist unter dem Gesichtspunkt des Überspannungsschutzes von großem Vorteil. Das nachstehende **Bild 5.200** zeigt die erforderlichen Überspannungsschutzmaßnahmen für informationstechnische Leitungen am Zonenübergang 0/1. Idealerweise erfolgt die Einführung dieser Leitungen in das Gebäude nur an einer Stelle.

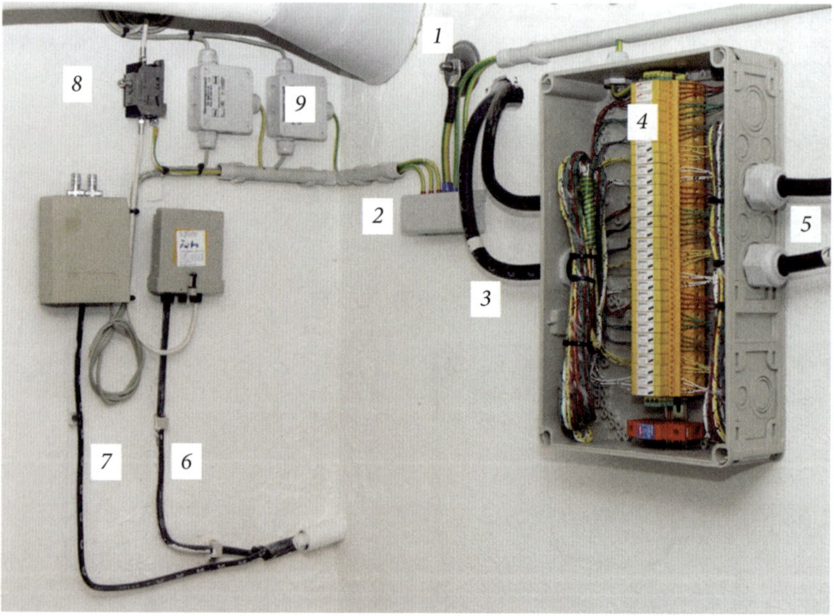

Bild 5.200 Blitzschutzpotentialausgleich und Überspannungsschutzmaßnahmen für informationstechnische Leitungen

Erläuterungen zum Bild 5.200:

1 wasserdichte Gebäudedurchführung mit Verbindung zur Erdungsanlage,
2 Potentialausgleichsschiene,
3 Signaladern (unsaubere Seite),
4 Überspannungsschutzmaßnahmen für die Signaladern, Schirmerdung über Funkenstrecke,
5 Signaladern (saubere Seite),
6 Breitbandkabel,
7 Telefonkabel,
8 Überspannungsschutz für Breitbandkabel,
9 Überspannungsschutz für Telefonkabel

5.8.3.7 Praxisbeispiel – Überspannungsschutzmaßnahmen für informationstechnische Leitungen im Industriebereich

Bild 5.201 zeigt die Vorplanung von Überspannungsschutzmaßnahmen für Versorgungs-, Ex-Mess- und Steuerleitungen. Bei der Planung wurde auf eine strikte Trennung von unsauberer und sauberer Seite geachtet. Kabelschirme, für die nur eine einseitige Erdung vorgegeben wird, werden indirekt über eine Funkenstrecke geerdet. Nicht genutzte Adern der Steuerleitung werden auf eine isolierte Erdleiste aufgelegt und ebenfalls indirekt über eine Funkenstrecke geerdet. Weiterhin muss auf die richtige Auswahl der SPDs geachtet werden, die u. a. den Schutz eines Ex-Messkreises beinhaltet. **Bild 5.202** zeigt eine Ausführungsvariante.

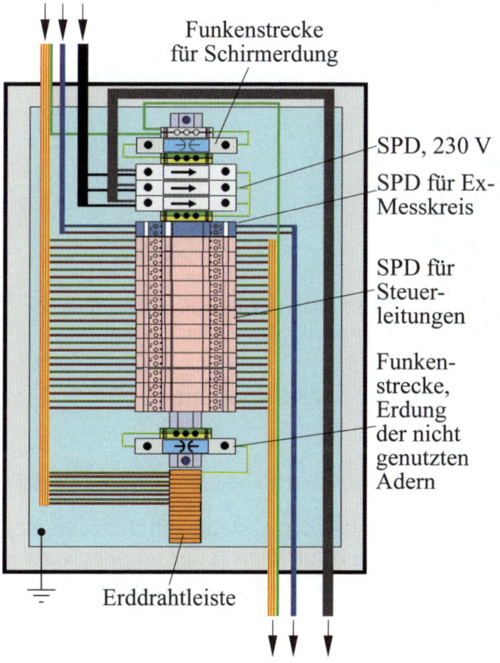

Bild 5.201 Planung von Überspannungsschutzmaßnahmen für einen Feldverteiler

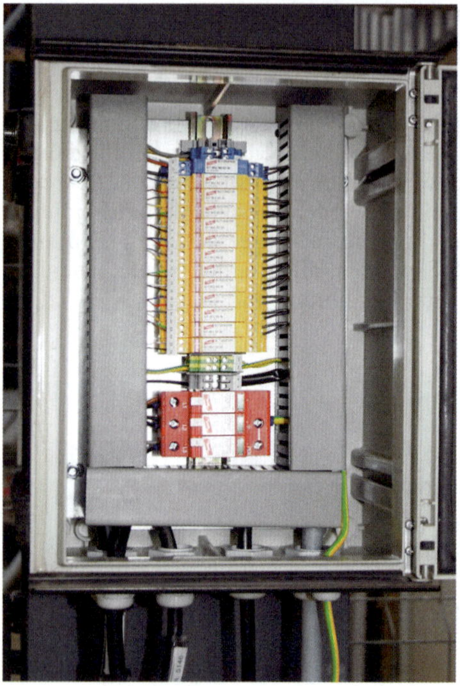

Bild 5.202 Überspannungsschutz für einen Feldverteiler, Ausführungsvariante

5.8.4 Elektrische Isolierung von äußeren Blitzschutzsystemen – Trennungsabstand

5.8.4.1 Allgemeines

Für den Fall, dass eine Isolierung des äußeren Blitzschutzsystems durch geeignetes Material oder durch geeignete Abstände zwischen den leitenden Teilen erreicht werden soll, muss ein **Abstand** d berechnet werden, der größer als der **Trennungsabstand** s ist (siehe **Bild 5.203**).

Kann der berechnete Trennungsabstand s entlang der gesamten Länge der betrachteten Installation nicht eingehalten werden (**Bild 5.204**), sind nach DIN EN 62305-3 (**VDE 0185-305-3**) folgende Maßnahmen möglich, die bei der Lösung dieser Problematik helfen können:

- Vergrößerung des Abstands durch Verlegung einzelner Fang- und Ableitungen,
- Vergrößerung des Abstands durch Verlegung der Installation,
- Reduzierung des Trennungsabstands durch zusätzliche Ableitungen,
- getrennte Fangeinrichtungen,
- hochspannungsfeste isolierte Ableitungen,

- Einbau von nicht leitenden Elementen, z. B. Kunststoffteile als Attikaabdeckung, Regenrinne oder Wandanschlussprofil,
- Erstellung einer Potentialausgleichsverbindung nach DIN EN 62305-3 (**VDE 0185-305-3**), Anhang E, Abschnitt E.6.1.1 (siehe **Bild 5.205**). Ein Zusammenschluss im Dachbereich oder im oberen Bereich einer Ableitung hat den Nachteil, dass in das Gebäudeinnere Teilblitzströme eingeführt werden, die sicher beherrscht werden müssen. Diese Teilblitzströme können in benachbarte Leitungen und Systeme direkt und/oder induktiv einkoppeln. Dies ist zu beachten. Durch den Einbau von Überspannungsschutzgeräten (SPD Typ 1 oder SPD Typ 2) an elektrischen und elektronischen Geräten können Schäden verhindert werden. Der Teilblitzstrom wird jedoch erst an der Verbindung zur Erdungsanlage ausgekoppelt. Verbindungen zwischen Installationen und dem Blitzschutzsystem sollten vermieden werden.

Bild 5.203 und Bild 5.204 zeigen auch, wie die kritische Länge l zur Berechnung des Trennungsabstands s zu ermitteln ist.

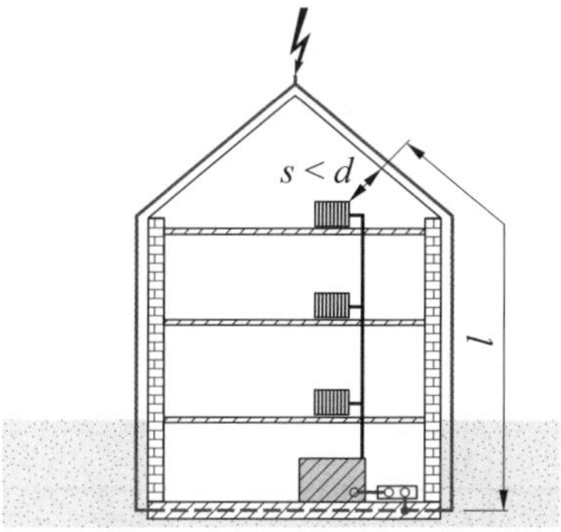

Bild 5.203 Der berechnete Trennungsabstand s ist kleiner als der tatsächliche Abstand d, ein Funkenüberschlag ist nicht möglich

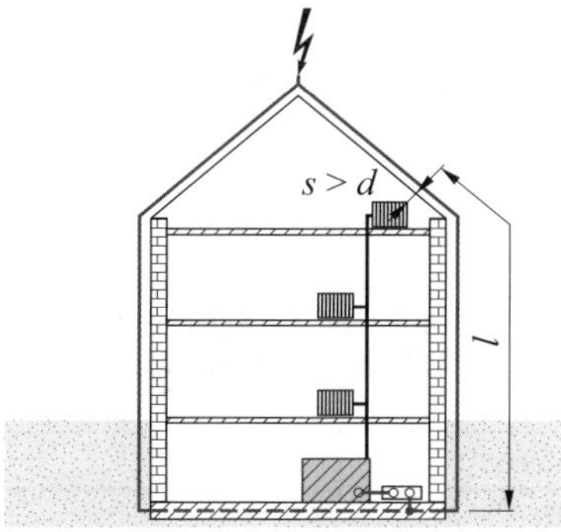

Bild 5.204 Der berechnete Trennungsabstand s ist größer als der tatsächliche Abstand d, ein Funkenüberschlag ist möglich

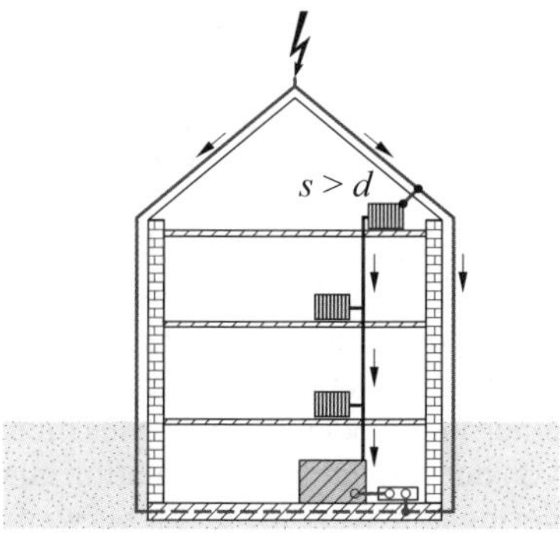

Bild 5.205 Potentialausgleichsverbindung der Installation mit dem Blitzschutzsystem an dem vom Bezugspunkt des Potentialausgleichs entferntesten Punkt, der Teilblitzstrom wird jedoch erst an der Verbindung zur Erdungsanlage ausgekoppelt

5.8.4.2 Berechnung des Trennungsabstands

Die Berechnung des Trennungsabstands erfolgt nach folgender Formel:

$$s = k_i \frac{k_c}{k_m} l. \tag{5.4}$$

Dabei ist:

k_i abhängig von der gewählten Schutzklasse des Blitzschutzsystems (siehe **Tabelle 5.17**),

k_m abhängig vom elektrischen Isolierstoff (siehe **Tabelle 5.18**),

k_c abhängig vom (Teil-)Blitzstrom, der durch die Fangeinrichtungen und Ableitungen fließt,

l die Länge in Meter entlang der Fangeinrichtung oder der Ableitung von dem Punkt, an dem der Trennungsabstand ermittelt werden soll, bis zum nächstliegenden Punkt des Potentialausgleichs.

Schutzklasse des Blitzschutzsystems	k_i
I	0,08
II	0,06
III und IV	0,04

Tabelle 5.17 Isolation des äußeren LPS – Werte des Koeffizienten k_i
(Quelle: DIN EN 62305-3 (**VDE 0185-305-3**), Tabelle 10)

Material	k_m
Luft	1
Beton, Ziegel, Holz	0,5
Anmerkung 1: Wenn mehrere Isolierstoffe verwendet werden, wird in der Praxis der geringste Wert für k_m benutzt. Anmerkung 2: Wenn andere Isolationsmaterialien genutzt werden, sollen Bauanleitung und der Wert von k_m vom Hersteller bereitgestellt werden.	

Tabelle 5.18 Isolation des äußeren LPS – Werte des Koeffizienten k_m
(Quelle: DIN EN 62305-3 (**VDE 0185-305-3**), Tabelle 11)

Die äquivalente Luftstrecke s_{gesamt}, z. B. für eine mehrschalige Mauerwerkskonstruktion, kann auch nach **Bild 5.206** ermittelt werden. Dies gilt jedoch nur, wenn die Luftschicht nicht durch feste Stoffe überbrückt wird, über die ein Funkenüberschlag stattfinden kann. In diesem Fall gilt **Bild 5.207**. In den meisten Fällen kann der Aufbau einer Wand oder eines Daches nicht überprüft werden. In der Praxis empfiehlt es sich, von der schlechtesten Situation auszugehen, also, wie in Tabelle 5.18 ausgeführt, den geringsten Wert für k_m zu verwenden.

In baulichen Anlagen mit metallener oder elektrisch durchverbundener Stahlbewehrung ist ein Trennungsabstand nicht notwendig.

Der Koeffizient k_c des Blitzstroms durch Fang-/Ableitungen hängt ab

- von der Schutzklasse des Blitzschutzsystems,
- der Gesamtzahl n der Ableitungen,
- der Anordnung der Ableitungen,
- den Verbindungsringleitungen
- und vom Typ der Erdungsanlage.

Der notwendige Trennungsabstand wird vom Spannungsfall bestimmt, der durch den kürzesten Weg von dem Punkt, an dem der Trennungsabstand betrachtet wird, bis zur Erdungsanlage oder dem nächsten Punkt des Potentialausgleichs bestimmt wird.

Für die Berechnung von k_c stehen folgender Ansätze zur Verfügung:

- vereinfachter Ansatz,
- detaillierter Ansatz.

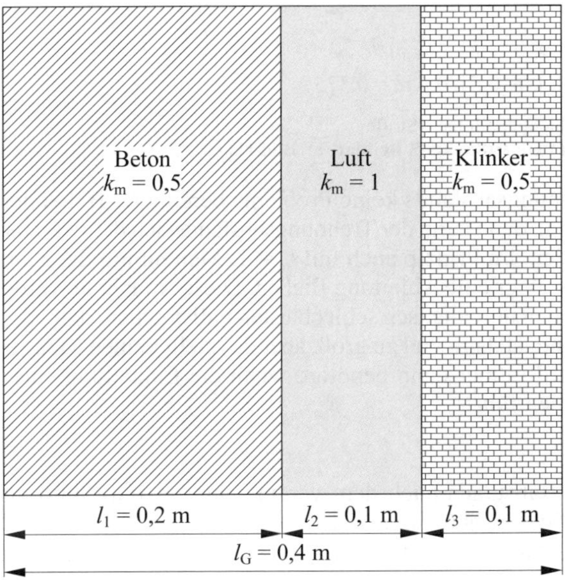

$$k_{m,\,gesamt} = \left(l_1 \cdot k_{m,\,Beton} + l_2 \cdot k_{m,\,Luft} + l_3 \cdot k_{m,\,Klinker}\right)/l_G,$$

$$k_{m,\,gesamt} = \left(0{,}2\ \mathrm{m} \cdot 0{,}5 + 0{,}1\ \mathrm{m} \cdot 1 + 0{,}1\ \mathrm{m} \cdot 0{,}5\right)/0{,}4\ \mathrm{m} = 0{,}625$$

Bild 5.206 Ermittlung der äquivalenten Luftstrecke $k_{m,\,gesamt}$ für eine mehrschalige Mauerwerkskonstruktion (Quelle: DIN EN 62305-3 Beiblatt 1 (**VDE 0185-305-3 Beiblatt 1**), Bild 111)

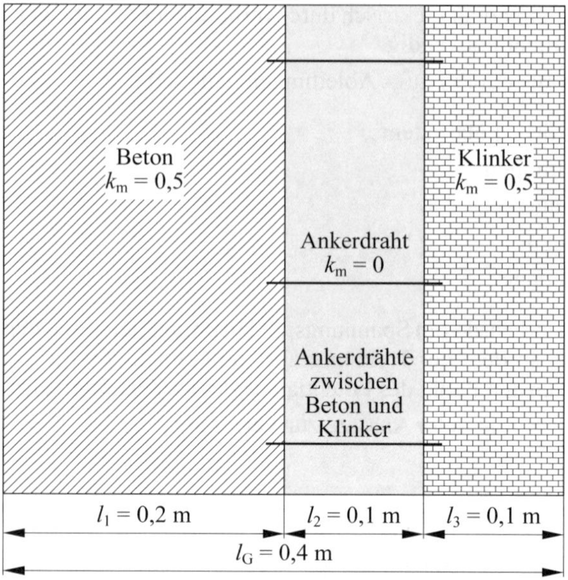

$$k_{m,\,gesamt} = \left(l_1 \cdot k_{m,\,Beton} + l_2 \cdot k_{m,\,Ankerdraht} + l_3 \cdot k_{m,\,Klinker}\right)/l_G\,,$$
$$k_{m,\,gesamt} = \left(0{,}2\text{ m} \cdot 0{,}5 + 0{,}1\text{ m} \cdot 0 + 0{,}1\text{ m} \cdot 0{,}5\right)/0{,}4\text{ m} = 0{,}375$$

Bild 5.207 Überbrückung der Luftschicht durch feste Stoffe
(Quelle: DIN EN 62305-3 Beiblatt 1 (**VDE 0185-305-3 Beiblatt 1**), Bild 111)

Wenn die Einhaltung des Trennungsabstands keine Probleme bereitet (z. B. bei der Positionierung einer Fangstange), dann kann der Trennungsabstand nach dem vereinfachten Ansatz berechnet werden, im Prinzip auch mit $k_c = 1$. Man nimmt dann an, dass 100 % des Blitzstroms nur über eine Ableitung fließen. Diese Annahme würde dann als Berechnungsergebnis den unrealistisch schlechtesten Fall ergeben, d. h., der einzuhaltende Trennungsabstand ist dann viel zu groß, aber das stellt keinen Mangel dar. Der detaillierte Ansatz wird immer dann benötigt, wenn die Einhaltung eines Trennungsabstands zu Problemen führt.

Vereinfachter Ansatz

Die Berechnung des Trennungsabstands nach dem vereinfachten Ansatz führt zu Resultaten, mit denen man auf der sicheren Seite ist.

Für die Auswahl des Stromaufteilungsfaktors k_c können die k_c-Werte aus **Tabelle 5.19** in Gl. (5.4) verwendet werden.

Zu berücksichtigen ist:

l ist die vertikale Länge, in Metern, entlang der Ableitung, von dem Punkt aus, an dem der Trennungsabstand berücksichtigt werden soll, bis zum nächsten Punkt des Potentialausgleichs.

Anzahl der Ableitungen *n*	k_c
1 (nur im Fall eines getrennten Blitzschutzsystems)	1
2	0,66
3 und mehr	0,44
Anmerkung: Die Werte der Tabelle gelten für alle Typ-B-Erder und für die Typ-A-Erder, bei denen der Erdwiderstand der benachbarten Erderelektroden sich nicht um mehr als einen Faktor von 2 unterscheidet. Wenn der Erdwiderstand von einzelnen Elektroden um mehr als einen Faktor von 2 abweicht, soll $k_c = 1$ angenommen werden.	

Tabelle 5.19 Isolation des äußeren Blitzschutzsystems – Wert des Koeffizienten k_c (Quelle: DIN EN 62305-3 (**VDE 0185-305-3**), Tabelle 12)

Die Festlegung von k_c unter Berücksichtigung der Anmerkung aus Tabelle 5.19 für die Erderanordnung Typ A zeigen die **Bilder 5.208 bis 5.211**.

Im Anhang C werden für den vereinfachten Ansatz zur Bewertung des Trennungsabstands *s* weitere Informationen gegeben. Der Stromaufteilungskoeffizient k_c des Blitzstroms durch Fang-/Ableitungen hängt dabei ab von:

- der Schutzklasse des Fangeinrichtungssystems,
- der Gesamtzahl *n* der Ableitungen,
- der Position der Ableitungen,
- den Verbindungsringleitern und
- vom Typ der Erdungsanlage.

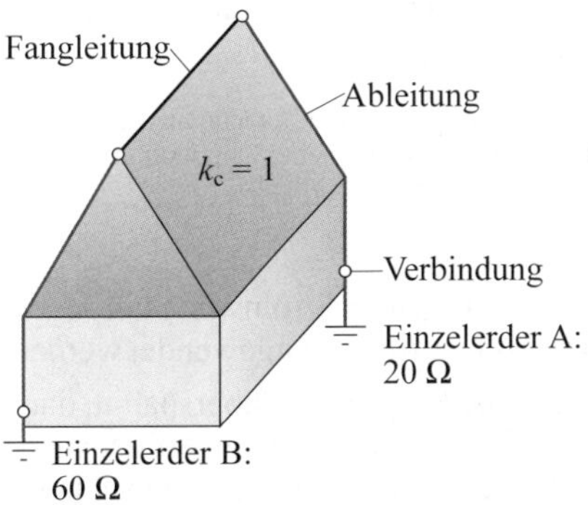

Bild 5.208 Erderanordnung Typ A;
der Erdungswiderstand des Einzelerders B ist größer als der doppelte Erdungswiderstand des Einzelerders A, nach Tabelle 5.19 ist $k_c = 1$

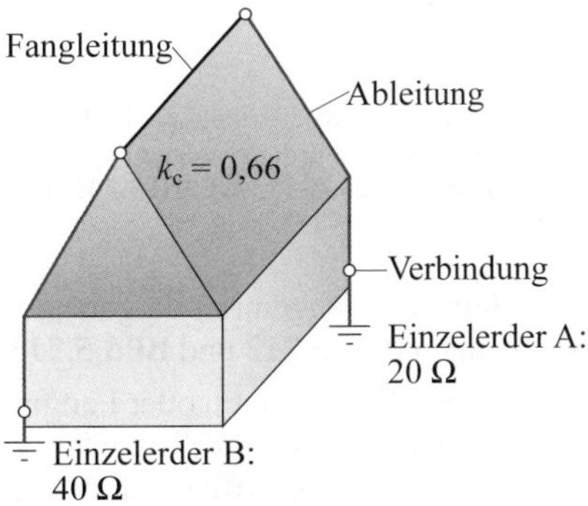

Bild 5.209 Erderanordnung Typ A;
der Erdungswiderstand des Einzelerders B hat den doppelten Wert des Einzelerders A, nach Tabelle 5.19 ist $k_c = 0,66$

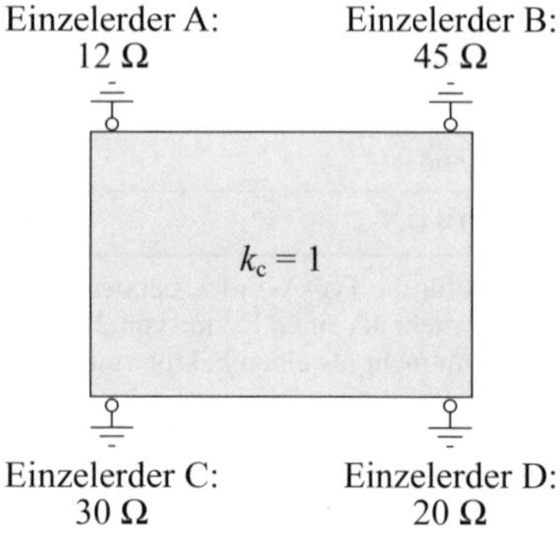

Bild 5.210 Erderanordnung Typ A; die Erdungswiderstände der Einzelerder B und C sind größer als der doppelte Wert des Einzelerders A, nach Tabelle 5.19 ist $k_c = 1$

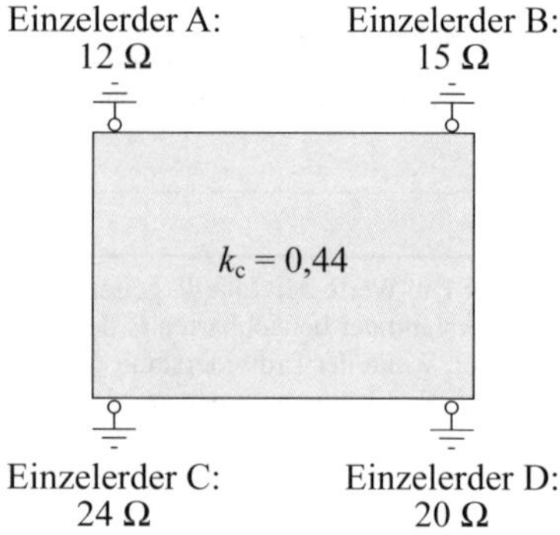

Bild 5.211 Erderanordnung Typ A; die Erdungswiderstände der Einzelerder B bis D überschreiten nicht den doppelten Wert des Einzelerders A, nach Tabelle 5.19 ist $k_c = 0{,}44$

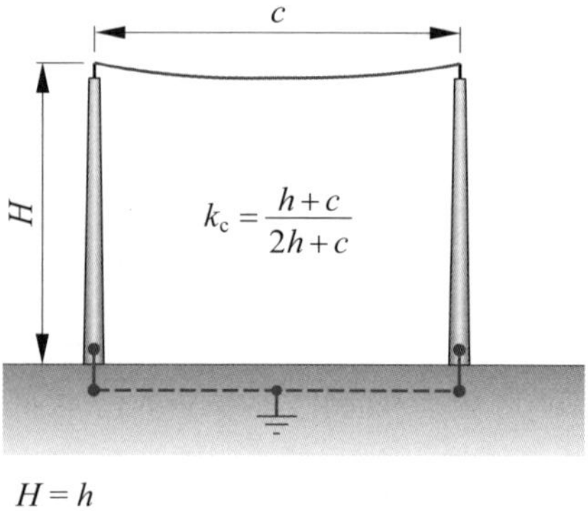

Bild 5.212 Wert des Koeffizienten k_c im Falle einer Fangleitung und Erdungsanlage Typ B (Quelle: DIN EN 62305-3 (**VDE 0185-305-3**), Bild C.1)

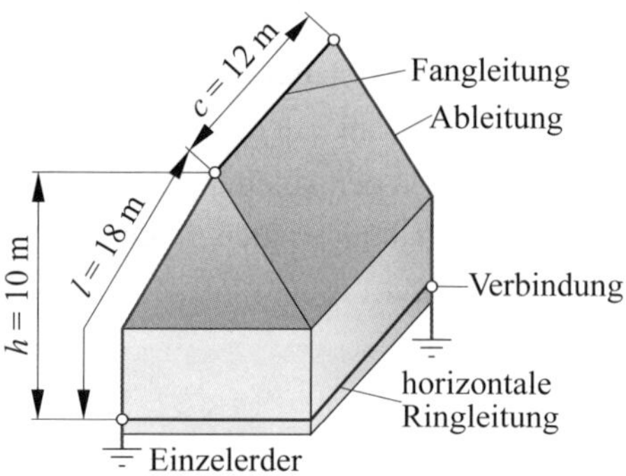

Bild 5.213 Beispiel für die Berechnung des Koeffizienten k_c im Falle einer Fangleitung und Erdungsanlage Typ B

Wenn durch die Fangeinrichtungen oder Ableitungen dieselben Stromwerte vorliegen, dann können **Bild 5.212** und **Bild 5.213** als vereinfachter Ansatz angewendet werden.

Werden zwei Fangstangen oder Fangmaste durch eine Fangleitung überspannt, dann kann sich der Blitzstrom auf zwei Pfade aufteilen. Da der Blitz nicht immer genau die Mitte der Anordnung trifft, sondern auch im Verlauf der Fangeinrichtung einschlagen kann, muss der ungünstigste Fall bei der Berechnung des Faktors k_c berücksichtigt werden. Die in Bild 5.212 angegebene Formel kann z. B. für die Berechnung des Trennungsabstands eines Einfamilienhauses angewendet werden, wenn das Blitzschutzsystem zwei Ableitungen und eine Firstleitung hat (Bild 5.213).

Beispiel

Das Einfamilienhaus wird durch ein Blitzschutzsystem der Schutzklasse III gemäß Bild 5.213 geschützt. Der Koeffizient k_c wird wie folgt berechnet:

$$k_c = \frac{h+c}{2h+c} = \frac{10+12}{(2 \cdot 10)+12} = 0,688.$$

Im Dachgeschoss des Gebäudes befindet sich eine Deckenleuchte (**Bild 5.214**). Der Abstand zwischen Leuchte und Blitzschutzsystem beträgt 1 m feste Stoffe.

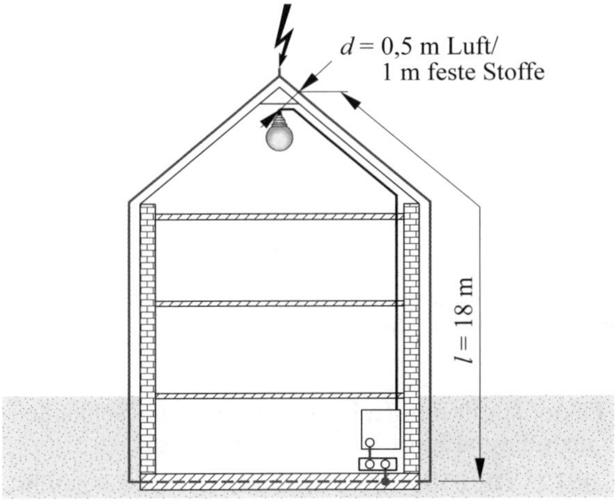

Bild 5.214 Abstand $d = 0{,}5$ m (Luft) oder 1 m (feste Stoffe)

Die Berechnung des Trennungsabstands ergibt:

$$s = k_i \frac{k_c}{k_m} l = 0,04 \cdot \frac{0,688}{0,5} \cdot 18 = 0,99 \text{ m, für feste Stoffe.}$$

Im vorliegenden Fall ist $s < d$ da 0,99 m < 1 m, weitere Maßnahmen müssen nicht berücksichtigt werden.

Für Gebäude mit einem vermaschten Fangleitungssystem (**Bild 5.215**) kann die Berechnung von k_c gemäß nachstehender Gl. (5.5) erfolgen:

$$k_c = \frac{1}{2 \cdot n} + 0,1 + 0,2 \cdot \sqrt[3]{\frac{c}{h}}, \tag{5.5}$$

mit:

n Gesamtzahl der Ableitungen,

c Abstand einer Ableitung zur nächsten Ableitung,

h Abstand (oder Höhe) zwischen Ringleitern

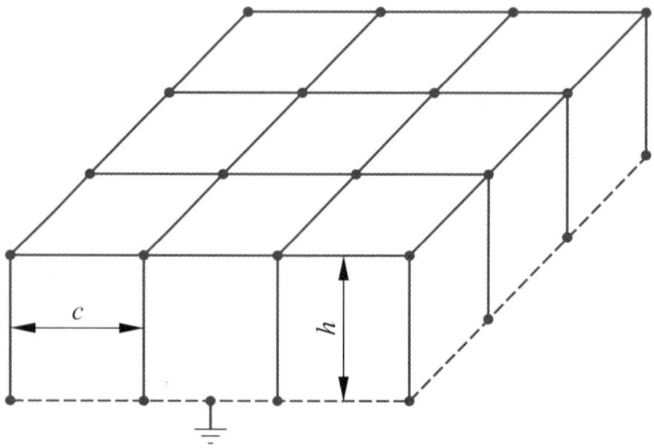

Bild 5.215 Vermaschtes Fangleitungsnetz mit mehreren Ableitungen (Quelle: DIN EN 62305-3 (**VDE 0185-305-3**), Anhang C, Bild C.2)

Der nach Gl. (5.5) berechnete Faktor k_c gilt für den Eckeinschlag, den Dachkanteneinschlag und in vielen Fällen auch für den Einschlag in die Dachmitte.

In der DIN EN 62305-3 Beiblatt 1 (**VDE 0185-305-1 Beiblatt 1**) wird ausgeführt, dass Gebäude mit großen Abmessungen dann vorliegen, wenn Länge und Breite größer als viermal der Gebäudehöhe beträgt. In diesen Fällen kann die Berechnung des Trennungsabstands in der Dachmitte nach dem detaillierten Ansatz erfolgen.

Die Berechnung des Trennungsabstands *s* für ein Gebäude mit Flachdach ist in **Bild 5.216** dargestellt.

Die Gl. (5.5) kann auch für das Blitzschutzsystem eines Einfamilienhauses mit vier Ableitungen angewendet werden. Fang- und Ableitungen bilden z. B. mit der Regenrinne ein vermaschtes Fangleitungssystem. Als Höhe *h* kann die Traufenkante gewählt werden, wenn der berechnete Trennungsabstand auf der sicheren Seite liegen soll. Wählt man dagegen die Firsthöhe als Bezugsmaß für die Höhe *h*, dann sind die berechneten Werte des Trennungsabstands niedriger.

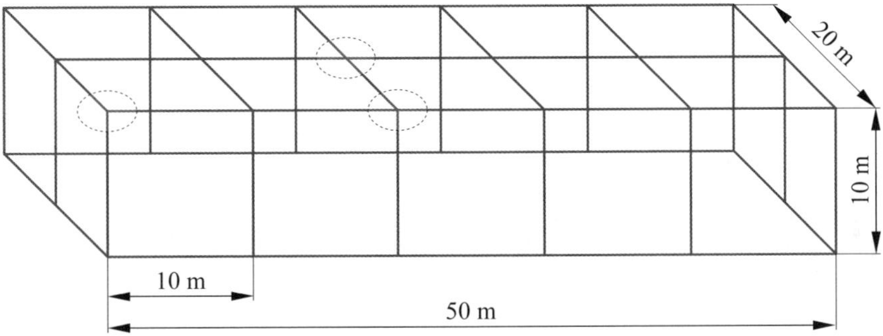

$n = 14$; $c = 10$ m; $h = 10$ m; $k_i = 0{,}06$; $l = 10$ m

$$k_c = \frac{1}{2n} + 0{,}1 - 0{,}2 \cdot \sqrt[3]{\frac{c}{h}} = 0{,}335\,71,$$

$$s = k_i \frac{k_c}{k_m} l = 0{,}06 \cdot \frac{0{,}335\,17}{1} \cdot 10 = 0{,}201\,4 \text{ m}$$

Bild 5.216 Berechnung des Trennungsabstands s für ein vermaschtes Fangleitungsnetz, ausgelegt für Schutzklasse II

Beispiel

Berechnung des Trennungsabstands s für ein Wohnhaus mit einem Blitzschutzsystem der Schutzklasse III (**Bild 5.217**).

$$h = 3 \text{ m}, \quad c = 15 \text{ m}, \quad n = 4, \quad l = 10{,}26 \text{ m} + 3 \text{ m} = 13{,}26 \text{ m},$$

$$k_c = \frac{1}{2 \cdot n} + 0{,}1 + 0{,}2 \cdot \sqrt[3]{\frac{c}{h}} = \frac{1}{2 \cdot 4} + 0{,}1 + 0{,}2 \cdot \sqrt[3]{\frac{15}{3}} = 0{,}567\ ,$$

$$s = k_i \frac{k_c}{k_m} l = 0{,}04 \cdot \frac{0{,}567}{1} \cdot 13{,}26 = 0{,}301 \text{ m (Luft)}.$$

Generell gilt: Je höher ein Gebäude, desto gleichmäßiger ist die Stromaufteilung auf die Ableitungen (der k_c-Faktor ist im Vergleich mit flacheren Gebäuden niedriger), da der typische Abstand c zwischen den Ableitungen, unabhängig von der Höhe, gleich bleibt. **Bild 5.218** zeigt die Berechnung für ein 60 m hohes Gebäude.

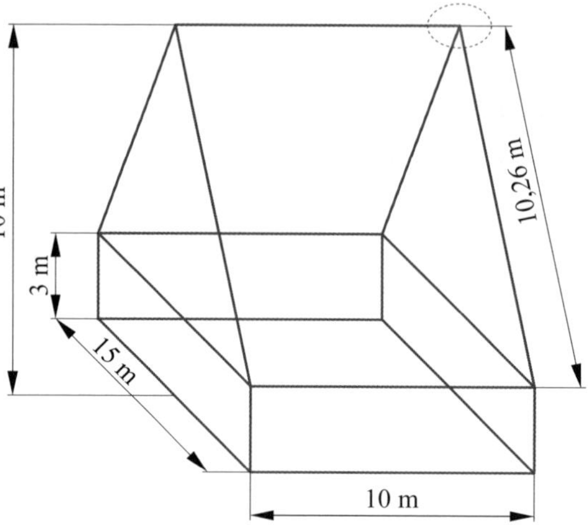

Bild 5.217 Äußeres Blitzschutzsystem für ein Wohnhaus mit Fangleitung, vier Ableitungen und Nutzung der Regenrinnen, ausgelegt für Schutzklasse III

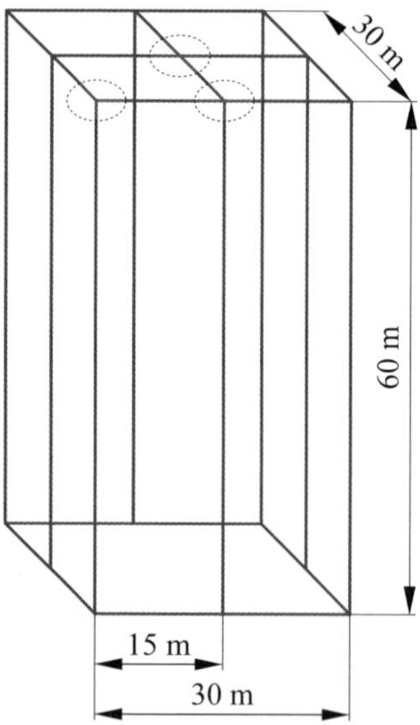

$n = 8$; $c = 15$ m; $h = 60$ m; $k_i = 0{,}04$; $l = 60$ m

$$k_c = \frac{1}{2n} + 0{,}1 + 0{,}2 \cdot \sqrt[3]{\frac{c}{h}} = 0{,}288\,49,$$

$$s = k_i \frac{k_c}{k_m} l = 0{,}04 \cdot \frac{0{,}288\,49}{1} \cdot 60 - 0{,}692\,4 \text{ m}$$

Bild 5.218 Berechnung des Trennungsabstands $s = 0{,}69$ m (Luft) für ein 60 m hohes Gebäude, ausgelegt für Schutzklasse III

$$d_a \geq s_a = \frac{k_i}{k_m} \cdot k_{c1} \cdot l_a, \; d_b \geq s_b = \frac{k_i}{k_m} \cdot k_{c2} \cdot l_b, \qquad d_c \geq s_c = \frac{k_i}{k_m} \cdot k_{c3} \cdot l_c,$$

$$d_e \geq s_e = \frac{k_i}{k_m} \cdot k_{c4} \cdot l_e, \; d_f \geq s_f = \frac{k_i}{k_m} \cdot \left(k_{c1} \cdot l_f + k_{c2} \cdot h_2\right), \; d_g \geq s_g = \frac{k_i}{k_m} \cdot \left(k_{c2} \cdot l_g + k_{c3} \cdot h_3 + k_{c4} \cdot h_4\right);$$

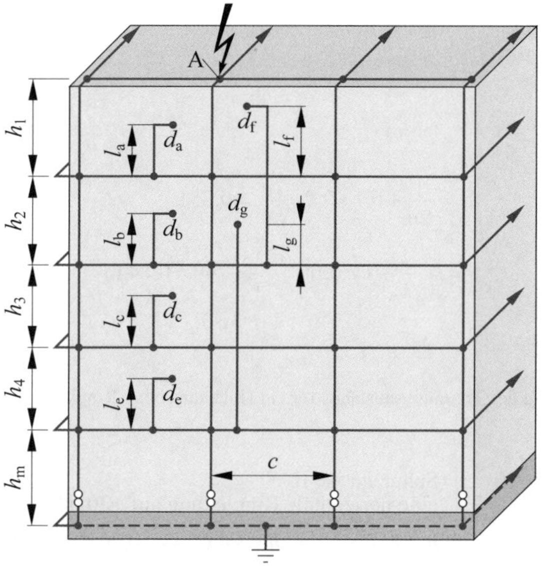

$$k_{c1} = \frac{1}{2 \cdot n} + 0{,}1 + 0{,}2 \cdot \sqrt[3]{\frac{c}{h_1}},$$

$$k_{c2} = \frac{1}{n} + 0{,}1,$$

$$k_{c3} = \frac{1}{n} + 0{,}01,$$

$$k_{c4} = \frac{1}{n},$$

$$k_{cn} = k_{c4} = \frac{1}{n}$$

n Gesamtzahl der Ableitungen,
c Abstand zwischen den Ableitungen,
h Abstand (Höhe) zwischen Ringleitern,
m Gesamtzahl der Ebenen,
d Abstand zur nächsten Ableitung,
l Höhe über der Verbindung mit dem Potentialausgleich

Bild 5.219 Beispiel für die Berechnung des Trennungsabstands im Falle von mehreren Ableitungen und durch Ringleiter verbundene Ableitungen in jeder Ebene
(Quelle: DIN EN 62305-3 (**VDE 0185-305-3**), Bild C.4)

Die in **Bild 5.219** angegebene Berechnung des Trennungsabstands kann bei hohen Gebäuden zur Anwendung kommen, wenn auf verschiedenen Höhen Ringleitungen, d. h. waagerechte Verbindungen der senkrechten Ableitungen, vorhanden sind.

Bild 5.220 und **Bild 5.221** zeigen beispielhaft die Auswirkung einer horizontalen Ringleitung auf den Trennungsabstand.

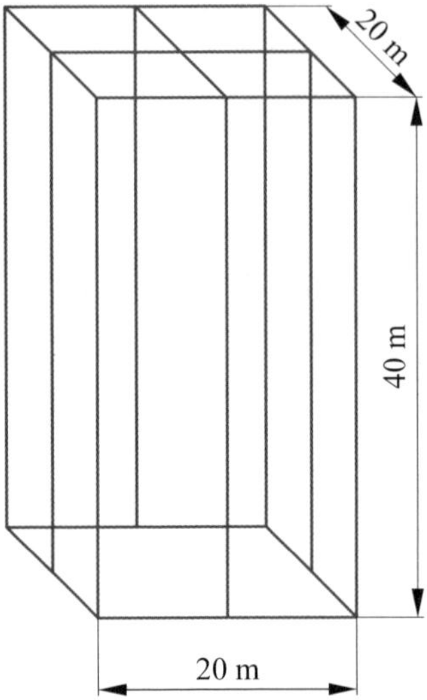

Schutzklasse II
$n = 8$; $c = 10$ m; $h = 40$ m; $k_i = 0{,}06$; $l = 40$ m

$$k_c = \frac{1}{2n} + 0{,}1 + 0{,}2 \cdot \sqrt[3]{\frac{c}{h}} = 0{,}351,$$

$$s = k_i \cdot \frac{k_c}{k_m} \cdot l = 0{,}06 \cdot \frac{0{,}351}{1} \cdot 40 = 0{,}84 \text{ m}$$

Bild 5.220 Beispiel für die Berechnung des Trennungsabstands für ein Hochhaus ohne Ringleitung

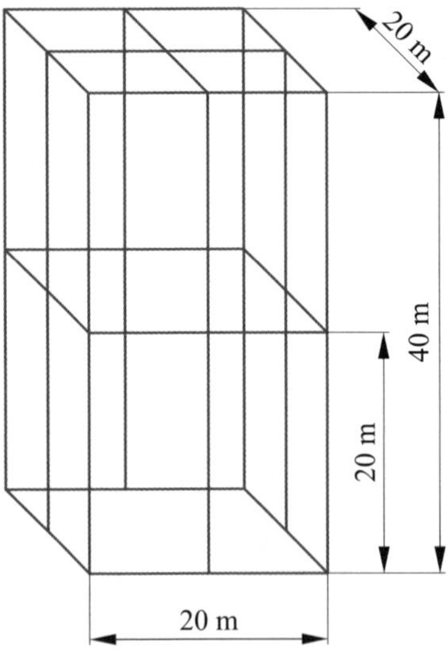

Schutzklasse II
eine horizontale Ringleitung auf +20 m
$n = 8$; $c = 10$ m; $h = 40$ m; $k_i = 0{,}06$; $l = 40$ m

$$k_{c1} = \frac{1}{8} + 0{,}1 + 0{,}2 \cdot \sqrt[3]{\frac{10}{20}} = 0{,}384,$$

$$k_{c2} = \frac{1}{n} + 0{,}1 = 0{,}225,$$

$$s = \frac{k_i}{k_m} \cdot \left(k_{c1} \cdot l_1 + k_{c2} \cdot l_2\right),$$

$$s = \frac{0{,}06}{1} \cdot \left(0{,}384 \cdot 20 + 0{,}225 \cdot 20\right) = 0{,}73 \text{ m}$$

Bild 5.221 Beispiel für die Berechnung des Trennungsabstands für ein Hochhaus mit horizontaler Ringleitung auf halber Höhe

Detaillierter Ansatz

Die zuvor angegebenen Berechnungsformeln gelten für den Eckeinschlag, den Dachkanteneinschlag und in der Regel auch für den Einschlag in die Dachmitte. Bei Gebäuden mit großen Abmessungen ergeben sich für einen Blitzeinschlag, der in der Dachmitte erfolgt, höhere Trennungsabstände. Für diesen Anwendungsfall werden in der DIN EN 62305-3 Beiblatt 1 (**VDE 0185-305-3 Beiblatt 1**) zusätzliche Angaben gemacht:

- Wenn über die gesamte Länge l des Leiters der gleiche Strom fließt, ist die Gleichung für den erforderlichen Trennungsabstand s in Luft:

  $$s = k_\mathrm{i} \cdot k_\mathrm{c} \cdot l.$$

- Wenn aufgrund der Stromaufteilung entlang der Leiterlänge verschiedene Stromwerte fließen, müssen die unterschiedlichen (verringerten) Ströme, die entlang jedes Leiterabschnitts fließen, berücksichtigt werden. In diesem Fall gilt:

  $$s = k_\mathrm{i} \cdot \left(k_\mathrm{c1} \cdot l_1 + k_\mathrm{c2} \cdot l_2 + \ldots k_{\mathrm{c}n} \cdot l_n\right).$$

Gemäß DIN EN 62305-3 (**VDE 0185-305-3**) können die k_c-Werte wie folgt bestimmt werden, wenn das Fangeinrichtungssystem eine weitestgehend symmetrische Vermaschung (z. B. Maschenweite 15 m × 15 m bei Schutzklasse III) aufweist (**Bild 5.222**):

1. Zuerst wird der kürzeste Pfad für den Blitzstrom zur Erdungsanlage festgelegt.
2. Als zweiter Schritt wird der Grenzwert $1/n$ bestimmt. Hinweis: Die in den nachfolgenden Schritten angegebene Stromaufteilung wird so lange fortgesetzt, bis der berechnete Grenzwert unterschritten wird. In diesem Fall erfolgen alle weiteren Berechnungen mit dem Grenzwert.
3. Nach der Einkopplung des Blitzstroms in den ersten Knoten teilt sich der Blitzstrom entsprechend der Anzahl der Fortleitungen auf, beispielsweise ist bei zwei Fortleitungen $k_\mathrm{c1} = 0{,}5$, bei drei Fortleitungen $k_\mathrm{c1} = 0{,}33$, bei vier Fortleitungen $k_\mathrm{c1} = 0{,}25$ usw.
4. Für alle weiteren Knoten reduziert sich der Strom ($k_{\mathrm{c}2\ldots\mathrm{c}n}$) jeweils um die Hälfte.

Bild 5.223 zeigt beispielhaft die Vorgehensweise.

Die beschriebene Vorgehensweise kann unter Beachtung der zuvor genannten Rahmenbedingungen auch angewendet werden, wenn der erforderliche Trennungsabstand von Dachaufbauten berechnet werden muss. Damit sich möglichst geringe Trennungsabstände ergeben, gilt: Der Blitzstrom sollte so früh wie möglich nach dem Einschlag in die Fangeinrichtung aufgeteilt werden. Fangstangen sollten nach Möglichkeit mit kurzen Längen an einen Fangleitungsknoten angeschlossen werden oder den Blitzstrom wenigstens über zwei oder noch besser vier Leitungen in das Fangleitungssystem einleiten. Beispielhaft ist dies in den **Bildern 5.224 bis 5.226** dargestellt.

Das detaillierte Verfahren eignet sich auch zur Lösung sehr komplexer Aufgabenstellungen. Dabei kann die Anwendung von Softwarelösungen hilfreich sein.

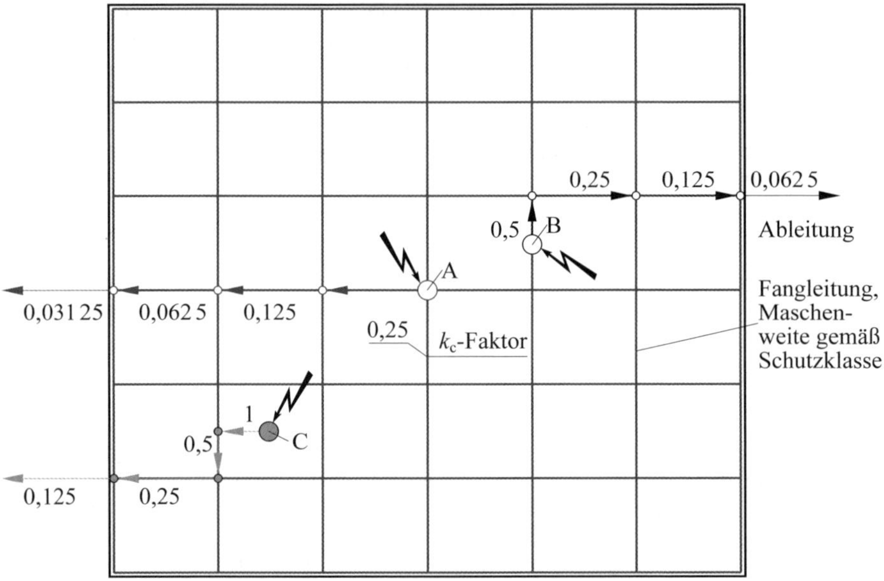

Bild 5.222 Werte des Koeffizienten k_c im Falle eines Systems aus mehreren Ableitungen (Quelle: DIN EN 62305-3 (**VDE 0185-305-3**), Bild C.5)

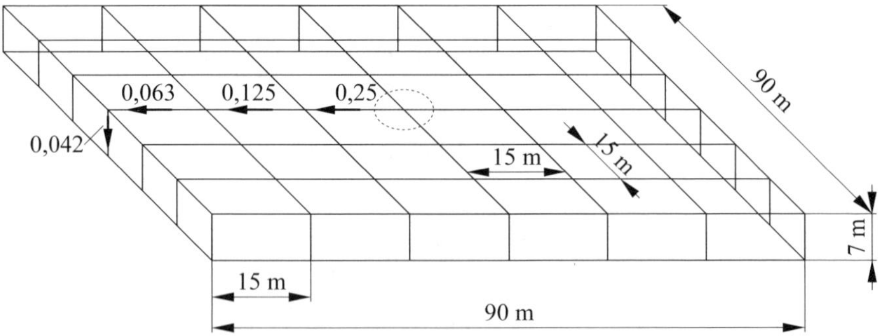

Bild 5.223 Beispiel für die Berechnung des Trennungsabstands s, Schutzklasse III (Quelle: DIN EN 62305-3 Beiblatt 1 (**VDE 0185-305-3 Beiblatt 1**), Bild 115)

$$s = k_i \left(k_{c1} \cdot l_1 + k_{c2} \cdot l_2 + \ldots + k_{cn} \cdot l_n \right)$$

$$= 0{,}06 \cdot \left(1 \cdot 8\,\text{m} + 0{,}333 \cdot 10\,\text{m} + 0{,}167 \cdot 10\,\text{m} + 0{,}083 \cdot 10\,\text{m} \right) = 0{,}83\,\text{m}$$

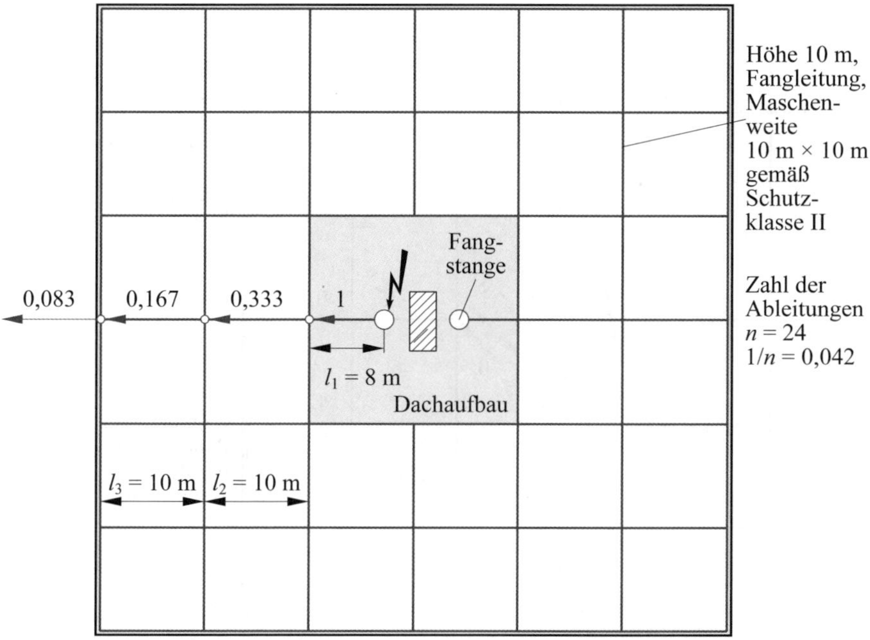

Der Anschluss der Fangstangen an das Fangleitungssystem erfolgt durch jeweils nur eine Verbindungsleitung. Der für Schutzklasse II beispielhaft berechnete Trennungsabstand beträgt 0,83 m für Luft.

Bild 5.224 Schutz eines Dachaufbaus durch zwei Fangstangen
(Quelle: DIN EN 62305-3 Beiblatt 1 (**VDE 0185-305-3 Beiblatt 1**), Bild 116)

$$s = k_\mathrm{i}\left(k_\mathrm{c1} \cdot l_1 + k_\mathrm{c2} \cdot l_2 + \ldots + k_{\mathrm{c}n} \cdot l_n\right)$$

$$= 0{,}06 \cdot \left(0{,}5 \cdot 7{,}07\ \mathrm{m} + 0{,}25 \cdot 10\ \mathrm{m} + 0{,}125 \cdot 10\ \mathrm{m} + 0{,}062\,5 \cdot 10\ \mathrm{m}\right) = 0{,}48\ \mathrm{m}$$

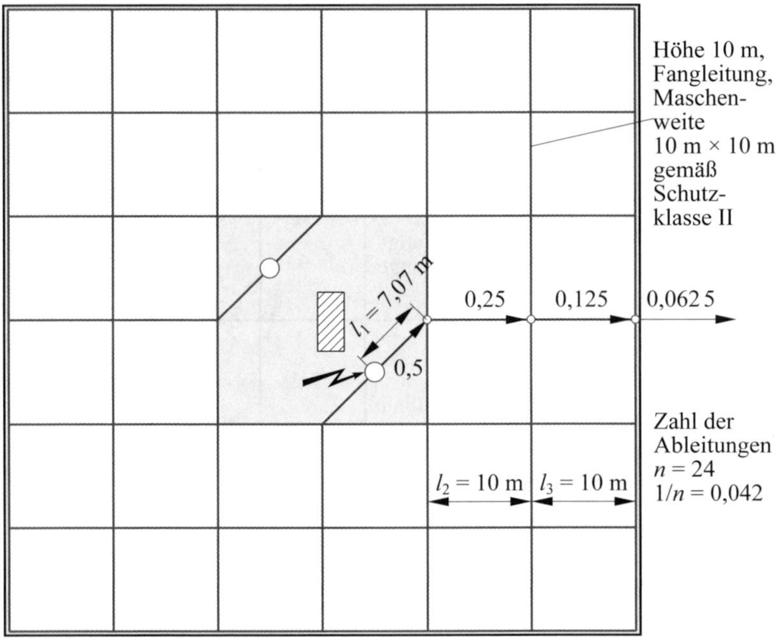

Der Anschluss der Fangstangen an das Fangleitungssystem erfolgt durch zwei Verbindungsleitungen. Der für Schutzklasse II beispielhaft berechnete Trennungsabstand beträgt 0,48 m für Luft.

Bild 5.225 Schutz eines Dachaufbaus durch zwei Fangstangen
(Quelle: DIN EN 62305-3 Beiblatt 1 (**VDE 0185-305-3 Beiblatt 1**), Bild 117)

$$s = k_i \left(k_{c1} \cdot l_1 + k_{c2} \cdot l_2 + \ldots + k_{cn} \cdot l_n \right)$$
$$= 0{,}06 \cdot \left(0{,}25 \cdot 10 \text{ m} + 0{,}125 \cdot 10 \text{ m} + 0{,}062\,5 \cdot 10 \text{ m} \right) = 0{,}26 \text{ m}$$

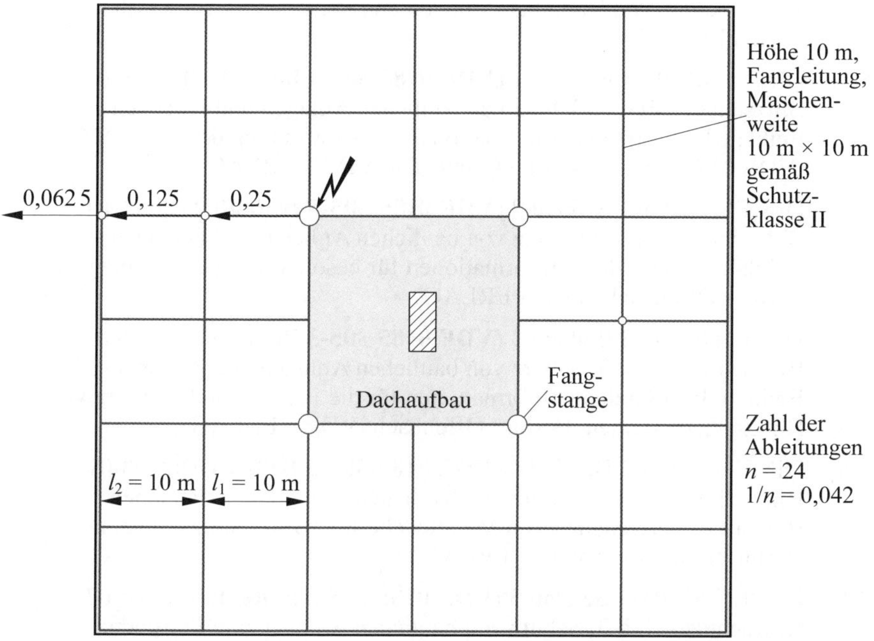

Der Anschluss der Fangstangen an das Fangleitungssystem erfolgt durch eine direkte Verbindung an das vermaschte Fangleitungssystem, sodass sich der Blitzstrom sofort auf vier Fortleitungen aufteilen kann. Der für Schutzklasse II beispielhaft berechnete Trennungsabstand beträgt 0,26 m für Luft, dies entspricht einem Trennungsabstand von 0,52 m für feste Baustoffe.

Bild 5.226 Schutz eines Dachaufbaus durch vier Fangstangen
(Quelle: DIN EN 62305-3 Beiblatt 1 (**VDE 0185-305-3 Beiblatt 1**), Bild 118)

5.9 Literatur

[5.1] DIN EN 62305-3 (**VDE 0185-305-3**):2011-10 Blitzschutz – Teil 3: Schutz von baulichen Anlagen und Personen. Berlin · Offenbach: VDE VERLAG

[5.2] DIN EN 62305-3 Beiblatt 1 (**VDE 0185-305-3 Beiblatt 1**):2012-10 Blitzschutz – Teil 3: Schutz von baulichen Anlagen und Personen – Beiblatt 1: Zusätzliche Informationen zur Anwendung der DIN EN 62305-3 (VDE 0185-305-3). Berlin · Offenbach: VDE VERLAG

[5.3] DIN EN 62305-3 Beiblatt 2 (**VDE 0185-305-3 Beiblatt 2**):2012-10 Blitzschutz – Teil 3: Schutz von baulichen Anlagen und Personen – Beiblatt 2: Zusätzliche Informationen für besondere bauliche Anlagen. Berlin · Offenbach: VDE VERLAG

[5.4] DIN EN 62305-3 Beiblatt 3 (**VDE 0185-305-3 Beiblatt 3**):2012-10 Blitzschutz – Teil 3: Schutz von baulichen Anlagen und Personen – Beiblatt 3: Zusätzliche Informationen für die Prüfung und Wartung von Blitzschutzsystemen. Berlin · Offenbach: VDE VERLAG

[5.5] DIN EN 62305-3 Beiblatt 4 (**VDE 0185-305-3 Beiblatt 4**):2008-01 Blitzschutz – Teil 3: Schutz von baulichen Anlagen und Personen – Beiblatt 4: Verwendung von Metalldächern in Blitzschutzsystemen. Berlin · Offenbach: VDE VERLAG

[5.6] DIN EN 62305-3 Beiblatt 5 (**VDE 0185-305-3 Beiblatt 5**):2014-02 Blitzschutz – Teil 3: Schutz von baulichen Anlagen und Personen; Beiblatt 5: Blitz- und Überspannungsschutz für PV-Stromversorgungssysteme. Berlin · Offenbach: VDE VERLAG

[5.7] DIN 820-2:2012-12 Normungsarbeit – Teil 2: Gestaltung von Dokumenten. Berlin: Beuth

[5.8] DIN EN 61400-24 (**VDE 0127-24**):2011-04 Windenergieanlagen – Teil 24: Blitzschutz. Berlin · Offenbach: VDE VERLAG

[5.9] DIN EN 60079-14 (**VDE 0165-1**):2009-05 Explosionsfähige Atmosphäre – Teil 14: Projektierung, Auswahl und Errichtung elektrischer Anlagen. Berlin · Offenbach: VDE VERLAG

[5.10] DIN EN 62305-1 (**VDE 0185-305-1**):2011-10 Blitzschutz – Teil 1: Allgemeine Grundsätze. Berlin · Offenbach: VDE VERLAG

[5.11] DIN 1055-4:2005-03 Einwirkungen auf Tragwerke – Teil 4: Windlasten. Berlin · Offenbach: VDE VERLAG

[5.12] DIN EN 62561-1 (**VDE 0185-561-1**):2013-02 Blitzschutzsystembauteile (LPSC) – Teil 1: Anforderungen an Verbindungsbauteile. Berlin · Offenbach: VDE VERLAG

[5.13] *Gonzalez, D.*; *Berger, F.*; *Vockeroth, D.*: Durchgang von Blitzströmen bei Weichlotverbindungen. S. 76–81 in VDE-Fachbericht 68. Vorträge der 9. VDE/ABB-Blitzschutztagung vom 27.10.–28.10.2011 in Neu-Ulm. Berlin · Offenbach: VDE VERLAG, 2011. – ISBN 978-3-8007-3380-4, ISSN 0340-4161

[5.14] DIN 4102 (Normenreihe) Brandverhalten von Baustoffen und Bauteilen, Teile 1 bis 23. Berlin: Beuth

[5.15] DIN EN 13501-1:2010-01 Klassifizierung von Bauprodukten und Bauarten zu ihrem Brandverhalten – Teil 1: Klassifizierung mit den Ergebnissen aus den Prüfungen zum Brandverhalten von Bauprodukten. Berlin: Beuth

[5.16] *Wettingfeld, J.*; *Müller, K.-P.*: Fangeinrichtungen auf Metalldächern. S. 99–107 in 5. VDE-ABB-Blitzschutztagung. Vorträge und Poster der VDE/ABB-Fachtagung am 13.11.–14.11.2003 in Neu-Ulm. Berlin · Offenbach: VDE VERLAG, 2003. – ISBN 3-8007-2797-8, ISSN 0340-4161

[5.17] *Rock, M.*; *Gonzalez, D.*; *Noack, F.*: Blitzschutz bei Metalldächern. Kurzvortrag und Diskussion auf der 24. Sitzung des Technischen Ausschusses ABB am 23.5.2003. Ilmenau: TU Ilmenau, 2003 (nicht veröffentlicht)

[5.18] VFF-Merkblatt FA.01:2009-09 Potentialausgleich und Blitzschutz von Vorhangfassaden. Frankfurt am Main: Verband der Fenster- und Fassadenhersteller

[5.19] DIN EN 13830:2003-11 Vorhangfassaden – Produktnorm. Berlin: Beuth

[5.20] DIN EN 62305-4 (**VDE 0185-305-4**):2011-10 Blitzschutz – Teil 4: Elektrische und elektronische Systeme in baulichen Anlagen. Berlin · Offenbach: VDE VERLAG

[5.21] DIN 18014:2014-03 Fundamenterder – Allgemeine Planungsrundlagen. Berlin: Beuth

[5.22] DIN VDE 0100-540 (**VDE 0100-540**):2012-06 Errichten von Niederspannungsanlagen – Teil 5-54: Auswahl und Errichtung elektrischer Betriebsmittel – Erdungsanlagen und Schutzleiter. Berlin · Offenbach: VDE VERLAG

[5.23] DIN EN 62561-2 (**VDE 0185-561-2**):2013-02 Blitzschutzsystembauteile (LPSC) – Teil 2: Anforderungen an Leiter und Erder. Berlin · Offenbach: VDE VERLAG

[5.24] DIN EN 62561-3 (**VDE 0185-561-3**):2013-02 Blitzschutzsystembauteile (LPSC) – Teil 3: Anforderungen an Trennfunkenstrecken. Berlin · Offenbach: VDE VERLAG

[5.25] DIN EN 62561-4 (**VDE 0185-561-4**):2012-01 Blitzschutzsystembauteile (LPSC) – Teil 4: Anforderungen an Leitungshalter. Berlin · Offenbach: VDE VERLAG

[5.26] DIN EN 62561-5 (**VDE 0185-561-5**):2012-01 Blitzschutzsystembauteile (LPSC) – Teil 5: Anforderungen an Revisionskästen und Erderdurchführungen. Berlin · Offenbach: VDE VERLAG

[5.27] DIN EN 62561-6 (**VDE 0185-561-6**):2012-03 Blitzschutzsystembauteile (LPSC) – Teil 6: Anforderungen an Blitzzähler. Berlin · Offenbach: VDE VERLAG

[5.28] DIN EN 62561-7 (**VDE 0185-561-7**):2012-08 Blitzschutzsystembauteile (LPSC) – Teil 7: Anforderungen an Mittel zur Verbesserung der Erdung. Berlin · Offenbach: VDE VERLAG

[5.29] DIN VDE 0151 (**VDE 0151**):1986-06 Werkstoffe und Mindestmaßnahmen von Erdern bezüglich der Korrosion. Berlin · Offenbach: VDE VERLAG

[5.30] DIN EN 61643-11 (**VDE 0675-6-11**):2013-04 Überspannungsschutzgeräte für Niederspannung – Teil 11: Überspannungsschutzgeräte für den Einsatz in Niederspannungsanlagen – Anforderungen und Prüfungen. Berlin · Offenbach: VDE VERLAG

[5.31] DIN VDE 0100-443 (**VDE 0100-443**):2007-06 Errichten von Niederspannungsanlagen – Teil 4-44: Schutzmaßnahmen – Schutz bei Störspannungen und elektromagnetischen Störgrößen – Abschnitt 443: Schutz bei Überspannungen infolge atmosphärischer Einflüsse oder von Schaltvorgängen. Berlin · Offenbach: VDE VERLAG

[5.32] Dehn + Söhne Blitzplaner. Neumarkt (Oberpfalz): Dehn + Söhne, 2013. – ISBN 978-3-9813770-0-2

5.10 Weiterführende Literatur

[5.33] DIN EN 62305-2 (**VDE 0185-305-2**):2013-02 Blitzschutz – Teil 2: Risiko-Management. Berlin · Offenbach: VDE VERLAG

[5.34] DIN EN 61936-1 (**VDE 0101-1**):2011-11 Starkstromanlagen mit Nennwechselspannungen über 1 kV – Teil 1: Allgemeine Bestimmungen. Berlin · Offenbach: VDE VERLAG

[5.35] DIN EN 50522 (**VDE 0101-2**):2011-11 Erdung von Starkstromanlagen mit Nennwechselspannungen über 1 kV. Berlin · Offenbach: VDE VERLAG

[5.36] DIN VDE 0100-410 (**VDE 0100-410**):2007-06 Errichten von Niederspannungsanlagen – Teil 4-41: Schutzmaßnahmen – Schutz gegen elektrischen Schlag. Berlin · Offenbach: VDE VERLAG

[5.37] DIN EN 50174-2 (**VDE 0800-174-2**):2011-09 Informationstechnik – Installation von Kommunikationsverkabelung – Teil 2: Installationsplanung und Installationspraktiken in Gebäuden. Berlin · Offenbach: VDE VERLAG

[5.38] DIN EN 50310 (**VDE 0800-2-310**):2011-05 Anwendung von Maßnahmen für Erdung und Potentialausgleich in Gebäuden mit Einrichtungen der Informationstechnik. Berlin · Offenbach: VDE VERLAG

[5.39] DIN EN 60728-11 (**VDE 0855-1**):2011-06 Kabelnetze für Fernsehsignale, Tonsignale und interaktive Dienste – Teil 11: Sicherheitsanforderungen. Berlin · Offenbach: VDE VERLAG

[5.40] DIN VDE 0855-300 (**VDE 0855-300**):2008-08 Funksende-/-empfangssysteme für Senderausgangsleistungen bis 1 kW – Teil 300: Sicherheitsanforderungen. Berlin · Offenbach: VDE VERLAG

[5.41] DIN VDE 1000-10 (**VDE 1000-10**):2009-01 Anforderungen an die im Bereich der Elektrotechnik tätigen Personen. Berlin · Offenbach: VDE VERLAG

[5.42] DIN 18015-1:2007-09:2013-09 Elektrische Anlagen in Wohngebäuden – Teil 1: Planungsgrundlagen. Berlin: Beuth

[5.43] Betriebssicherheitsverordnung (BetrSichV). Verordnung über Sicherheit und Gesundheitsschutz bei der Bereitstellung von Arbeitsmitteln und deren Benutzung bei der Arbeit, über Sicherheit beim Betrieb überwachungsbedürftiger Anlagen und über die Organisation des betrieblichen Arbeitsschutzes vom 27. September 2002. BGBl. I 54 (2002) Nr. 70 vom 2.10.2002, S. 3 777–3 816. – ISSN 0341-1095

[5.44] **Störfall-Verordnung (StöV)**. Zwölfte Verordnung zur Durchführung des Bundes-Immissionsschutzgesetzes (12. BImSchV*) vom 26. April 2000, Neufassung vom 8. Juni 2005. BGBl. I 57 (2005) Nr. 33 vom 16.6.2005, S. 1 598–1 620. – ISSN 0341-1095

*) Diese Verordnung dient der Umsetzung der Richtlinie 2003/105/EG des Europäischen Parlaments und des Rates vom 16. Dezember 2003 zur Änderung der Richtlinie 96/82/EG (Seveso-II-Richtlinie, ABl. EU Nr. L 345 S. 97) sowie der Richtlinie 96/82/EG des Rates vom 9. Dezember 1996 zur Beherrschung der Gefahren bei schweren Unfällen mit gefährlichen Stoffen (ABl. EG 1997 Nr. L 10 S. 13).

[5.45] **Druckgeräteverordnung**. Vierzehnte Verordnung zum Produktsicherheitsgesetz (14. ProdSV*) vom 27. September 2002. BGBl. I 54 (2002) Nr. 70 vom 2.10.2002, S. 3 777–3 816. – ISSN 0341-1095

*) Diese Verordnung dient der Umsetzung der Richtlinie 97/23/EG des Europäischen Parlaments und des Rates vom 29. Mai 1997 zur Angleichung der Rechtsvorschriften der Mitgliedstaaten über Druckgeräte (Abl. 1997 EG Nr. L 181, S. 1, Abl. 1997 EG Nr. L 265, S. 110).

[5.46] **Produktsicherheitsgesetz**. Gesetz über die Neuordnung des Geräte- und Produktsicherheitsrechts (ProdSG) vom 8. November 2011. BGBl. I 63 (2011) Nr. 57, S. 2 178–2 208, Berichtigung BGBl. I 64 (2012) Nr. 6 vom 8.2.2012, S. 131. – ISSN 0341-1095

[5.47] **BGV A3** BG-Vorschrift. Unfallverhütungsvorschrift. Elektrische Anlagen und Betriebsmittel vom 1. April 1979 in der Fassung vom 1. Januar 1997, mit Durchführungsanweisungen vom Oktober 1996. Aktuelle Nachdruckfassung Januar 2005. Köln: Berufsgenossenschaft Energie Textil Elektro Medienerzeugnisse, 2005

[5.48] **TRBS 1001** Technische Regeln für Betriebssicherheit – Struktur und Anwendung der Technischen Regeln für Betriebssicherheit vom 15. September 2006. BAnz. 58 (2006) Nr. 232a vom 9.12.2006, S. 5–6. – ISSN 0720-6100

[5.49] **TRBS 1111** Technische Regeln für Betriebssicherheit – Gefährdungsbeurteilung und sicherheitstechnische Bewertung vom 15. September 2006. BAnz. 58 (2006) Nr. 232a vom 9.12.2006, S. 7–10. – ISSN 0720-6100

[5.50] **TRBS 1112 Teil 1** Technische Regeln für Betriebssicherheit – Explosionsgefährdungen bei und durch Instandhaltungsarbeiten – Beurteilung und Schutzmaßnahmen. GMBl. 61 (2010) Nr. 29 vom 12.05.2010, S. 615–619. – ISSN 0939-4729

[5.51] **TRBS 1201 Teil 1** Technische Regeln für Betriebssicherheit – Prüfung von Anlagen in explosionsgefährdeten Bereichen und Überprüfung von Arbeitsplätzen in explosionsgefährdeten Bereichen vom 15. September 2006. BAnz. 58 (2006) Nr. 232a vom 9.12.2006, S. 20–26. – ISSN 0720-6100

[5.52] **TRBS 1203** Technische Regeln für Betriebssicherheit – Befähigte Personen vom 17. März 2010. GMBl. 61 (2010) Nr. 29 vom 12.5.2010, S. 627–642. – ISSN 0939-4729 – zuletzt geändert durch Bekanntmachung des BMAS vom 17.2.2012 – IIIb 3 – 35650. GMBl. 63 (2012) Nr. 21, S. 386–387. – ISSN 0939-4729

[5.53] **TRBS 2152** Technische Regeln für Betriebssicherheit (inhaltsgleich: Technische Regeln für Gefahrstoffe TRGS 720) – Gefährliche explosionsfähige Atmosphäre – Allgemeines. BAnz. 58 (2006) Nr. 103a vom 2.6.2006, S. 4–7. – ISSN 0720-6100

[5.54] **TRBS 2152 Teil 3** Technische Regeln für Betriebssicherheit – Gefährliche explosionsfähige Atmosphäre – Vermeidung der Entzündung gefährlicher explosionsfähiger Atmosphäre. GMBl. 60 (2009) Nr. 77 vom 20.11.2009, S. 1583–1597. – ISSN 0939-4729

[5.55] **TRBS 2153** Technische Regeln für Betriebssicherheit – Vermeidung von Zündgefahren infolge elektrostatischer Aufladungen. GMBl. 60 (2009) Nr. 15/16 vom 9.4.2009, S. 278–326. – ISSN 0939-4729

[5.56] *Koch, W.*: Erdungen in Wechselstromanlagen über 1 kV. Berlin (u. a.): Springer, 1961

[5.57] *Fendrich, L.*; *Fengler, W.*: Handbuch Eisenbahninfrastruktur. Berlin · Heidelberg: Springer Vieweg, 2013. – ISBN 978-3-642-30020-2

[5.58] *Budde, Ch.*: Überarbeitung der EN 50122: Bahnanwendungen – Ortsfeste Anlagen – Elektrische Sicherheit, Erdung und Rückstromführung. BahnPraxis E Zeitschrift für Elektrofachkräfte zur Förderung der Betriebs- und Arbeitssicherheit bei der Deutschen Bahn AG 14 (2011) H. 2, S. 3

[5.59] VdS 2010:2010-09 Risikoorientierter Blitz- und Überspannungsschutz – Unverbindliche Richtlinien zur Schadenverhütung. Köln: VdS Schadenverhütung

[5.60] Beton.org – Wissen – Beton & Bautechnik – Weiße Wannen – Wasserundurchlässige Bauwerke aus Beton. BetonMarketing Deutschland GmbH, Erkrath: www.beton.org/druck/fachinformationen/betonbautechnik/weisse-wanne

[5.61] Bauen auf Glas. TECHNOpor Glasschaum-Granulat. TECHNOpor Handels GmbH, Krems an der Donau/Österreich: www.technopor.com/service/downloads-all/finish/6-prospekte-folder/8-technopor-schaumglasschotter-folder-allgemein

[5.62] Beton.org – Wissen – Beton & Bautechnik – Stahlfaserbeton. BetonMarketing Deutschland GmbH, Erkrath: www.beton.org/wissen/beton-bautechnik/stahlfaserbeton

[5.63] Walzbeton. Wikipedia – Online-Enzyklopädie, abgerufen am 20.6.2014: http://de.wikipedia.org/wiki/Walzbeton

[5.64] Pfahlgründung. Wikipedia – Online-Enzyklopädie, abgerufen am 20.6.2014: http://de.wikipedia.org/wiki/Pfahlgründung

[5.65] Baunetz Wissen – Beton – Pfahlgründung. Baunetz – Online-Lexikon vom Architekturmagazin BauNetz: www.baunetzwissen.de/standardartikel/Beton_Pfahlgruendung_151064.html

[5.66] Fundament (Bauwesen). Wikipedia – Online-Enzyklopädie, abgerufen am 20.6.2014: http://de.wikipedia.org/wiki/Fundament_(Bauwesen)

[5.67] **Energieeinsparverordnung**. Verordnung über energiesparenden Wärmeschutz und energiesparende Anlagentechnik bei Gebäuden – Zweite Verordnung zur Änderung der Energieeinsparverordnung (EnEV 2014) vom 18. November 2013. BGBl I 65 (2013) Nr. 67 vom 21.11.2013, S. 3951–3990. – ISSN 0341-1095

[5.68] *Freimann, Th.*: Regelungen und Empfehlungen für wasserundurchlässige (WU-)Bauwerke aus Beton. Beton-Informationen (2005) H. 3/4, S. 55–72. – ISSN 0170-9283

[5.69] Explosionsschutz nach ATEX, Grundlagen und Begriffe. Firmenschrift. Weil am Rhein: Endress + Hauser Messtechnik, 2007. – Best.-Nr. CP021Zde

Anhang A: Beispiele für Risikoabschätzungen nach DIN EN 62305-2 (VDE 0185-305-2)

Zur Demonstration der Verfahren und der Vorgehensweise bei Risikoabschätzungen nach DIN EN 62305-2 (**VDE 0185-305-2**) sind im Folgenden drei numerische Beispiele dargestellt. In allen drei Fällen wurde die Excel-Liste aus dem Beiblatt 2 zur DIN EN 62305-2 (**VDE 0185-305-2**) verwendet.

Beispiel 1: Bürogebäude

Das Bürogebäude weist nur eine Zone auf, die damit die gesamte bauliche Anlage umfasst. Die Eingabeparameter, die Zwischenergebnisse und die Ergebnisse sind den **Bildern A.1.1 bis A.1.4** zu entnehmen.

Ergebnis:

Um den Schutz der baulichen Anlage für die Schadensart L1 zu gewährleisten, ist ein Blitzschutzsystem nach DIN EN 62305-3 (**VDE 0185-305-3**) mindestens für die Schutzklasse IV zu errichten ($P_B = 0{,}2$). Dazu gehört auch der Blitzschutzpotentialausgleich für die eingeführten Versorgungsleitungen ($P_{EB} = 0{,}05$). Damit wird das Schadensrisiko für L1 von $R_1 = 2{,}76 \cdot 10^{-5}$ auf $R_1 = 0{,}33 \cdot 10^{-5}$ reduziert.

Beispiel 2: Industrieanlage mit einer Ex-Schutzzone 1

Die Industrieanlage beinhaltet eine Ex-Schutzzone 1, die hier als separate Zone berücksichtigt wird. Die Industrieanlage hat demzufolge zwei Zonen. Das Beispiel ist in Beiblatt 3 zur DIN EN 62305-2 (**VDE 0185-305-2**) als Fallstudie EX.2 enthalten. Die Eingabeparameter, die Zwischenergebnisse und die Ergebnisse können damit auch in Beiblatt 3 zur DIN EN 62305-2 (**VDE 0185-305-2**) nachvollzogen werden; sie sind den **Bildern A.2.1 bis A.2.5** zu entnehmen.

Ergebnis:

Um den Schutz der baulichen Anlage für die Schadensart L1 zu gewährleisten, sind folgende Maßnahmen erforderlich:

- ein Blitzschutzsystem nach DIN EN 62305-3 (**VDE 0185-305-3**) für die Schutzklasse II ($P_B = 0{,}05$); die Kosten betragen ca. 50 000 €,
- der Blitzschutzpotentialausgleich nach DIN EN 62305-3 (**VDE 0185-305-3**) für alle eingeführten Versorgungsleitungen ($P_{EB} = 0{,}01$); die Kosten dafür betragen aufgrund der Vielzahl von Versorgungsleitungen ebenfalls ca. 50 000 €,
- in der Zone 2 (also der Ex-Zone 1) koordinierte SPD-Systeme nach DIN EN 62305-4 (**VDE 0185-305-4**) für LPL I ($P_{SPD} = 0{,}01$) für alle Leitungssysteme; die Kosten dafür betragen ca. 60 000 €.

Damit wird das Schadensrisiko für L1 von $R_1 = 62{,}52 \cdot 10^{-5}$ auf $R_1 = 0{,}92 \cdot 10^{-5}$ reduziert.

Durch diese Schutzmaßnahmen werden gleichzeitig die jährlichen wirtschaftlichen Schäden durch Blitzeinwirkungen von C_L = 715 292 € auf C_{RL} = 156 225 € reduziert; die jährlichen Kosten der Schutzmaßnahmen werden zu C_{PM} = 16 000 € angesetzt. Daraus ergibt sich eine jährliche Geldeinsparung von S_M = 543 066 €.

Anmerkung: Durch ein koordiniertes SPD-System nach DIN EN 62305-4 (**VDE 0185-305-4**) auch in der Zone Z1 könnten die Verlustkosten C_{RL} noch weiter reduziert werden.

Beispiel 3: Krankenhaus mit vier Zonen

Das Beispiel entspricht DIN EN 62305-2 (**VDE 0185-305-2**), Anhang E, Beispiel 3. Die beschriebene Lösung entspricht der Variante b). In dem Beispiel wird der Außenbereich gesondert behandelt (Zone 1), im Innenbereich gibt es neben den Stationen (Zone 2) den Operationsbereich (Zone 3) und die Intensivstation (Zone 4), also zwei Zonen mit deutlich höheren Anforderungen. Die Eingabeparameter, die Zwischenergebnisse und die Ergebnisse sind den **Bildern A.3.1 bis A.3.5** zu entnehmen.

Ergebnis:

Um den Schutz der baulichen Anlage für die Schadensart L1 zu gewährleisten, sind folgende Maßnahmen erforderlich:

- ein Blitzschutzsystem nach DIN EN 62305-3 (**VDE 0185-305-3**) für die Schutzklasse I ($P_B = 0{,}02$); die Kosten betragen ca. 100 000 €,
- der Blitzschutzpotentialausgleich nach DIN EN 62305-3 (**VDE 0185-305-3**) für alle eingeführten Versorgungsleitungen ($P_{EB} = 0{,}01$); die Kosten dafür sind bereits in den o. g. Kosten des Blitzschutzsystems enthalten,
- in den Zonen 2, 3 und 4 koordinierte SPD-Systeme nach DIN EN 62305-4 (**VDE 0185-305-4**) mit einer dreifach besseren Wirksamkeit als für LPL I ($P_{SPD} = 0{,}001$) für alle Leitungen; die Kosten dafür betragen ca. 45 000 €,
- für die Zone 2 ein automatisches Brandschutzsystem ($r_p = 0{,}2$); die Kosten dafür betragen ca. 50 000 €.

Damit wird das Schadensrisiko für L1 von $R_1 = 69{,}96 \cdot 10^{-5}$ auf $R_1 = 0{,}22 \cdot 10^{-5}$ reduziert.

Durch diese Schutzmaßnahmen werden gleichzeitig die jährlichen wirtschaftlichen Schäden durch Blitzeinwirkungen von C_L = 57 185 € auf C_{RL} = 190 € reduziert; die jährlichen Kosten der Schutzmaßnahmen werden zu C_{PM} = 19 500 € angesetzt. Daraus ergibt sich eine jährliche Geldeinsparung von S_M = 37 495 €.

Anmerkung: Für das Beispiel 3 werden die Verlustfaktoren L_X aus der DIN EN 62305-2 (**VDE 0185-305-2**) selbst angewendet. Nur dann können die Ergebnisse hier direkt mit den Ergebnissen aus dem Anhang E der DIN EN 62305-2 (**VDE 0185-305-2**) verglichen werden. Wendet man die Verlustfaktoren L_X aus dem Beiblatt 3 zur DIN EN 62305-2 (**VDE 0185-305-3**) an, ergeben sich zwar geringfügig andere Berechnungsergebnisse des Risikomanagements für das Krankenhaus, aber keine Änderungen bei den beschriebenen Schutzmaßnahmen.

Objekt	**Beispiel 1: Bürogebäude**		**Datum**	**23.05.11**

Blitz			
NG	2,50	Erdblitzdichte in 1/a/km2 (oder 0,1 x Gewittertage pro Jahr)	(A.1)

Gefährliche Ereignisse		**Häufigkeit**	**1/a**
N1	0,026	durch Blitzeinschläge in die bauliche Anlage (S1)	(A.4)
N2	2,138	durch Blitzeinschläge nahe der baulichen Anlage (S2)	(A.6)
1: N3	0,003	durch Blitzeinschläge in die Versorgungsleitung (S3)	(A.8)
2: N3	0,027	durch Blitzeinschläge in die Versorgungsleitung (S3)	(A.8)
1: N4	0,250	durch Blitzeinschläge nahe der Versorgungsleitung (S4)	(A.10)
2: N4	1,250	durch Blitzeinschläge nahe der Versorgungsleitung (S4)	(A.10)

Bauliche Anlage				
CD		0,5	Höhere Objekte auf einer Seite oder kleinere Objekte auf zwei oder mehr Seite	Tab A.1
L	m	50	Länge der Anlage	
W	m	20	Breite der Anlage	
H	m	20	Höhe der Anlage	
HP	m		Höchster Punkt der Anlage (wenn höher als H)	
AD	m2	20.710	Einfangfläche für Blitzeinschläge in die bauliche Anlage (S1)	(A.2)
AM	m2	855.398	Einfangfläche für Blitzeinschläge nahe der baulichen Anlage (S2)	(A.7)

2 x Leitung	**1 x Zone**
1:Energie	Z1:Gebäude
2:Telekom	

Finanzen		**Währungseinheit**	**EUR**
i	4,0%	Zinsrate	
a	5,0%	Amortisationsrate	
m	1,0%	Instandhaltungsrate	

Tolerierbares Risiko x1E-5			
L1	1	Verlust von Menschenleben	Tab 4
L2	100	Verlust von Dienstleistungen	Tab 4
L3	10	Verlust von Kulturgut	Tab 4
L4	10	Wirtschaftliche Verluste	

Bild A.1.1 Beispiel 1: Bürogebäude – Global-Parameter

L1: Personen

			Z1	Total
Zeit	h	tz	4380	
Zahl		nz	500	**500**

L2: Nutzer

		Z1	Total
Zahl	nz		

L3: Werte — Währungseinheit EUR

	Gebäude cb	Inhalt cc	Total
Z1			

L4: Werte — Währungseinheit EUR

	Tiere ca	Gebäude cb	Inhalt cc	Systeme cs	Total
Z1		7.500.000	1.000.000	1.500.000	**10.000.000**
		7.500.000	**1.000.000**	**1.500.000**	**10.000.000**

Bild A.1.1 (*Fortsetzung*) Beispiel 1: Bürogebäude – Global-Parameter

Objekt			**Beispiel 1: Bürogebäude**	**Datum**	**23.05.11**
Leitung 1			**Energie**		
CI		0,5	Erdkabel		Tab A.2
CE		0,1	Stadt		Tab A.4
CT		1	NS Energie oder Telekom Leitung		Tab A.3
LL	m	500	Länge der Leitung (unbekannt = 1000)		
Xtyp		a	Energie-Leitung	KS4	0,400
Xshd		a	Extern: Freileitung oder ungeschirmtes Erdkabel	PLD	1,000
Uw	kV	2,5	Spannungsfestigkeit des Systems in kV	PLI	0,300
CD		1	Freistehend ohne andere Objekte in der Nähe		Tab A.1
LJ	m		Länge der verbundenen Anlage		
WJ	m		Breite der verbundenen Anlage		
HJ	m		Höhe der verbundenen Anlage		
HPJ	m		Höchster Punkt der verbundenen Anlage (wenn höher als Ha)		
AL	m2	20.000	Einfangfläche für Blitzeinschläge in die Versorgungsleitung (S3)		(A.9)
AI	m2	2.000.000	Einfangfläche für Blitzeinschläge nahe der Versorgungsleitung (S4)		(A.11)
ADJ	m2		Einfangfläche für Blitzeinschläge in die verbundene bauliche Anlage (S3)		(A.2)
Leitung 2			**Telekom**		
CI		0,5	Erdkabel		Tab A.2
CE		0,5	Vorstadt		Tab A.4
CT		1	NS Energie oder Telekom Leitung		Tab A.3
LL	m	500	Länge der Leitung (unbekannt = 1000)		
Xtyp		b	Telekom-Leitung	KS4	0,667
Xshd		b	Extern: Geschirmt: Schirmwiderstand > 5 aber <= 20 Ohm/km	PLD	1,000
Uw	kV	1,5	Spannungsfestigkeit des Systems in kV	PLI	0,500
CD		1	Freistehend ohne andere Objekte in der Nähe		Tab A.1
LJ	m	20	Länge der verbundenen Anlage		
WJ	m	20	Breite der verbundenen Anlage		
HJ	m	10	Höhe der verbundenen Anlage		
HPJ	m		Höchster Punkt der verbundenen Anlage (wenn höher als Ha)		
AL	m2	20.000	Einfangfläche für Blitzeinschläge in die Versorgungsleitung (S3)		(A.9)
AI	m2	2.000.000	Einfangfläche für Blitzeinschläge nahe der Versorgungsleitung (S4)		(A.11)
ADJ	m2	5.627	Einfangfläche für Blitzeinschläge in die verbundene bauliche Anlage (S3)		(A.2)

Bild A.1.2 Beispiel 1: Bürogebäude – Parameter Versorgungsleitungen

Objekt Beispiel 1: Bürogebäude Datum 23.05.11

		Ohne Schutz		Mit Schutz		Kosten (EUR)
Gesamtkosten: Blitzschutz						12.000
Bauliche Anlage						
Global	KS1	1	Aussen: Kein räumlicher Schirm	1	Aussen: Kein räumlicher Schirm	
	PB	1	Kein LPS	0,2	LPS IV	10.000
	PEB	1	Potentialausgleich am Gebäudeeintritt: Keiner	0,05	Potentialausgleich am Gebäudeeintritt: LPL III to IV	2.000
Leitung						
Leitung 1	Xcon	e	Verbunden mit geschirmten und geerdeten Leitungen	e	Verbunden mit geschirmten und geerdeten Leitungen	
	Xsys	1	Innere Systeme - Geschirmt	1	Innere Systeme - Geschirmt	
	CLD	1		1		
	CLI	0		0		
	CSD	1		1		
Leitung 2	Xcon	e	Verbunden mit geschirmten und geerdeten Leitungen	e	Verbunden mit geschirmten und geerdeten Leitungen	
	Xsys	1	Innere Systeme - Geschirmt	1	Innere Systeme - Geschirmt	
	CLD	1		1		
	CLI	0		0		
	CSD	1		1		
	Xcon	a	Keine besondere Bedingung	a	Keine besondere Bedingung	
	Xsys	0	Innere Systeme - Ungeschirmt	0	Innere Systeme - Ungeschirmt	
	CLD	1		1		
	CLI	1		1		
	CSD	1		1		
	Xcon	a	Keine besondere Bedingung	a	Keine besondere Bedingung	
	Xsys	0	Innere Systeme - Ungeschirmt	0	Innere Systeme - Ungeschirmt	
	CLD	1		1		
	CLI	1		1		
	CSD	1		1		
Zone Z1		**Gebäude**				
Zone	KS2	1	Innen: Kein räumlicher Schirm	1	Innen: Kein räumlicher Schirm	
	rt	0,001	R=1-10kOhm: Marmor, Keramik	0,001	R=1-10kOhm: Marmor, Keramik	
	PTA	1	Kein Schutz gegen Schock	1	Kein Schutz gegen Schock	
	PTU	0	Absperrungen oder Ableitungen als Netzwerk (pTA)	0	Absperrungen oder Ableitungen als Netzwerk (pTA)	
	rf	0,01	Normales Risiko für Feuer	0,01	Normales Risiko für Feuer	
	rp	0,5	Manuelle Brandschutzmaßnahmen	0,5	Manuelle Brandschutzmaßnahmen	
Leitung 1	KS3	0,2	Ungeschirmt, Schleifen > 0,5 m2 aber < 10 m2	0,2	Ungeschirmt, Schleifen > 0,5 m2 aber < 10 m2	
	PSPD	1	Koordinierter SPD Schutz: Keiner	1	Koordinierter SPD Schutz: Keiner	
Leitung 2	KS3	0,2	Ungeschirmt, Schleifen > 0,5 m2 aber < 10 m2	0,2	Ungeschirmt, Schleifen > 0,5 m2 aber < 10 m2	
	PSPD	1	Koordinierter SPD Schutz: Keiner	1	Koordinierter SPD Schutz: Keiner	
	KS3	1	Ungeschirmt, Schleifen > 10 m2	1	Ungeschirmt, Schleifen > 10 m2	
	PSPD	1	Koordinierter SPD Schutz: Keiner	1	Koordinierter SPD Schutz: Keiner	
	KS3	1	Ungeschirmt, Schleifen > 10 m2	1	Ungeschirmt, Schleifen > 10 m2	
	PSPD	1	Koordinierter SPD Schutz: Keiner	1	Koordinierter SPD Schutz: Keiner	

Bild A.1.3 Beispiel 1: Bürogebäude – Schutzmaßnahmen

Objekt	Beispiel 1: Bürogebäude	Datum	23.05.11

L1 - Verlust von Menschenleben	>>> Tolerierbares Risiko <<<

Verlust	Z1		
LTA	0,01	Verletzung von Lebewesen (S1)	Tab C.2
LTU	0,01	Verletzung von Lebewesen (S3)	Tab C.2
LF	0,1	Physikalische Schäden	Tab C.2
hz	2	Faktor für spezielles Risiko	Tab C.6
LO		Ausfälle von el. Systemen	Tab C.2

Risiko	Ohne Schutz								
x1E-5	RA	RU	RB	RV	RC	RM	RW	RZ	Total
Z1	0,01		1,29	1,45					2,76
Total	0,01	0,00	1,29	1,45	0,00	0,00	0,00	0,00	2,76

L1 - Verlust von Menschenleben	R	RT	Ergebnis - Tolerierbares Risiko	
Ohne Schutz	2,76	1,00	R>RT	Mehr Schutz nötig !!!

Risiko	Mit Schutz								
x1E-5	RA	RU	RB	RV	RC	RM	RW	RZ	Total
Z1	0,00		0,26	0,07					0,33
Total	0,00	0,00	0,26	0,07	0,00	0,00	0,00	0,00	0,33

L1 - Verlust von Menschenleben	R	RT	Ergebnis - Tolerierbares Risiko	
Mit Schutz	0,33	1,00	R<=RT	Schutz ausreichend

Bild A.1.4 Beispiel 1: Bürogebäude – Ergebnisse Schadensart L1

Objekt	Beispiel 2: Industrieanlage		Datum	23.05.11

Blitz			
NG	4,00	Erdblitzdichte in 1/a/km2 (oder 0,1 x Gewittertage pro Jahr)	(A.1)

Gefährliche Ereignisse		Häufigkeit	1/a
N1	0,137	durch Blitzeinschläge in die bauliche Anlage (S1)	(A.4)
N2	3,742	durch Blitzeinschläge nahe der baulichen Anlage (S2)	(A.6)
1: N3	0,008	durch Blitzeinschläge in die Versorgungsleitung (S3)	(A.8)
2: N3	0,157	durch Blitzeinschläge in die Versorgungsleitung (S3)	(A.8)
3: N3	0,157	durch Blitzeinschläge in die Versorgungsleitung (S3)	(A.7)&(A.5)
4: N3	0,157	durch Blitzeinschläge in die Versorgungsleitung (S3)	(A.7)&(A.5)
1: N4	0,800	durch Blitzeinschläge nahe der Versorgungsleitung (S4)	(A.10)
2: N4	2,000	durch Blitzeinschläge nahe der Versorgungsleitung (S4)	(A.10)
3: N4	2,000	durch Blitzeinschläge nahe der Versorgungsleitung (S4)	(A.9)
4: N4	2,000	durch Blitzeinschläge nahe der Versorgungsleitung (S4)	(A.9)

Bauliche Anlage				
CD		1	Freistehend ohne andere Objekte in der Nähe	Tab A.1
L	m	50	Länge der Anlage	
W	m	100	Breite der Anlage	
H	m	20	Höhe der Anlage	
HP	m		Höchster Punkt der Anlage (wenn höher als H)	
AD	m2	34.310	Einfangfläche für Blitzeinschläge in die bauliche Anlage (S1)	(A.2)
AM	m2	935.398	Einfangfläche für Blitzeinschläge nahe der baulichen Anlage (S2)	(A.7)

4 x Leitung		2 x Zone
1:Energie 1	3:Telekom 1	Z1:Gebäude
2:Energie 2	4:Telekom 2	Z2:EX-Zone 1

Finanzen		Währungseinheit	EUR
i	4,0%	Zinsrate	
a	5,0%	Amortisationsrate	
m	1,0%	Instandhaltungsrate	

Tolerierbares Risiko x1E-5			
L1	1	Verlust von Menschenleben	Tab 4
L2	100	Verlust von Dienstleistungen	Tab 4
L3	10	Verlust von Kulturgut	Tab 4
L4	10	Wirtschaftliche Verluste	

Bild A.2.1 Beispiel 2: Industrieanlage – Global-Parameter

L1: Personen					
			Z1	**Z2**	**Total**
Zeit	h	tz	8760	876	
Zahl		nz	10	1	**11**

L2: Nutzer				
		Z1	**Z2**	**Total**
Zahl	nz			

L3: Werte			**Währungseinheit**	**EUR**
	Gebäude	**Inhalt**		
	cb	cc		**Total**
Z1				
Z2				

L4: Werte					**Währungseinheit EUR**
	Tiere	**Gebäude**	**Inhalt**	**Systeme**	
	ca	cb	cc	cs	**Total**
Z1		10.000.000	2.000.000	10.000.000	**22.000.000**
Z2		1.000.000	200.000	1.000.000	**2.200.000**
		11.000.000	**2.200.000**	**11.000.000**	**24.200.000**

Bild A.2.1 (*Fortsetzung*) Beispiel 2: Industrieanlage – Global-Parameter

Objekt		**Beispiel 2: Industrieanlage**		**Datum**	**23.05.11**
Leitung 1			**Energie 1**		
CI		0,5	Erdkabel		Tab A.2
CE		0,5	Vorstadt		Tab A.4
CT		0,2	HS Energie mit HS/NS Trenntransformator		Tab A.3
LL	m	1000	Länge der Leitung (unbekannt = 1000)		
Xtyp		a	Energie-Leitung	KS4	0,400
Xshd		a	Extern: Freileitung oder ungeschirmtes Erdkabel	PLD	1,000
Uw	kV	2,5	Spannungsfestigkeit des Systems in kV	PLI	0,300
CD		1	Freistehend ohne andere Objekte in der Nähe		Tab A.1
LJ	m		Länge der verbundenen Anlage		
WJ	m		Breite der verbundenen Anlage		
HJ	m		Höhe der verbundenen Anlage		
HPJ	m		Höchster Punkt der verbundenen Anlage (wenn höher als Ha)		
AL	m2	40.000	Einfangfläche für Blitzeinschläge in die Versorgungsleitung (S3)		(A.9)
AI	m2	4.000.000	Einfangfläche für Blitzeinschläge nahe der Versorgungsleitung (S4)		(A.11)
ADJ	m2		Einfangfläche für Blitzeinschläge in die verbundene bauliche Anlage (S3)		(A.2)
Leitung 2			**Energie 2**		
CI		0,5	Erdkabel		Tab A.2
CE		0,5	Vorstadt		Tab A.4
CT		1	NS Energie oder Telekom Leitung		Tab A.3
LL	m	500	Länge der Leitung (unbekannt = 1000)		
Xtyp		a	Energie-Leitung	KS4	0,400
Xshd		a	Extern: Freileitung oder ungeschirmtes Erdkabel	PLD	1,000
Uw	kV	2,5	Spannungsfestigkeit des Systems in kV	PLI	0,300
CD		1	Freistehend ohne andere Objekte in der Nähe		Tab A.1
LJ	m	50	Länge der verbundenen Anlage		
WJ	m	100	Breite der verbundenen Anlage		
HJ	m	20	Höhe der verbundenen Anlage		
HPJ	m		Höchster Punkt der verbundenen Anlage (wenn höher als Ha)		
AL	m2	20.000	Einfangfläche für Blitzeinschläge in die Versorgungsleitung (S3)		(A.9)
AI	m2	2.000.000	Einfangfläche für Blitzeinschläge nahe der Versorgungsleitung (S4)		(A.11)
ADJ	m2	34.310	Einfangfläche für Blitzeinschläge in die verbundene bauliche Anlage (S3)		(A.2)
Leitung 3			**Telekom 1**		
CI		0,5	Erdkabel		Tab A.2
CE		0,5	Vorstadt		Tab A.4
CT		1	NS Energie oder Telekom Leitung		Tab A.3
LL	m	500	Länge der Leitung (unbekannt = 1000)		
Xtyp		b	Telekom-Leitung	KS4	0,667
Xshd		b	Extern: Geschirmt: Schirmwiderstand > 5 aber <= 20 Ohm/km	PLD	1,000
Uw	kV	1,5	Spannungsfestigkeit des Systems in kV	PLI	0,500
CD		1	Freistehend ohne andere Objekte in der Nähe		Tab A.1
LJ	m	50	Länge der verbundenen Anlage		
WJ	m	100	Breite der verbundenen Anlage		
HJ	m	20	Höhe der verbundenen Anlage		
HPJ	m		Höchster Punkt der verbundenen Anlage (wenn höher als Ha)		
AL	m2	20.000	Einfangfläche für Blitzeinschläge in die Versorgungsleitung (S3)		(A.9)
AI	m2	2.000.000	Einfangfläche für Blitzeinschläge nahe der Versorgungsleitung (S4)		(A.11)
ADJ	m2	34.310	Einfangfläche für Blitzeinschläge in die verbundene bauliche Anlage (S3)		(A.2)

Bild A.2.2 Beispiel 2: Industrieanlage – Parameter Versorgungsleitungen

Leitung 4			Telekom 2		
CI		0,5	Erdkabel		Tab A.2
CE		0,5	Vorstadt		Tab A.4
CT		1	NS Energie oder Telekom Leitung		Tab A.3
LL	m	500	Länge der Leitung (unbekannt = 1000)		
Xtyp		b	Telekom-Leitung	KS4	0,667
Xshd		b	Extern: Geschirmt: Schirmwiderstand > 5 aber <= 20 Ohm/km	PLD	1,000
Uw	kV	1,5	Spannungsfestigkeit des Systems in kV	PLI	0,500
CD		1	Freistehend ohne andere Objekte in der Nähe		Tab A.1
LJ	m	50	Länge der verbundenen Anlage		
WJ	m	100	Breite der verbundenen Anlage		
HJ	m	20	Höhe der verbundenen Anlage		
HPJ	m		Höchster Punkt der verbundenen Anlage (wenn höher als Ha)		
AL	m2	20.000	Einfangfläche für Blitzeinschläge in die Versorgungsleitung (S3)		(A.9)
AI	m2	2.000.000	Einfangfläche für Blitzeinschläge nahe der Versorgungsleitung (S4)		(A.11)
ADJ	m2	34.310	Einfangfläche für Blitzeinschläge in die verbundene bauliche Anlage (S3)		(A.2)

Bild A.2.2 (*Fortsetzung*) Beispiel 2: Industrieanlage – Parameter Versorgungsleitungen

Objekt **Beispiel 2: Industrieanlage** **Datum** **23.05.11**

		Ohne Schutz		Mit Schutz		Kosten (EUR)
Gesamtkosten: Blitzschutz						160.000
Bauliche Anlage						
Global	KS1	1	Aussen: Kein räumlicher Schirm	1	Aussen: Kein räumlicher Schirm	
	PB	1	Kein LPS	0,05	LPS II	50.000
	PEB	1	Potentialausgleich am Gebäudeeintritt: Keiner	0,01	Potentialausgleich am Gebäudeeintritt: LPL I	50.000
Leitung						
Leitung 1	Xcon	a	Keine besondere Bedingung	a	Keine besondere Bedingung	
	Xsys	0	Innere Systeme - Ungeschirmt	0	Innere Systeme - Ungeschirmt	
	CLD	1		1		
	CLI	1		1		
	CSD	1		1		
Leitung 2	Xcon	a	Keine besondere Bedingung	a	Keine besondere Bedingung	
	Xsys	0	Innere Systeme - Ungeschirmt	0	Innere Systeme - Ungeschirmt	
	CLD	1		1		
	CLI	1		1		
	CSD	1		1		
Leitung 3	Xcon	e	Verbunden mit geschirmten und geerdeten Leitungen	e	Verbunden mit geschirmten und geerdeten Leitungen	
	Xsys	1	Innere Systeme - Geschirmt	1	Innere Systeme - Geschirmt	
	CLD	1		1		
	CLI	0		0		
	CSD	1		1		
Leitung 4	Xcon	e	Verbunden mit geschirmten und geerdeten Leitungen	e	Verbunden mit geschirmten und geerdeten Leitungen	
	Xsys	1	Innere Systeme - Geschirmt	1	Innere Systeme - Geschirmt	
	CLD	1		1		
	CLI	0		0		
	CSD	1		1		
Zone Z1		**Gebäude**				
Zone	KS2	1	Innen: Kein räumlicher Schirm	1	Innen: Kein räumlicher Schirm	
	rt	0,01	R<1kOhm: Landwirtschaftliche Oberflächen, Beton	0,01	R<1kOhm: Landwirtschaftliche Oberflächen, Beton	
	PTA	0	Absperrungen oder Ableitungen als Netzwerk (pTA)	0	Absperrungen oder Ableitungen als Netzwerk (pTA)	
	PTU	0	Absperrungen oder Ableitungen als Netzwerk (pTA)	0	Absperrungen oder Ableitungen als Netzwerk (pTA)	
	rf	0,01	Normales Risiko für Feuer	0,01	Normales Risiko für Feuer	
	rp	1	Keine Brandschutzmaßnahmen oder Explosionsrisiko	1	Keine Brandschutzmaßnahmen oder Explosionsrisiko	
Leitung 1	KS3	1	Ungeschirmt, Schleifen > 10 m2	0,2	Ungeschirmt, Schleifen > 0,5 m2 aber < 10 m2	
	PSPD	1	Koordinierter SPD Schutz: Keiner	1	Koordinierter SPD Schutz: Keiner	
Leitung 2	KS3	1	Ungeschirmt, Schleifen > 10 m2	0,2	Ungeschirmt, Schleifen > 0,5 m2 aber < 10 m2	
	PSPD	1	Koordinierter SPD Schutz: Keiner	1	Koordinierter SPD Schutz: Keiner	
Leitung 3	KS3	0,0001	FALSCH	0,0001	#WERT!	
	PSPD	1	Koordinierter SPD Schutz: Keiner	1	Koordinierter SPD Schutz: Keiner	
Leitung 4	KS3	0,0001	FALSCH	0,0001	#WERT!	
	PSPD	1	Koordinierter SPD Schutz: Keiner	1	Koordinierter SPD Schutz: Keiner	
Zone Z2		**EX-Zone 1**				
Zone	KS2	1	Innen: Kein räumlicher Schirm	1	Innen: Kein räumlicher Schirm	
	rt	0,01	R<1kOhm: Landwirtschaftliche Oberflächen, Beton	0,01	R<1kOhm: Landwirtschaftliche Oberflächen, Beton	
	PTA	0	Absperrungen oder Ableitungen als Netzwerk (pTA)	0	Absperrungen oder Ableitungen als Netzwerk (pTA)	
	PTU	0	Absperrungen oder Ableitungen als Netzwerk (pTA)	0	Absperrungen oder Ableitungen als Netzwerk (pTA)	
	rf	0,1	Hohes Risiko für Feuer oder Explosion (Zone 1, 21)	0,1	Hohes Risiko für Feuer oder Explosion (Zone 1, 21)	
	rp	1	Keine Brandschutzmaßnahmen oder Explosionsrisiko	1	Keine Brandschutzmaßnahmen oder Explosionsrisiko	
Leitung 1	KS3	1	Ungeschirmt, Schleifen > 10 m2	0,2	Ungeschirmt, Schleifen > 0,5 m2 aber < 10 m2	
	PSPD	1	Koordinierter SPD Schutz: Keiner	0,01	Koordinierter SPD Schutz: LPL I	10.000
Leitung 2	KS3	1	Ungeschirmt, Schleifen > 10 m2	0,2	Ungeschirmt, Schleifen > 0,5 m2 aber < 10 m2	
	PSPD	1	Koordinierter SPD Schutz: Keiner	0,01	Koordinierter SPD Schutz: LPL I	10.000
Leitung 3	KS3	0,0001	FALSCH	0,0001	#WERT!	
	PSPD	1	Koordinierter SPD Schutz: Keiner	0,01	Koordinierter SPD Schutz: LPL I	20.000
Leitung 4	KS3	0,0001	FALSCH	0,0001	#WERT!	
	PSPD	1	Koordinierter SPD Schutz: Keiner	0,01	Koordinierter SPD Schutz: LPL I	20.000

Bild A.2.3 Beispiel 2: Industrieanlage – Schutzmaßnahmen

Objekt	**Beispiel 2: Industrieanlage**	**Datum**	**23.05.11**

L1 - Verlust von Menschenleben	**>>> Tolerierbares Risiko <<<**	

Verlust	**Z1**	**Z2**		
LTA			Verletzung von Lebewesen (S1)	Tab C.2
LTU	0,01	0,01	Verletzung von Lebewesen (S3)	Tab C.2
LF	0,05	0,2	Physikalische Schäden	Tab C.2
hz	1	1	Faktor für spezielles Risiko	Tab C.6
LO		0,01	Ausfälle von el. Systemen	Tab C.2

Risiko					**Ohne Schutz**				
x1E-5	RA	RU	RB	RV	RC	RM	RW	RZ	**Total**
Z1			6,24	21,81					**28,04**
Z2			2,50	8,72	1,25	10,01	4,36	7,64	**34,48**
Total	**0,00**	**0,00**	**8,73**	**30,53**	**1,25**	**10,01**	**4,36**	**7,64**	**62,52**

L1 - Verlust von Menschenleben	R	RT	**Ergebnis - Tolerierbares Risiko**	
Ohne Schutz	62,52	1,00	R>RT	**Mehr Schutz nötig !!!**

Risiko					**Mit Schutz**				
x1E-5	RA	RU	RB	RV	RC	RM	RW	RZ	**Total**
Z1			0,31	0,22					**0,53**
Z2			0,12	0,09	0,05	0,00	0,04	0,08	**0,39**
Total	**0,00**	**0,00**	**0,44**	**0,31**	**0,05**	**0,00**	**0,04**	**0,08**	**0,92**

L1 - Verlust von Menschenleben	R	RT	**Ergebnis - Tolerierbares Risiko**	
Mit Schutz	0,92	1,00	R<=RT	**Schutz ausreichend**

Bild A.2.4 Beispiel 2: Industrieanlage – Ergebnisse Schadensart L1

Objekt **Beispiel 2: Industrieanlage** **Datum** **23.05.11**

L4 - Wirtschaftliche Verluste			**>>> Nutzen <<<**	
Verlust	**Z1**	**Z2**		
LTA			Verletzung von Lebewesen (S1)	Tab C.12
LTU			Verletzung von Lebewesen (S3)	Tab C.12
LF	0,5	1	Physikalische Schäden	Tab C.12
LO	0,01	0,1	Ausfälle von el. Systemen	Tab C.12

Risiko				**Ohne Schutz**					
x1E-5	RA	RU	RB	RV	RC	RM	RW	RZ	**Total**
Z1			62,38	218,05	56,71	455,18	198,23	347,11	**1337,66**
Z2			124,76	436,11	56,71	455,18	198,23	347,11	**1618,09**
Total	**0,00**	**0,00**	**187,14**	**654,16**	**113,42**	**910,35**	**396,46**	**694,21**	**2955,75**

L4 - Wirtschaftliche Verluste	R	RT
Ohne Schutz	**2955,75**	10,00

Risiko				**Mit Schutz**					
x1E-5	RA	RU	RB	RV	RC	RM	RW	RZ	**Total**
Z1			3,12	2,18	56,71	19,73	198,23	347,11	**627,07**
Z2			6,24	4,36	2,23	0,20	1,98	3,47	**18,49**
Total	**0,00**	**0,00**	**9,36**	**6,54**	**58,94**	**19,92**	**200,21**	**350,58**	**645,56**

L4 - Wirtschaftliche Verluste	R	RT
Mit Schutz	645,56	10,00

Währungseinheit	**EUR**	**Ergebnis - Nutzen**	
CP	160.000	Gesamtkosten: Blitzschutz	
CL	715.292	Jährliche Kosten: Verlust (Ohne Schutz)	(D.2)
CRL	156.225	Jährliche Kosten: Verlust (Mit Schutz)	(D.4)
CPM	16.000	Jährliche Kosten: Blitzschutz	(D.5)
SM	**543.066**	**Ersparnis**	(D.6)

Bild A.2.5 Beispiel 2: Industrieanlage – Ergebnisse Schadensart L4

Objekt		**Beispiel 3: Krankenhaus - DIN EN 62305-2 / Abschnitt E3 / Lösung b)**	**Datum**	**23.05.11**

Blitz				
NG		4,00	Erdblitzdichte in 1/a/km2 (oder 0,1 x Gewittertage pro Jahr)	(A.1)

Gefährliche Ereignisse			**Häufigkeit**	**1/a**
N1		0,089	durch Blitzeinschläge in die bauliche Anlage (S1)	(A.4)
N2		3,942	durch Blitzeinschläge nahe der baulichen Anlage (S2)	(A.6)
1: N3		0,004	durch Blitzeinschläge in die Versorgungsleitung (S3)	(A.8)
2: N3		0,023	durch Blitzeinschläge in die Versorgungsleitung (S3)	(A.8)
1: N4		0,400	durch Blitzeinschläge nahe der Versorgungsleitung (S4)	(A.10)
2: N4		1,200	durch Blitzeinschläge nahe der Versorgungsleitung (S4)	(A.10)

Bauliche Anlage				
CD		1	Freistehend ohne andere Objekte in der Nähe	Tab A.1
L	m	50	Länge der Anlage	
W	m	150	Breite der Anlage	
H	m	10	Höhe der Anlage	
HP	m		Höchster Punkt der Anlage (wenn höher als H)	
AD	m2	22.327	Einfangfläche für Blitzeinschläge in die bauliche Anlage (S1)	(A.2)
AM	m2	985.398	Einfangfläche für Blitzeinschläge nahe der baulichen Anlage (S2)	(A.7)

2 x Leitung	**4 x Zone**	
1:Energie	Z1:Aussen	Z3:Operation
2:Telekom	Z2:Stationen	Z4:Intensivstation

Finanzen		**Währungseinheit**	**EUR**
i	4,0%	Zinsrate	
a	5,0%	Amortisationsrate	
m	1,0%	Instandhaltungsrate	

Tolerierbares Risiko x1E-5			
L1	1	Verlust von Menschenleben	Tab 4
L2	100	Verlust von Dienstleistungen	Tab 4
L3	10	Verlust von Kulturgut	Tab 4
L4	10	Wirtschaftliche Verluste	

Bild A.3.1 Beispiel 3: Krankenhaus – Global-Parameter

L1: Personen							
			Z1	Z2	Z3	Z4	Total
Zeit	h	tz	8760	8760	8760	8760	
Zahl		nz	10	950	35	5	1.000

L2: Nutzer						
		Z1	Z2	Z3	Z4	Total
Zahl	nz					

L3: Werte			Währungseinheit EUR
	Gebäude	Inhalt	
	cb	cc	Total
Z1			
Z2			
Z3			
Z4			

L4: Werte					Währungseinheit EUR
	Tiere	Gebäude	Inhalt	Systeme	
	ca	cb	cc	cs	Total
Z1					
Z2		70.000.000	6.000.000	3.500.000	**79.500.000**
Z3		2.000.000	900.000	5.500.000	**8.400.000**
Z4		1.000.000	100.000	1.000.000	**2.100.000**
		73.000.000	**7.000.000**	**10.000.000**	**90.000.000**

Bild A.3.1 (*Fortsetzung*) Beispiel 3: Krankenhaus – Global-Parameter

Objekt **Beispiel 3: Krankenhaus - DIN EN 62305-2 / Abschnitt E3 / Lösung b)** **Datum** **23.05.11**

Leitung 1			**Energie**		
CI		0,5	Erdkabel		Tab A.2
CE		0,5	Vorstadt		Tab A.4
CT		0,2	HS Energie mit HS/NS Trenntransformator		Tab A.3
LL	m	500	Länge der Leitung (unbekannt = 1000)		
Xtyp		a	Energie-Leitung	KS4	0,400
Xshd		d	Extern: Geschirmt: Schirmwiderstand <= 1 Ohm/km	PLD	0,200
Uw	kV	2,5	Spannungsfestigkeit des Systems in kV	PLI	0,300
CD		1	Freistehend ohne andere Objekte in der Nähe		Tab A.1
LJ	m		Länge der verbundenen Anlage		
WJ	m		Breite der verbundenen Anlage		
HJ	m		Höhe der verbundenen Anlage		
HPJ	m		Höchster Punkt der verbundenen Anlage (wenn höher als Ha)		
AL	m2	20.000	Einfangfläche für Blitzeinschläge in die Versorgungsleitung (S3)		(A.9)
AI	m2	2.000.000	Einfangfläche für Blitzeinschläge nahe der Versorgungsleitung (S4)		(A.11)
ADJ	m2		Einfangfläche für Blitzeinschläge in die verbundene bauliche Anlage (S3)		(A.2)

Leitung 2			**Telekom**		
CI		0,5	Erdkabel		Tab A.2
CE		0,5	Vorstadt		Tab A.4
CT		1	NS Energie oder Telekom Leitung		Tab A.3
LL	m	300	Länge der Leitung (unbekannt = 1000)		
Xtyp		b	Telekom-Leitung	KS4	0,667
Xshd		c	Extern: Geschirmt: Schirmwiderstand >1 aber <= 5 Ohm/km	PLD	0,800
Uw	kV	1,5	Spannungsfestigkeit des Systems in kV	PLI	0,500
CD		1	Freistehend ohne andere Objekte in der Nähe		Tab A.1
LJ	m	20	Länge der verbundenen Anlage		
WJ	m	30	Breite der verbundenen Anlage		
HJ	m	5	Höhe der verbundenen Anlage		
HPJ	m		Höchster Punkt der verbundenen Anlage (wenn höher als Ha)		
AL	m2	12.000	Einfangfläche für Blitzeinschläge in die Versorgungsleitung (S3)		(A.9)
AI	m2	1.200.000	Einfangfläche für Blitzeinschläge nahe der Versorgungsleitung (S4)		(A.11)
ADJ	m2	2.807	Einfangfläche für Blitzeinschläge in die verbundene bauliche Anlage (S3)		(A.2)

Bild A.3.2 Beispiel 3: Krankenhaus – Parameter Versorgungsleitungen

Objekt Beispiel 3: Krankenhaus - DIN EN 62305-2 / Abschnitt E3 / Lösung b) **Datum** 23.05.11

		Ohne Schutz		Mit Schutz		Kosten (EUR)
Gesamtkosten: Blitzschutz						195.000
Bauliche Anlage						
Global	KS1	1	Aussen: Kein räumlicher Schirm	1	Aussen: Kein räumlicher Schirm	
	PB	1	Kein LPS	0,02	LPS I	100.000
	PEB	1	Potentialausgleich am Gebäudeeintritt: Keiner	0,01	Potentialausgleich am Gebäudeeintritt: LPL I	
Leitung						
Leitung 1	Xcon	e	Verbunden mit geschirmten und geerdeten Leitungen	e	Verbunden mit geschirmten und geerdeten Leitungen	
	Xsys	1	Innere Systeme - Geschirmt	1	Innere Systeme - Geschirmt	
	CLD	1		1		
	CLI	0		0		
	CSD	1		1		
Leitung 2	Xcon	e	Verbunden mit geschirmten und geerdeten Leitungen	e	Verbunden mit geschirmten und geerdeten Leitungen	
	Xsys	1	Innere Systeme - Geschirmt	1	Innere Systeme - Geschirmt	
	CLD	1		1		
	CLI	0		0		
	CSD	1		1		
	Xcon	a	Keine besondere Bedingung	a	Keine besondere Bedingung	
	Xsys	0	Innere Systeme - Ungeschirmt	0	Innere Systeme - Ungeschirmt	
	CLD	1		1		
	CLI	1		1		
	CSD	1		1		
	Xcon	a	Keine besondere Bedingung	a	Keine besondere Bedingung	
	Xsys	0	Innere Systeme - Ungeschirmt	0	Innere Systeme - Ungeschirmt	
	CLD	1		1		
	CLI	1		1		
	CSD	1		1		
Zone Z1	**Aussen**					
Zone	KS2	1	Innen: Kein räumlicher Schirm	1	Innen: Kein räumlicher Schirm	
	rt	0,01	R<1kOhm: Landwirtschaftliche Oberflächen, Beton	0,01	R<1kOhm: Landwirtschaftliche Oberflächen, Beton	
	PTA	1	Kein Schutz gegen Schock	1	Kein Schutz gegen Schock	
	PTU	0	Absperrungen oder Ableitungen als Netzwerk (pTA)	0	Absperrungen oder Ableitungen als Netzwerk (pTA)	
	rf	0	Kein Risiko für Feuer	0	Kein Risiko für Feuer	
	rp	1	Keine Brandschutzmaßnahmen oder Explosionsrisiko	1	Keine Brandschutzmaßnahmen oder Explosionsrisiko	
Leitung 1	KS3	1	Ungeschirmt, Schleifen > 10 m2	1	Ungeschirmt, Schleifen > 10 m2	
	PSPD	1	Koordinierter SPD Schutz: Keiner	1	Koordinierter SPD Schutz: Keiner	
Leitung 2	KS3	1	Ungeschirmt, Schleifen > 10 m2	1	Ungeschirmt, Schleifen > 10 m2	
	PSPD	1	Koordinierter SPD Schutz: Keiner	1	Koordinierter SPD Schutz: Keiner	
	KS3	1	Ungeschirmt, Schleifen > 10 m2	1	Ungeschirmt, Schleifen > 10 m2	
	PSPD	1	Koordinierter SPD Schutz: Keiner	1	Koordinierter SPD Schutz: Keiner	
	KS3	1	Ungeschirmt, Schleifen > 10 m2	1	Ungeschirmt, Schleifen > 10 m2	
	PSPD	1	Koordinierter SPD Schutz: Keiner	1	Koordinierter SPD Schutz: Keiner	
Zone Z2	**Stationen**					
Zone	KS2	1	Innen: Kein räumlicher Schirm	1	Innen: Kein räumlicher Schirm	
	rt	0,00001	R>100kOhm: Asphalt, Linoleum, Holz	0,00001	R>100kOhm: Asphalt, Linoleum, Holz	
	PTA	1	Kein Schutz gegen Schock	1	Kein Schutz gegen Schock	
	PTU	1	Kein Schutz gegen Schock	1	Kein Schutz gegen Schock	
	rf	0,01	Normales Risiko für Feuer	0,01	Normales Risiko für Feuer	
	rp	1	Keine Brandschutzmaßnahmen oder Explosionsrisiko	0,2	Automatische Brandschutzmaßnahmen	50.000
Leitung 1	KS3	0,2	Ungeschirmt, Schleifen > 0,5 m2 aber < 10 m2	0,2	Ungeschirmt, Schleifen > 0,5 m2 aber < 10 m2	
	PSPD	1	Koordinierter SPD Schutz: Keiner	0,001	Koordinierter SPD Schutz bis 0,001: besser als LPL I	30.000
Leitung 2	KS3	0,01	Ungeschirmt, Schleifen < 0,5 m2	0,01	Ungeschirmt, Schleifen < 0,5 m2	
	PSPD	1	Koordinierter SPD Schutz: Keiner	0,001	Koordinierter SPD Schutz bis 0,001: besser als LPL I	15.000
	KS3	1	Ungeschirmt, Schleifen > 10 m2	1	Ungeschirmt, Schleifen > 10 m2	
	PSPD	1	Koordinierter SPD Schutz: Keiner	1	Koordinierter SPD Schutz: Keiner	
	KS3	1	Ungeschirmt, Schleifen > 10 m2	1	Ungeschirmt, Schleifen > 10 m2	
	PSPD	1	Koordinierter SPD Schutz: Keiner	1	Koordinierter SPD Schutz: Keiner	

Bild A.3.3 Beispiel 3: Krankenhaus – Schutzmaßnahmen

Objekt **Beispiel 3: Krankenhaus - DIN EN 62305-2 / Abschnitt E3 / Lösung b)** **Datum** **23.05.11**

		Ohne Schutz		Mit Schutz	Kosten (EUR)
Zone Z3		**Operation**			
Zone	KS2	1	Innen: Kein räumlicher Schirm	1	Innen: Kein räumlicher Schirm
	rt	0,00001	R>100kOhm: Asphalt, Linoleum, Holz	0,00001	R>100kOhm: Asphalt, Linoleum, Holz
	PTA	1	Kein Schutz gegen Schock	1	Kein Schutz gegen Schock
	PTU	1	Kein Schutz gegen Schock	1	Kein Schutz gegen Schock
	rf	0,001	Geringes Risiko für Feuer oder Explosion (Zone 2, 22)	0,001	Geringes Risiko für Feuer oder Explosion (Zone 2, 22)
	rp	1	Keine Brandschutzmaßnahmen oder Explosionsrisiko	1	Keine Brandschutzmaßnahmen oder Explosionsrisiko
Leitung 1	KS3	0,2	Ungeschirmt, Schleifen > 0,5 m2 aber < 10 m2	0,2	Ungeschirmt, Schleifen > 0,5 m2 aber < 10 m2
	PSPD	1	Koordinierter SPD Schutz: Keiner	**0,001**	**Koordinierter SPD Schutz bis 0,001: besser als LPL I**
Leitung 2	KS3	0,01	Ungeschirmt, Schleifen < 0,5 m2	0,01	Ungeschirmt, Schleifen < 0,5 m2
	PSPD	1	Koordinierter SPD Schutz: Keiner	**0,001**	**Koordinierter SPD Schutz bis 0,001: besser als LPL I**
	KS3	1	Ungeschirmt, Schleifen > 10 m2	1	Ungeschirmt, Schleifen > 10 m2
	PSPD	1	Koordinierter SPD Schutz: Keiner	1	Koordinierter SPD Schutz: Keiner
	KS3	1	Ungeschirmt, Schleifen > 10 m2	1	Ungeschirmt, Schleifen > 10 m2
	PSPD	1	Koordinierter SPD Schutz: Keiner	1	Koordinierter SPD Schutz: Keiner
Zone Z4		**Intensivstation**			
Zone	KS2	1	Innen: Kein räumlicher Schirm	1	Innen: Kein räumlicher Schirm
	rt	0,00001	R>100kOhm: Asphalt, Linoleum, Holz	0,00001	R>100kOhm: Asphalt, Linoleum, Holz
	PTA	1	Kein Schutz gegen Schock	1	Kein Schutz gegen Schock
	PTU	1	Kein Schutz gegen Schock	1	Kein Schutz gegen Schock
	rf	0,001	Geringes Risiko für Feuer oder Explosion (Zone 2, 22)	0,001	Geringes Risiko für Feuer oder Explosion (Zone 2, 22)
	rp	1	Keine Brandschutzmaßnahmen oder Explosionsrisiko	1	Keine Brandschutzmaßnahmen oder Explosionsrisiko
Leitung 1	KS3	0,2	Ungeschirmt, Schleifen > 0,5 m2 aber < 10 m2	0,2	Ungeschirmt, Schleifen > 0,5 m2 aber < 10 m2
	PSPD	1	Koordinierter SPD Schutz: Keiner	**0,001**	**Koordinierter SPD Schutz bis 0,001: besser als LPL I**
Leitung 2	KS3	0,01	Ungeschirmt, Schleifen < 0,5 m2	0,01	Ungeschirmt, Schleifen < 0,5 m2
	PSPD	1	Koordinierter SPD Schutz: Keiner	**0,001**	**Koordinierter SPD Schutz bis 0,001: besser als LPL I**
	KS3	1	Ungeschirmt, Schleifen > 10 m2	1	Ungeschirmt, Schleifen > 10 m2
	PSPD	1	Koordinierter SPD Schutz: Keiner	1	Koordinierter SPD Schutz: Keiner
	KS3	1	Ungeschirmt, Schleifen > 10 m2	1	Ungeschirmt, Schleifen > 10 m2
	PSPD	1	Koordinierter SPD Schutz: Keiner	1	Koordinierter SPD Schutz: Keiner
Zone Z5		**>Nicht vorhanden<**			
Zone	KS2	1	Innen: Kein räumlicher Schirm	1	Innen: Kein räumlicher Schirm
	rt	1		1	
	PTA	1	Kein Schutz gegen Schock	1	Kein Schutz gegen Schock
	PTU	1	Kein Schutz gegen Schock	1	Kein Schutz gegen Schock
	rf	1	Explosion (Zone 0, 20 und feste Explosivstoffe)	1	Explosion (Zone 0, 20 und feste Explosivstoffe)
	rp	1	Keine Brandschutzmaßnahmen oder Explosionsrisiko	1	Keine Brandschutzmaßnahmen oder Explosionsrisiko
Leitung 1	KS3	1	Ungeschirmt, Schleifen > 10 m2	1	Ungeschirmt, Schleifen > 10 m2
	PSPD	1	Koordinierter SPD Schutz: Keiner	1	Koordinierter SPD Schutz: Keiner
Leitung 2	KS3	1	Ungeschirmt, Schleifen > 10 m2	1	Ungeschirmt, Schleifen > 10 m2
	PSPD	1	Koordinierter SPD Schutz: Keiner	1	Koordinierter SPD Schutz: Keiner
	KS3	1	Ungeschirmt, Schleifen > 10 m2	1	Ungeschirmt, Schleifen > 10 m2
	PSPD	1	Koordinierter SPD Schutz: Keiner	1	Koordinierter SPD Schutz: Keiner
	KS3	1	Ungeschirmt, Schleifen > 10 m2	1	Ungeschirmt, Schleifen > 10 m2
	PSPD	1	Koordinierter SPD Schutz: Keiner	1	Koordinierter SPD Schutz: Keiner

Bild A.3.3 (*Fortsetzung*) Beispiel 3: Krankenhaus – Schutzmaßnahmen

Objekt	Beispiel 3: Krankenhaus - DIN EN 62305-2 / Abschnitt E3 / Lösung b)	Datum	23.05.11

L1 - Verlust von Menschenleben					>>> Tolerierbares Risiko <<<	
Verlust	Z1	Z2	Z3	Z4		
LTA	0,01	0,01	0,01	0,01	Verletzung von Lebewesen (S1)	Tab C.2
LTU		0,01	0,01	0,01	Verletzung von Lebewesen (S3)	Tab C.2
LF		0,1	0,1	0,1	Physikalische Schäden	Tab C.2
hz	1	5	5	5	Faktor für spezielles Risiko	Tab C.6
LO		0,001	0,01	0,01	Ausfälle von el. Systemen	Tab C.2

Risiko	Ohne Schutz								
x1E-5	RA	RU	RB	RV	RC	RM	RW	RZ	Total
Z1	0,01								**0,01**
Z2	0,00	0,00	42,42	9,21	8,48	2,41	1,84		**64,37**
Z3	0,00	0,00	0,16	0,03	3,13	0,89	0,68		**4,88**
Z4	0,00	0,00	0,02	0,00	0,45	0,13	0,10		**0,70**
Total	**0,01**	**0,00**	**42,60**	**9,25**	**12,06**	**3,43**	**2,62**	**0,00**	**69,96**

L1 - Verlust von Menschenleben	R	RT	Ergebnis - Tolerierbares Risiko	
Ohne Schutz	69,96	1,00	R>RT	Mehr Schutz nötig !!!

Risiko	Mit Schutz								
x1E-5	RA	RU	RB	RV	RC	RM	RW	RZ	Total
Z1	0,00								**0,00**
Z2	0,00	0,00	0,17	0,02	0,02	0,00	0,00		**0,21**
Z3	0,00	0,00	0,00	0,00	0,01	0,00	0,00		**0,01**
Z4	0,00	0,00	0,00	0,00	0,00	0,00	0,00		**0,00**
Total	**0,00**	**0,00**	**0,17**	**0,02**	**0,02**	**0,00**	**0,00**	**0,00**	**0,22**

L1 - Verlust von Menschenleben	R	RT	Ergebnis - Tolerierbares Risiko	
Mit Schutz	0,22	1,00	R<=RT	Schutz ausreichend

Bild A.3.4 Beispiel 3: Krankenhaus – Ergebnisse für Schadensart L1

L4 - Wirtschaftliche Verluste					>>> Nutzen <<<	
Verlust	**Z1**	**Z2**	**Z3**	**Z4**		
LTA					Verletzung von Lebewesen (S1)	Tab C.12
LTU					Verletzung von Lebewesen (S3)	Tab C.12
LF		0,5	0,5	0,5	Physikalische Schäden	Tab C.12
LO		0,01	0,01	0,01	Ausfälle von el. Systemen	Tab C.12

Risiko	Ohne Schutz								
x1E-5	RA	RU	RB	RV	RC	RM	RW	RZ	**Total**
Z1									
Z2			39,45	8,56	3,47	0,99	0,75		**53,22**
Z3			0,42	0,09	5,46	1,55	1,18		**8,70**
Z4			0,10	0,02	0,99	0,28	0,22		**1,62**
Total	**0,00**	**0,00**	**39,97**	**8,67**	**9,92**	**2,82**	**2,15**	**0,00**	**63,54**

L4 - Wirtschaftliche Verluste	R	RT
Ohne Schutz	**63,54**	**10,00**

Risiko	Mit Schutz								
x1E-5	RA	RU	RB	RV	RC	RM	RW	RZ	**Total**
Z1									
Z2			0,16	0,02	0,01	0,00	0,00		**0,18**
Z3			0,01	0,00	0,01	0,00	0,00		**0,02**
Z4			0,00	0,00	0,00	0,00	0,00		**0,00**
Total	**0,00**	**0,00**	**0,17**	**0,02**	**0,02**	**0,00**	**0,00**	**0,00**	**0,21**

L4 - Wirtschaftliche Verluste	R	RT
Mit Schutz	**0,21**	**10,00**

Währungseinheit	**EUR**	**Ergebnis - Nutzen**	
CP	195.000	Gesamtkosten: Blitzschutz	
CL	57.185	Jährliche Kosten: Verlust (Ohne Schutz)	(D.2)
CRL	190	Jährliche Kosten: Verlust (Mit Schutz)	(D.4)
CPM	19.500	Jährliche Kosten: Blitzschutz	(D.5)
SM	**37.495**	**Ersparnis**	(D.6)

Bild A.3.5 Beispiel 3: Krankenhaus – Ergebnisse für Schadensart L4

Anhang B: Anwendung des Risikomanagements bei explosionsgefährdeten Anlagen

In Ergänzung zur DIN EN 62305-2 (**VDE 0185-305-2**) wurde vom DKE-Komitee K 251 das Beiblatt 3 zur DIN EN 62305-2 (**VDE 0185-305-2**) veröffentlicht. Darin wird insbesondere beschrieben, wie bei explosionsgefährdeten Anlagen das Risikomanagement angewendet werden kann.

Das Vorgehen beim Risikomanagement für den Fall von explosionsgefährdeten Anlagen ist in der DIN EN 62305-2 (**VDE 0185-305-2**) nur unvollkommen und zu allgemein dargestellt. Anhang NX aus Beiblatt 3 zur DIN EN 62305-2 (**VDE 0185-305-2**) stellt ein solches Vorgehen im Detail und beispielhaft dar. Zwei Fallstudien in Beiblatt 3 zur DIN EN 62305-2 (**VDE 0185-305-2**) (Anhang EX) ergänzen diese Darstellung. Die zweite Fallstudie ist in Anhang A dieses Buchs als Beispiel Industrieanlage behandelt.

Grundsätzlich sind die gesetzlichen Vorgaben, die sich aus der Betriebssicherheitsverordnung und den Technischen Regeln für Betriebssicherheit (TRBS) ergeben, zu beachten. Daraus ergibt sich üblicherweise bei Blitzschutzsystemen für explosionsgefährdete Bereiche mindestens die Schutzklasse II.

Das Risikomanagement bei explosionsgefährdeten Anlagen erfordert bei der Risikoanalyse nach DIN EN 62305-2 (**VDE 0185-305-2**) eine gesonderte Betrachtungsweise. Basis bildet das Vorhandensein einer explosionsfähigen Atmosphäre. Diese Atmosphäre kann je nach Häufigkeit sowie Dauer des Auftretens in Ex-Zonen unterteilt werden. Geregelt ist dies in der ATEX-Betriebsrichtlinie „ATEX 137“ 1999/92/EG (nationale Umsetzung: BetrSichV). Eine Einteilung in Ex-Zonen muss durch den Anlagenbetreiber erfolgen (**Tabelle B.1**).

Maßstab beim Einstufen eines Raums oder eines örtlichen Bereichs in Ex-Zonen sind die Häufigkeit und die Dauer (zeitlich) des Auftretens gefährlicher explosionsfähiger Atmosphäre. Um die Häufigkeit und Dauer vorhandener explosionsfähiger Atmosphäre in Form von Stunden/Jahr (h/Jahr) bewerten und rechnerisch mit einfließen lassen zu können, können folgende Richtwerte benutzt werden (siehe hierzu **Tabelle B.2**).

Ex-Zone	**Definition**
Zone 0	Bereich, in dem explosionsfähige Atmosphäre als Mischung brennbarer Stoffe in Form von Gas, Dampf oder Nebel mit Luft ständig oder langzeitig oder häufig vorhanden ist.
Zone 1	Bereich, in dem damit zu rechnen ist, dass explosionsfähige Atmosphäre als Mischung brennbarer Stoffe in Form von Gas, Dampf oder Nebel mit Luft bei Normalbetrieb gelegentlich auftritt.
Zone 2	Bereich, in dem bei Normalbetrieb nicht damit zu rechnen ist, dass explosionsfähige Atmosphäre als Mischung brennbarer Stoffe in Form von Gas, Dampf oder Nebel mit Luft auftritt, wenn sie aber dennoch auftritt, dann nur kurzfristig.
Zone 20	Bereich, in dem explosionsfähige Atmosphäre in Form einer Wolke brennbaren Staubs in Luft ständig oder langzeitig oder häufig vorhanden ist.
Zone 21	Bereich, in dem damit zu rechnen ist, dass explosionsfähige Atmosphäre in Form einer Wolke brennbaren Staubs in Luft bei Normalbetrieb gelegentlich auftritt.
Zone 22	Bereich, in dem bei Normalbetrieb nicht damit zu rechnen ist, dass explosionsfähige Atmosphäre in Form einer Wolke brennbaren Staubs in Luft auftritt, wenn sie aber dennoch auftritt, dann nur kurzzeitig.

Tabelle B.1 Definition Ex-Zonen

Brennbare Stoffe als Gemisch mit Luft	**Dauer des Vorhandenseins gefährlicher explosionsfähiger Atmosphäre**		
	ständig, über lange Zeiträume oder häufig (> 50 % der Betriebsdauer)[1)]	gelegentlich (≤ 50 % der Betriebsdauer)[2)]	nicht oder kurzzeitig (< 30 min/Jahr)[3)] oder (> 12 · t_{ex}/Jahr)[4)]
Gase, Dämpfe, Nebel	Zone 0	Zone 1	Zone 2
Stäube	Zone 20	Zone 21	Zone 22

1) ständig: über lange Zeiträume oder häufig: zeitlich überwiegend, bezogen auf die effektive Betriebszeit (Häufigkeit > 50 % der Betriebsdauer);
2) gelegentlich: täglich, Zeitdauer von etwa 30 min jedoch < 50 % von der Betriebsdauer der Anlage; sollte die Zeitdauer (Vorhandensein gefährlicher explosionsfähiger Atmosphäre) unbekannt sein, so ist mit einer Zeitdauer < 50 % von der Betriebsdauer zu rechnen;
3) kurzzeitig: wenige Male pro Jahr für < 30 min (z. B. ein Mal pro Monat);
4) Worst Case: 12 · 29 min $\hat{=}$ 348 min;
5) die Zeitdauer für Vorhandensein gefährlicher explosionsfähiger Atmosphäre ist dem Explosionsschutzdokument zu entnehmen;
6) neben der verwendeten Literatur gibt es auch weitere Dokumente, aus denen die Häufigkeit und die Zeitdauer des Vorhandenseins explosionsfähiger Atmosphären abgeleitet werden können

Tabelle B.2 Richtwerte für Vorhandensein gefährlicher explosionsfähiger Atmosphäre (aus Dyrba, B.: Kompendium Explosionsschutz, Loseblattwerk, Carl Heymanns Verlag)

Die Verlustwerte sind je nach Schadensart L1, L2 sowie L4 (**Tabelle B.5**) zu bestimmen. Je nach Schadensart werden diese Gleichungen wie folgt unterschieden:

Verlust von Menschenleben L1

Schadensursache	Typischer Verlust
D2 **Physikalische Schäden**	$L_B = L_V = r_f^{2)} \cdot L_F \cdot \left(n_z^{1)} / n_t^{1)}\right) \cdot (t_z / 8\,760)$
D3 **Ausfälle von inneren Systemen**	$L_C = L_M = L_W = L_Z = r_f^{2)} \cdot L_O \cdot \left(n_z^{1)} / n_t^{1)}\right) \cdot (t_z / 8\,760)$

1) Ist n_z bzw. n_t nicht bekannt, so ist mit dem Wert $n_z/n_t = 1$ zu rechnen.
2) Die Werte von r_f aus Tabelle C.5 nach DIN EN 62305-2 (**VDE 0185-305-2**) berücksichtigen stark vereinfacht die Zeit des Auftretens einer explosionsfähigen Atmosphäre in den verschiedenen Ex-Zonen; kann hier auf detaillierte Informationen zurückgegriffen werden, lässt sich der Parameter r_f auch wie folgt ermitteln:
$r_f = t_{ex}/8\,760$,
mit: t_{ex} als Zeit in Stunden je Jahr, in der sich explosionsfähiges Gas/Luftgemisch in der Anlage/Gebäude/Zone befindet.

Tabelle B.3 Verlustwerte L_B, L_C, L_M, L_V, L_W, L_Z

Dabei ist

r_f ein Faktor, der den Verlust aufgrund physikalischer Schäden in Abhängigkeit vom Brandrisiko oder vom Explosionsrisiko der baulichen Anlage verringert (siehe DIN EN 62305-2 (**VDE 0185-305-2**), Tabelle C.5),

n_z die Anzahl der Personen in der Zone,

n_t die Gesamtanzahl von Personen in der baulichen Anlage,

t_z die Zeit in Stunden je Jahr, für die sich Personen in der Zone aufhalten.

Für die Schadensart L1 ist es im Fall von Ex-Zonen bedeutsam abzuschätzen, wie lange die „besondere Bedrohung" durch eine explosionsgefährdete Atmosphäre vorhanden ist. Dies kann entweder pauschal über den Parameter r_f aus DIN EN 62305-2 (**VDE 0185-305-2**), Tabelle C.5 beschrieben werden, oder es wird der Wert von r_f detailliert ermittelt, sofern man die Zeit t_{ex} kennt.

Dieser Parameter r_f ist gemäß der Vorgehensweise aus EN 62305-2 (**VDE 0185-305-2**) üblicherweise nur gebräuchlich für die Einschätzung der Brennbarkeit bzw. des Explosionsrisikos im Fall der Risikokomponenten für physikalische Schäden (D2), also R_B und R_V. Die Risikokomponenten, die normalerweise nur zum Ausfall von inneren elektrischen und elektronischen Systemen führen (D3), R_C, R_M, R_W und R_Z, also keine physikalischen Schäden hervorrufen können, sind bei einer Ex-Zone jedoch sensibler zu bewerten. Hier können bei Überspannungen als Folge von Blitzeinwirkungen sowohl Funken nicht gänzlich ausgeschlossen werden als auch Fehlfunktionen der elektrischen und elektronischen Systeme mit der Folge von Explosionen. Dadurch ist auch für die Komponenten R_C, R_M, R_W und R_Z von Bedeutung, wie lange die explosionsgefährdete Atmosphäre vorhanden ist. Deshalb wird in diesem Fall, analog zum Vorgehen bei D2, auch für D3 der typische Schadensfaktor L_O mit der „Zeitdauer" r_f bewertet (siehe **Tabelle B.3**). Gleiches gilt auch bei der Schadensart L2 (siehe **Tabelle B.4**).

Unannehmbarer Verlust einer Dienstleistung für die Öffentlichkeit L2

Schadensursache	Typischer Verlust
D2 **Physikalische Schäden**	$L_B = L_V = r_f^{2)} \cdot L_f \cdot \left(n_z^{1)} / n_t^{1)}\right)$
D3 **Ausfälle von inneren Systemen**	$L_C = L_M = L_W = L_Z = r_f^{2)} \cdot L_O \cdot \left(n_z^{1)} / n_t^{1)}\right)$

1) Ist n_z bzw. n_t nicht bekannt, so ist mit dem Wert $n_z/n_t = 1$ zu rechnen.
2) Die Werte von r_f aus Tabelle C.5 nach DIN EN 62305-2 (**VDE 0185-305-2**) berücksichtigen stark vereinfacht die Zeit des Auftretens einer explosionsfähigen Atmosphäre in den verschiedenen Ex-Zonen; kann hier auf detaillierte Informationen zurückgegriffen werden, lässt sich der Parameter r_f auch wie folgt ermitteln:
$r_f = t_{ex}/8\,760$,
mit: t_{ex} als Zeit in Stunden je Jahr, in der sich explosionsfähiges Gas/Luftgemisch in der Anlage/Gebäude/Zone befindet.

Tabelle B.4 Verlustwerte L_B, L_C, L_M, L_V, L_W, L_Z

Dabei ist

r_f ein Faktor, der den Verlust aufgrund physikalischer Schäden in Abhängigkeit vom Brandrisiko oder vom Explosionsrisiko der baulichen Anlage verringert (siehe DIN EN 0185-305-2 (**VDE 0185-305-2**), Tabelle C.5),

n_z die Anzahl der versorgten Nutzer in der Zone,

n_t die Gesamtanzahl von versorgten Nutzern in der baulichen Anlage.

Wirtschaftliche Verluste L4

Schadensursache	Typischer Verlust
D2 **Physikalische Schäden**	$L_B = L_V = r_f^{1)} \cdot L_f \cdot \left[\left(c_A + c_B + c_C + c_S\right)/c_t\right]$
D3 **Ausfälle von inneren Systemen**	$L_C = L_M = L_W = L_Z = L_O \cdot \left(c_S / c_t\right)$

1) Die Werte von r_f aus Tabelle C.5 nach DIN EN 62305-2 (**VDE 0185-305-2**) berücksichtigen stark vereinfacht die Zeit des Auftretens einer explosionsfähigen Atmosphäre in den verschiedenen Ex-Zonen; kann hier auf detaillierte Informationen zurückgegriffen werden, lässt sich der Parameter r_f auch wie folgt ermitteln:
$r_f = t_{ex}/8\,760$,
mit: t_{ex} als Zeit in Stunden je Jahr, in der sich explosionsfähiges Gas/Luftgemisch in der Anlage/Gebäude/Zone befindet.

Tabelle B.5 Verlustwerte L_B, L_C, L_M, L_V, L_W, L_Z

Dabei ist

r_f ein Faktor, der den Verlust aufgrund physikalischer Schäden in Abhängigkeit vom Brandrisiko oder vom Explosionsrisiko der baulichen Anlage verringert (siehe DIN EN 0185-305-2 (**VDE 0185-305-2**), Tabelle C.5),

c_A der Wert der Tiere in der Zone,

c_B der Wert des Gebäudes, maßgeblich für die Zone,

c_C der Wert des Inhalts in der Zone,

c_S der Wert der inneren Systeme in der Zone einschließlich ihrer Aktivitäten,

c_t der Gesamtwert der baulichen Anlage (Summe über alle Zonen für Tiere, Gebäude, Inhalt und innere Systeme einschließlich ihrer Aktivitäten).

Stichwortverzeichnis

VDE
VERLAG
Technik. Wissen. Weiterwissen.
Landers • Zahlmann
EMV – Blitzschutz von elektrischen und elektronischen Systemen in baulichen Anlagen
Risikomanagement, Planen und Ausführen nach den neuesten Normen der Reihe DIN EN 62305-x (VDE 0185-305-x)
3., vollständig überarbeitete Auflage
185
VDE-Schriftenreihe
Normen verständlich
Mit Technikwissen sichergehen:
Detaillierte Beschreibung des Blitz-Schutzzonen-Konzepts
Ein Muss für die Planung, Errichtung, Prüfung und Erhaltung von Blitzschutzanlagen!
3. Auflage 2013. 368 Seiten
36,– €
e-Book
Preisänderungen und Irrtümer vorbehalten.
Bestellen Sie jetzt: (030) 34 80 01-222 oder www.vde-verlag.de/140728